高等职业教育"十二五"规划教材

全国高职高专道路与桥梁工程技术专业系列规划教材

混凝土设计与施工

罗向荣　主　编

代若愚　王　策　副主编

李　玉　主　审

科学出版社

北　京

内 容 简 介

本教材是根据高职高专道路与桥梁工程技术专业的教学要求，参照我国国家标准和交通部颁布的交通行业标准与规范精心编写的，主要介绍了混凝土材料的力学性能，钢筋混凝土结构设计的基本原则，钢筋混凝土受弯构件承载力计算，受弯构件的应力、裂缝宽度、变形计算，受扭构件承载力计算，受压构件承载力计算，预应力混凝土结构，混凝土桥梁施工等。

本书可作为高等职业技术学院、高等专科学校、成人高校和民办高校道路与桥梁工程技术专业的教材，也可作为市政、监理、检测、养护等相关专业的教材，亦可供相关工程技术人员参考。

图书在版编目（CIP）数据

混凝土设计与施工/罗向荣主编．—北京：科学出版社，2011
高等职业教育"十二五"规划教材·全国高职高专道路与桥梁工程技术专业系列规划教材
ISBN 978-7-03-032016-2

Ⅰ.①混… Ⅱ.①罗… Ⅲ.①混凝土结构-结构设计-高等职业教育-教材②混凝土施工-高等职业教育-教材 Ⅳ.①TU370.4②TU755

中国版本图书馆 CIP 数据核字（2011）第 162171 号

责任编辑：彭明兰 张雪梅/责任校对：耿 耘
责任印制：吕春珉/封面设计：曹 来

科 学 出 版 社 出版
北京东黄城根北街 16 号
邮政编码：100717
http://www.sciencep.com
三河市铭浩彩色印装有限公司印刷
科学出版社发行 各地新华书店经销
*
2011 年 8 月第 一 版 开本：787×1092 1/16
2018 年 7 月第二次印刷 印张：15 1/4
字数：346 000
定价：35.00 元
（如有印装质量问题，我社负责调换〈骏杰〉）
销售部电话 010-62134988 编辑部电话 010-62132124（VA03）

前言

本书是根据高职专道路与桥梁工程技术专业教学的基本要求，参照交通部颁布的《公路钢筋混凝土及预应力混凝土桥涵设计规范》（JTG D62—2004）、《公路桥涵设计通用规范》（JTG D60—2004）、《公路工程技术标准》（JTG B01—2003）等交通行业规范、标准编写的。

本书系统地介绍了公路桥涵钢筋混凝土结构、预应力混凝土结构基本构件的受力特征、设计方法、构造要求及桥梁的制造工艺、施工方法。本书在编写中力求体现高职高专教材的特点，服务于高职高专培养技术应用型人才的大目标，在内容取舍上坚持必须、够用的原则，注意针对性和适用性，注重结构基本概念和构造要求的介绍；广泛吸取其他有关教材的长处，结合编者的教学和工程经验，重视由浅入深和理论联系实际，内容简明扼要、通俗易懂。为了便于学生巩固所学知识，每章后有思考与练习。

本书由罗向荣任主编，代若愚、王策任副主编。书中绪论、第 3 部分由罗向荣编写，第 1、6 部分由王洪枢编写，第 2 部分由雷艳丽编写，第 4 部分由胡海彦编写，第 5 部分由邢蓉编写，第 7、9 部分由王策编写，第 8 部分由代若愚编写。全书由罗向荣统稿。

本书由李玉教授担任主审，李玉教授对本书进行了认真详细的审核，并提出许多宝贵的修改意见，作者在此向他表示衷心的感谢！

鉴于编者水平有限，本书难免有不足之处，敬请读者批评指正，以期今后改进。

目录

前言

0 绪论

0.1 钢筋混凝土结构的概念 ……………………………………………… 2

0.2 钢筋混凝土结构的特点及使用范围 ………………………………… 3

0.3 预应力混凝土结构的特点及使用范围 ……………………………… 3

0.4 学习本课程的目的和应该注意的问题 ……………………………… 3

1 混凝土结构材料的力学性能

1.1 钢筋 …………………………………………………………………… 6

　　1.1.1 钢筋的品种 ………………………………………………………… 6

　　1.1.2 钢筋的强度和变形 ………………………………………………… 7

　　1.1.3 钢筋的选用 ………………………………………………………… 8

　　1.1.4 钢筋强度标准值和设计值 ………………………………………… 9

1.2 混凝土 ………………………………………………………………… 10

　　1.2.1 混凝土的强度 ……………………………………………………… 10

　　1.2.2 混凝土的变形 ……………………………………………………… 14

　　1.2.3 混凝土的选用原则 ………………………………………………… 17

　　1.2.4 混凝土强度标准值和设计值 ……………………………………… 17

1.3 钢筋与混凝土之间的粘结 …………………………………………… 18

　　1.3.1 钢筋与混凝土粘结的作用 ………………………………………… 18

　　1.3.2 保证钢筋与混凝土粘结强度的措施 ……………………………… 19

小结 ………………………………………………………………………… 19

相关链接 …………………………………………………………………… 20

思考与练习 ………………………………………………………………… 20

2 钢筋混凝土结构设计基本原则

2.1 极限状态基本概念 …………………………………………………… 22

　　2.1.1 结构设计的功能 …………………………………………………… 22

　　2.1.2 极限状态的概念 …………………………………………………… 23

2.1.3 结构设计状况 ·· 23

2.1.4 结构的耐久性设计 ·· 25

2.2 结构上的作用 ··· 25

2.2.1 作用概念 ·· 25

2.2.2 作用的分类 ··· 26

2.2.3 作用的代表值 ·· 27

2.3 公路桥梁结构的概率极限状态设计法 ·············· 28

2.3.1 作用效应与结构抗力 ····································· 29

2.3.2 作用效应组合 ·· 29

2.3.3 按承载能力极限状态设计的作用效应组合 ········ 30

2.3.4 按正常使用极限状态设计的作用效应组合 ········ 32

小结 ··· 34

相关链接 ··· 34

思考与练习 ·· 34

3 钢筋混凝土受弯构件正截面承载力计算

3.1 受弯构件的构造要求 ·· 37

3.1.1 钢筋混凝土板的构造要求 ······························ 37

3.1.2 钢筋混凝土梁的构造 ····································· 39

3.2 受弯构件正截面破坏状态 ··································· 43

3.2.1 钢筋混凝土梁弯曲受力过程分析 ····················· 43

3.2.2 钢筋混凝土梁的正截面破坏形式 ····················· 44

3.3 单筋矩形截面受弯构件正截面承载能力计算 ········ 46

3.3.1 正截面承载力计算的基本假定 ························· 46

3.3.2 相对界限受压区高度 ξ_b 与最小配筋率 ρ_{min} ······ 47

3.3.3 基本公式及适用条件 ····································· 48

3.3.4 基本公式的应用 ··· 49

3.4 双筋矩形截面受弯构件正截面承载力计算 ··········· 54

3.4.1 基本公式及适用条件 ····································· 54

3.4.2 基本公式的应用 ··· 55

3.5 T形截面受弯构件正截面承载力计算 ·················· 58

3.5.1 概述 ·· 58

3.5.2 T形截面的分类和判别 ···································· 60

3.5.3 基本公式及其适用条件 ··································· 61

3.5.4 基本公式的应用 ··· 62

小结 ··· 65

相关链接 ··· 66
思考与练习 ·· 66

4 钢筋混凝土受弯构件斜截面承载力计算

4.1 受弯构件斜截面破坏形态 ······································· 70
  4.1.1 梁斜截面的受力特点 ······································· 70
  4.1.2 梁斜截面受剪破坏的形态 ·································· 71
  4.1.3 影响斜截面抗剪强度的主要因素 ····················· 73
4.2 受弯构件斜截面抗剪承载力计算 ···························· 74
  4.2.1 基本公式及适用条件 ······································· 74
  4.2.2 基本公式的应用 ··· 76
4.3 受弯构件斜截面抗弯承载力 ··································· 80
4.4 全梁承载力校核及构造要求 ··································· 81
  4.4.1 全梁承载力校核 ··· 81
  4.4.2 构造要求的补充 ··· 83
  4.4.3 设计实例 ·· 88
小结 ··· 96
相关链接 ·· 97
思考与练习 ·· 97

5 钢筋混凝土受弯构件的应力、裂缝宽度、变形计算

5.1 受弯构件短暂状况的应力计算 ································ 99
  5.1.1 换算截面 ·· 99
  5.1.2 受弯构件在施工阶段的应力计算 ····················· 109
5.2 受弯构件持久状况的裂缝宽度计算 ······················· 111
  5.2.1 裂缝产生的原因及其分类 ································ 111
  5.2.2 影响裂缝宽度的因素 ······································ 112
  5.2.3 裂缝宽度的计算公式 ······································ 113
  5.2.4 裂缝宽度限值 ··· 114
5.3 受弯构件持久状况的变形计算 ······························ 115
  5.3.1 钢筋混凝土受弯构件的刚度计算 ····················· 115
  5.3.2 钢筋混凝土受弯构件的挠度计算 ····················· 116
  5.3.3 预拱度的设置 ··· 116
小结 ··· 118
相关链接 ·· 119
思考与练习 ·· 119

6 钢筋混凝土受扭构件承载力计算

6.1 矩形截面受扭构件承载力计算 ············· 122

6.1.1 矩形截面素混凝土纯扭构件的承载力计算 ············· 122

6.1.2 矩形截面钢筋混凝土纯扭构件的承载力计算 ············· 123

6.1.3 矩形截面弯剪扭构件的承载力计算 ············· 126

6.2 T形截面受扭构件承载力计算及构造要求 ············· 128

6.2.1 T形截面受扭构件承载力计算 ············· 128

6.2.2 受扭构件的构造要求 ············· 129

小结 ············· 130

相关链接 ············· 130

思考与练习 ············· 130

7 钢筋混凝土受压构件承载力计算

7.1 受压构件的构造要求 ············· 132

7.1.1 轴心受压构件的构造要求 ············· 132

7.1.2 偏心受压构件的构造要求 ············· 134

7.2 轴心受压构件承载力计算 ············· 135

7.2.1 配有纵向受力钢筋和普通箍筋的轴心受压构件 ············· 135

7.2.2 配有纵向受力钢筋和螺旋箍筋的轴心受压构件 ············· 139

7.3 矩形截面偏心受压构件承载力计算 ············· 142

7.3.1 偏心受压构件正截面破坏形态 ············· 142

7.3.2 偏心受压构件纵向弯曲的影响 ············· 143

7.3.3 矩形截面对称配筋偏压构件承载力计算 ············· 144

7.4 圆形截面偏心受压构件承载力计算 ············· 151

7.4.1 正截面承载力计算的基本假定 ············· 152

7.4.2 正截面承载力计算的基本公式 ············· 152

7.4.3 计算方法 ············· 156

小结 ············· 158

相关链接 ············· 158

思考与练习 ············· 158

8 预应力混凝土结构

8.1 预应力混凝土基本概念 ············· 162

8.1.1 预应力混凝土结构的基本原理 ············· 162

8.1.2 预应力混凝土结构的特点 ············· 163

8.1.3 预应力混凝土的分类 ············· 163

8.1.4　施加预应力的方法 ································· 164

8.2　张拉控制应力与预应力损失 ·························· 166

8.2.1　钢筋的张拉控制应力 ························· 166

8.2.2　钢筋预应力损失的估算 ························· 166

8.2.3　钢筋的有效预应力计算 ························· 172

8.3　预应力混凝土受弯构件各阶段应力分析 ·············· 172

8.3.1　施工阶段 ····································· 172

8.3.2　使用阶段 ····································· 173

8.3.3　破坏阶段 ····································· 175

8.4　预应力混凝土受弯构件承载力计算 ················· 175

8.4.1　正截面承载力计算 ····························· 175

8.4.2　斜截面承载力计算 ····························· 178

8.5　预应力混凝土受弯构件施工和使用阶段的应力验算 ···· 180

8.5.1　预应力混凝土受弯构件的正应力验算 ············· 180

8.5.2　预应力混凝土受弯构件混凝土的主压应力和主拉应力计算 ··· 183

8.6　端部锚固区计算 ····································· 185

8.6.1　先张法预应力钢筋传递长度与锚固长度计算 ······· 185

8.6.2　后张构件锚下局部承压验算 ····················· 187

8.7　预应力混凝土受弯构件的抗裂与变形验算 ············ 189

8.7.1　预应力混凝土构件的抗裂验算 ··················· 189

8.7.2　变形计算 ····································· 191

8.8　预应力混凝土简支梁的设计与构造 ················· 194

8.8.1　预应力混凝土梁的主要设计内容和步骤 ··········· 194

8.8.2　预应力混凝土简支梁的截面设计 ················· 195

8.8.3　预应力混凝土简支梁的配筋设计 ················· 196

8.8.4　预应力钢筋的布置 ····························· 198

8.8.5　非预应力筋布置 ······························· 203

小结 ··· 204

相关链接 ··· 205

思考与练习 ··· 205

9　混凝土桥梁施工

9.1　钢筋混凝土简支梁的制造 ·························· 208

9.1.1　钢筋混凝土常用设备 ························· 209

9.1.2　模板与支架 ································· 212

9.1.3　钢筋加工 ····································· 214

9.1.4　混凝土工程 ································· 216
9.2　预应力混凝土简支梁的制造 ················· 219
9.2.1　预应力混凝土常用设备 ················· 219
9.2.2　锚具夹具 ····························· 224
9.3　混凝土梁桥施工方法 ······················· 226
9.3.1　移动模架逐孔施工法 ··················· 226
9.3.2　节段施工法 ························· 227
小结 ··· 230
相关链接 ·· 230
思考与练习 ······································ 230

主要参考文献 ···································· 231

0

绪 论

教学目标

1. 了解钢筋混凝土结构的基本概念，掌握钢筋混凝土结构和预应力混凝土结构的特点和应用范围。
2. 了解"混凝土设计与施工"课程的学习目的、学习方法和学习中应该注意的一些问题。

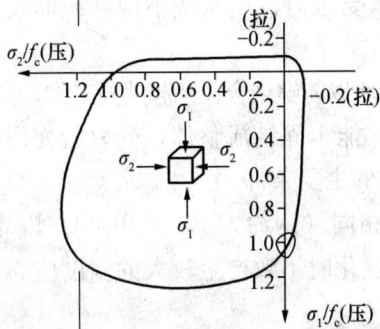

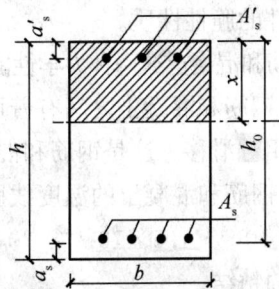

桥梁和构筑物中用来承受各种作用的受力体系通常称为"结构"，而组成结构的各个部件称为基本构件，如组成桥梁结构的基本构件有桥面板、主梁、横梁、墩台、拱、索等。根据构件受力的不同，这些基本构件又可分为受弯构件、受压构件、受扭构件和受拉构件等几种典型的基本构件。

工程中的结构是由不同建筑材料制成的。根据建筑材料的不同，结构可分为钢筋混凝土结构、预应力混凝土结构、石及混凝土砌体结构、钢结构、木结构等。本书主要介绍钢筋混凝土结构和预应力混凝土结构。

0.1 钢筋混凝土结构的概念

混凝土是一种人工石材，它的抗压强度较高，而抗拉强度却很低。例如，素混凝土梁，当它承受竖向荷载作用时，在梁的垂直截面将产生弯矩，使得梁中性轴以上截面受压，以下截面受拉。由于混凝土的抗拉性能很差，当荷载很小时该梁便由于受拉区混凝土被拉裂而突然折断［图 0.1(a)］，而此时梁受压区混凝土的压应力还远小于混凝土的抗压强度。但如果在梁的受拉区配置一定数量的钢筋做成钢筋混凝土梁［图 0.1(b)］，虽然当荷载达一定程度时受拉区混凝土仍然开裂，但钢筋可以代替开裂的混凝土继续承受拉力，直到钢筋达到其屈服强度，裂缝迅速向上延伸，受压区面积减小，导致混凝土压应力达到抗压强度而被压碎破坏。

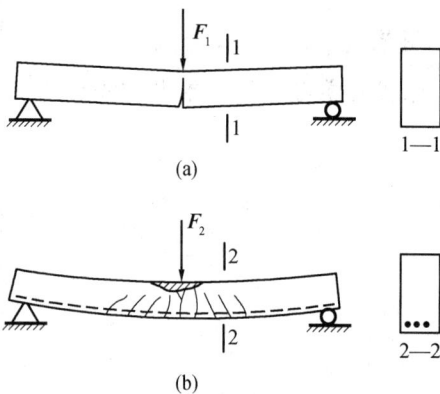

图 0.1 钢筋混凝土梁与素混凝土梁的比较

在钢筋混凝土梁中，通常是混凝土承受压力，钢筋承受拉力，钢筋与混凝土两种材料的强度均得到充分利用，因此大大提高了构件的承载力。此外，在受压混凝土构件中，配置抗压强度较高的钢筋，也可协助混凝土承受压力，从而减小构件截面尺寸，改善受压构件的脆性性质。

钢筋和混凝土这两种力学性能不同的材料之所以能够结合在一起共同工作，其原因是：

1) 钢筋和混凝土之间有着可靠的粘结力，能牢固结成整体，受力后变形一致，不会产生相对滑移。这是钢筋和混凝土共同工作的主要条件。

2) 钢筋和混凝土的温度线膨胀系数大致相同（钢约为 $1.2 \times 10^{-5} {}^{\circ}\text{C}^{-1}$，混凝土约为 $1.0 \times 10^{-5} \sim 1.5 \times 10^{-5} {}^{\circ}\text{C}^{-1}$），因此当温度变化时不致产生较大的温度应力而破坏两者之间的粘结。

3) 钢筋外边有一定厚度的混凝土保护层，可以防止钢筋锈蚀，从而保证了钢筋混凝土构件的耐久性。

1

混凝土结构材料的力学性能

教学目标

1. 了解钢筋的种类、级别与形式，掌握有明显屈服点钢筋和无明显屈服点钢筋的应力-应变曲线特点和设计的强度取值标准，重点掌握公路桥涵钢筋的选用规定。

2. 掌握混凝土的立方体抗压强度、轴心抗压强度、轴心抗拉强度的测定方法及混凝土的变形模量；重点掌握公路桥涵混凝土的选用规定。

3. 了解混凝土收缩、徐变现象及其影响因素，理解收缩、徐变对钢筋混凝土结构的影响。

4. 理解钢筋与混凝土之间粘结应力的作用，了解钢筋和混凝土之间粘结作用产生的原因及影响因素，掌握提高粘结强度的构造措施。

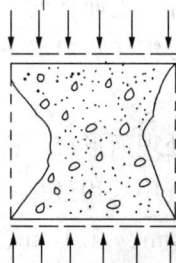

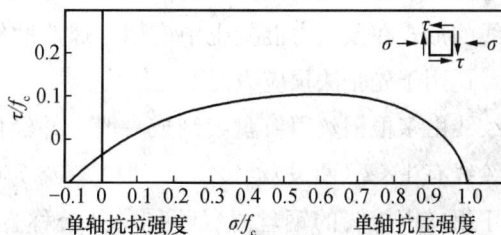

单轴抗拉强度 σ/f_c 单轴抗压强度

1.1 钢　筋

1.1.1 钢筋的品种

混凝土结构中使用的钢筋按化学成分可分为碳素钢和普通低合金钢两大类。碳素钢除含有铁元素外，还含有少量的碳、锰、硅、磷、硫等元素。钢材中含碳量越高，钢材的强度越高，但变形性能和可焊性越差。硅、锰是钢材中的有利元素，可以提高钢材的强度并保持一定的塑性。硫、磷是钢材中的有害元素，使钢材易于脆断。碳素钢按含碳量的多少通常可分为低碳钢（含碳量小于 0.25%）、中碳钢（含碳量为 0.25%～0.6%）和高碳钢（含碳量为 0.6%～1.4%）。碳素钢中加入少量的合金元素如锰、硅、镍、钛、钒等，可生成普通低合金钢如 20MnSi、20MnSiV、20MnSiNb、20MnTi 等。

混凝土结构中使用的钢筋按生产工艺可分为热轧钢筋、余热处理钢筋、冷轧带肋钢筋、精轧螺纹钢筋、中高强钢丝和钢绞线。

热轧钢筋按其强度由低到高分为 R235、HRB335、HRB400 三种，其中 R235 钢筋为低碳钢，HRB335、HRB400 为普通低合金钢。除 R235 钢筋外形为光面圆钢筋外，其余强度较高的钢筋均为表面带肋钢筋。

余热处理钢筋目前只有 KL400，它由 K20MnSi 钢经余热处理制成。

冷轧带肋钢筋是由热轧圆盘条经冷拉后在其表面轧成带有斜肋的钢筋，钢筋冷加工后其屈服点强度明显提高，但钢筋的变形性能显著降低。冷轧带肋钢筋按其强度由低到高分为 CRB550、CRB650、CRB970、CRB1170。

精轧螺纹钢筋是按企业标准 Q/YB3125－1996 和 Q/ASB116－1997 生产的钢筋，其级别有 JL540、JL785、JL930 三种，直径一般为 18mm、25mm、32mm、40mm，主要用于预应力混凝土中、小型构件或用作竖、横向预应力钢筋。

钢丝按外形分为光面钢丝、刻痕钢丝和螺旋肋钢丝三种。光面钢丝一般以钢丝束或钢绞线的形式在预应力混凝土中应用。螺旋肋钢丝和刻痕钢丝与混凝土之间的粘结性能好，适用于先张法预应力混凝土结构。

钢绞线由多根钢丝用绞盘绞结成一股，并经低温回火处理而形成，桥梁工程中常用的钢绞线有 1×2（两股）、1×3（三股）、1×7（七股），其中采用最多的是七股钢绞线。由于组成钢绞线的钢丝直径不同，其公称直径为 9.5mm、11.1mm、12.7mm 和 15.2mm 四种规格。钢绞线截面集中，盘弯运输方便，与混凝土粘结性能良好，现场配束方便，是预应力混凝土结构推广采用的主导钢筋。

1.1.2 钢筋的强度和变形

1. 钢筋的应力-应变曲线

钢筋的强度和变形性能可以由钢筋单向拉伸的应力-应变曲线来分析说明。钢筋的应力-应变曲线可以分为两类：一是有明显流幅的，即有明显屈服点和屈服台阶的，工程上称为软钢，强度相对较低，但变形性能好；二是没有明显流幅的，即没有明显屈服点和屈服台阶的，工程上称为硬钢，强度相对较高，但变形性能差。

（1）软钢单向拉伸的应力-应变曲线

软钢单向拉伸的应力-应变曲线见图 1.1（a）。曲线由四个阶段组成，即弹性阶段、屈服阶段、强化阶段和颈缩阶段。在 a 点以前，应力-应变关系曲线为线性关系，即应力随应变成比例增长，称弹性阶段，a 点称比例极限点。过 a 点后，应力-应变关系曲线偏向应变轴，即应变增长速度大于应力增长速度，达到 b 点，钢筋开始屈服。随后应力稍有降低，达到 c 点，钢筋进入流幅阶段，曲线接近水平线，即应力不增加而应变持续增加。b 点和 c 点分别称为上屈服点和下屈服点。由于上屈服点不稳定，一般以下屈服点对应的应力值称为软钢的屈服强度。经过流幅阶段达到 d 点后，应力-应变关系曲线又表现为上升曲线，钢筋的应力达到最高点 e，de 阶段称强化阶段，e 对应的应力值称为钢筋的极限强度。过 e 点后，继续加载，钢筋的某一薄弱断面显著变细，出现"颈缩"现象，变形迅速增加，最后到达 f 点钢筋被拉断，ef 阶段称颈缩阶段。

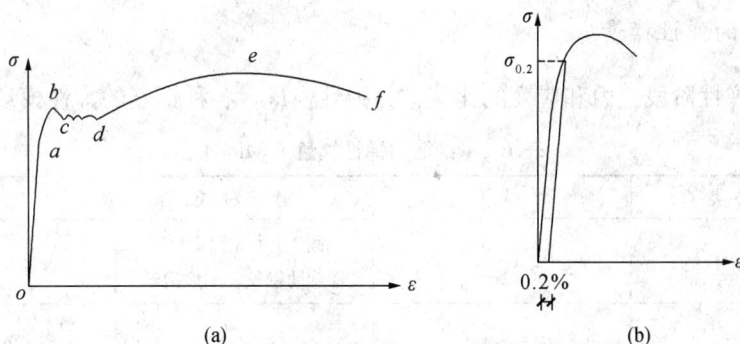

图 1.1　有明显屈服点和无明显屈服点钢筋的应力-应变曲线

（2）硬钢单向拉伸的应力-应变曲线

硬钢单向拉伸的应力-应变曲线见图 1.1（b）。其特点是没有明显的屈服点，极限强度较高，但变形较小。

2. 钢筋的强度

由软钢单向拉伸的应力-应变曲线可知，软钢有屈服强度和极限强度两个指标。当构件某一截面的钢筋应力达到屈服强度后，进入流幅阶段，此时钢筋变形较大，可导致钢筋混凝土构件产生过大的变形与裂缝。因此，设计时取钢筋的屈服强度作为混凝土结构构件设计的重要指标。极限强度是钢筋的实际破坏强度。极限强度可以反映钢材内部质量的优劣，体现钢材的强度储备。

对于没有明显的屈服点强度的硬钢，通常取残余应变为 0.2% 时的应力 $\sigma_{0.2}$ 作为名义屈服点，称为条件屈服强度，条件屈服强度可取极限强度的 0.85 倍。

3. 钢筋的变形

钢筋的变形指标可以用"伸长率"与"冷弯性能"来表示。

钢筋的伸长率为钢筋拉断后的伸长值与原长的比值。伸长率可以表示钢筋的塑性性能。伸长率大的钢筋塑性性能好，破坏前有明显的预兆，呈塑性特征；伸长率小的钢筋塑性性能差，破坏发生突然，呈脆塑性特征。软钢的伸长率大，硬钢的伸长率小。

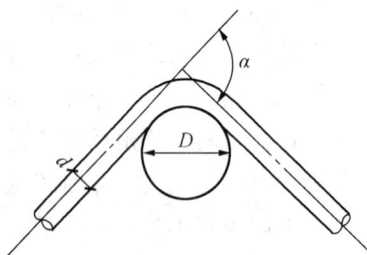

混凝土结构中的钢筋往往需要弯折。钢筋弯折时的塑性性能可以用冷弯试验来检验。

钢筋冷弯试验是将钢筋绕某一规定直径的辊轴弯曲成一定的角度，弯曲后钢筋应无裂纹、鳞落或断裂现象。冷弯性能的两个参数是弯心直径 D（辊轴直径）和冷弯角度 α，如图 1.2 所示。钢辊直径 D 越小，冷弯角 α 越大，钢筋的塑性越好。

图 1.2　钢筋的冷弯

4. 钢筋的弹性模量

钢筋在弹性阶段应力和应变的比值称为弹性模量。各种钢筋的弹性模量见表 1.1。

表 1.1　钢筋的弹性模量（MPa）

钢 筋 种 类	E_s	钢 筋 种 类	E_p
R235	2.1×10^5	消除应力光面钢丝、螺旋肋钢丝、刻痕钢丝	2.05×10^5
HRB335、HRB400 KL400、精轧螺纹钢筋	2.0×10^5	钢绞线	1.95×10^5

注：E_s 为普通钢筋的弹性模量；E_p 为预应力钢筋的弹性模量。

1.1.3　钢筋的选用

公路混凝土桥涵的钢筋应按下列规定采用：

1）钢筋混凝土及预应力混凝土构件中的普通钢筋宜选用热轧 R235、HRB335、HRB400 及 KL400 钢筋，预应力混凝土构件中的箍筋应选用其中的带肋钢筋，按构造要求配置的钢筋网可采用冷轧带肋钢筋。

2）预应力混凝土构件中的预应力钢筋应选用钢绞线、钢丝；中小型构件或竖、横向预应力钢筋也可选用精轧螺纹钢筋。

1.1.4 钢筋强度标准值和设计值

1. 钢筋强度标准值

钢筋的强度是一个随机变量，具有一定的变异性。即使按同一标准生产的钢筋，各批之间钢筋的强度也不会完全相同。为了保证钢筋的质量，《公路桥规》规定，钢筋抗拉强度标准值取自现行国家标准的钢筋屈服点（或"条件"屈服点），并具有不小于95％的保证率。

2. 钢筋强度设计值

钢筋抗拉强度设计值为钢筋抗拉强度标准值除以钢筋材料分项系数。普通钢筋、精轧螺纹钢筋的材料分项系数 $\gamma_s = 1.2$，钢丝、钢绞线的材料分项系数 $\gamma_s = 1.47$。钢筋抗压强度设计值的确定应符合以下两个条件：一是钢筋的压应变取 0.002；二是钢筋的抗压强度设计值不大于抗拉强度设计值。

各种普通钢筋和预应力钢筋的强度标准值和设计值见表 1.2～表 1.4。

表 1.2　普通钢筋强度标准值和设计值（MPa）

钢筋种类	符　号	钢筋抗拉强度标准值 f_{sk}	钢筋抗拉强度设计值 f_{sd}	钢筋抗压强度设计值 f'_{sd}
R235，$d=8\sim12$	ϕ	235	195	195
HRB335，$d=6\sim50$	Φ	335	280	280
HRB400，$d=6\sim50$	Φ	400	330	330
KL400，$d=8\sim40$	Φ^R	400	330	330

注：1）表中 d 系国家标准中的钢筋公称直径，单位 mm。

　　2）钢筋混凝土轴心受拉和小偏心受拉构件的钢筋抗拉强度设计值大于 330MPa 时仍按 330MPa 取用。

　　3）构件中配有不同种类的钢筋时，每种钢筋应采用各自的强度设计值。

表 1.3　预应力钢筋抗拉强度标准值（MPa）

钢筋种类			符　号	抗拉强度标准值
钢绞线	1×2 （两股）	$d=8.0mm$、$10.0mm$ $d=12.0mm$	ϕ^s	1470、1570、1720、1860 1470、1570、1720
	1×3 （三股）	$d=8.6mm$、$10.8mm$ $d=12.9mm$		1470、1570、1720、1860 1470、1570、1720
	1×7 （七股）	$d=9.5mm$、$11.1mm$、$12.7mm$ $d=15.2mm$		1860 1720、1860

钢筋种类			符　号	抗拉强度标准值
消除应力钢丝	光面	$d=4mm$、$5mm$	ϕ^P	1470、1570、1670、1770
	螺旋肋	$d=6mm$	ϕ^H	1570、1670
		$d=7mm$、$8mm$、$9mm$		1470、1570
	刻痕	$d=5mm$、$7mm$	ϕ^I	1470、1570
精轧螺纹钢筋		$d=40mm$	JL	540
		$d=18mm$、$25mm$、$32mm$		540、785、930

注：表中 d 系国家标准中钢绞线、钢丝和精轧螺纹钢筋的公称直径，单位 mm。

表 1.4　预应力钢筋抗拉、抗压强度设计值（MPa）

钢筋种类	抗拉强度标准值 f_{pk}	抗拉强度设计值 f_{pd}	抗压强度设计值 f'_{pd}
钢绞线	1470	1000	
1×2（两股）	1570	1070	
1×3（三股）	1720	1170	390
1×7（七股）	1860	1260	
消除应力光面钢丝	1470	1000	
和螺旋肋钢丝	1570	1070	410
	1670	1140	
	1770	1200	
消除应力刻痕钢丝	1470	1000	410
	1570	1070	
精轧螺纹钢筋	540	450	
	785	650	400
	930	770	

1.2　混　凝　土

1.2.1　混凝土的强度

普通混凝土是由水泥、石子和砂用水按一定的配合比经搅拌、养护和硬化后形成的混凝土的强度受许多因素的影响，如水泥标号、骨料质量、水灰比、配合比、制作方法、养护条件、试件的形状及尺寸、试验方法、加载速率等，所以必须以统一规定的标准试验方法为依据。

1. 混凝土的立方体抗压强度

混凝土的立方体抗压强度标准值是标准试件（150mm×150mm×150mm）在标准条件下（温度为20℃±3℃，相对湿度为90％以上）养护28d，用标准试验方法测得的具有95％保证率的抗压强度，用$f_{cu,k}$表示。

根据混凝土立方体抗压强度标准值的不同，把混凝土分为14个强度等级，分别为C15、C20、C25、C30、C35、C40、C45、C50、C55、C60、C65、C70、C75和C80，其中C表示混凝土，C后面的数字表示立方体抗压强度标准值，例如C15即表示$f_{cu,k}$＝15N/mm²。

混凝土的立方体抗压强度与试验方法有密切的关系。通常标准的试验方法为试件表面不涂润滑剂，由于压力试验机垫板的弹性模量比混凝土试件大，试件施加压力时垫板的横向变形比混凝土试件要小，因此垫板与试件的接触面通过摩擦力限制了试件的横向变形，抗压强度相对较高。试件破坏时形成两个对角锥形的破坏面，如图1.3（a）所示。若在试件的上下两端面涂刷润滑剂，那么在试验中试件与试验机垫板间的摩擦将明显减小，试件将能较自由地产生横向变形，试件破坏时沿着压力作用的方向产生数条大致平行的裂缝而破坏，抗压强度相对较低，如图1.3（b）所示。

尺寸效应对混凝土立方体抗压强度也有较大的影响。其他条件相同的情况下，大尺寸试件所测得的抗压强度值较低，小尺寸试件所测得的抗压强度值较高，这种现象称为尺寸效应。当采用边长200mm或100mm的立方体试件，应将其乘以1.05或0.95，换算成标准试件的立方体抗压强度。

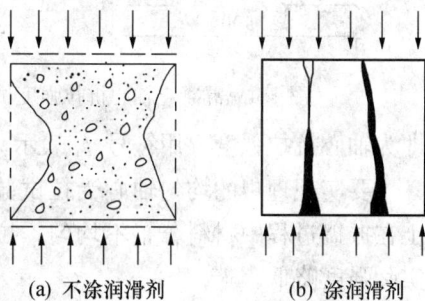

| (a) 不涂润滑剂 | (b) 涂润滑剂 |

图1.3 混凝土立方体抗压破坏情形

施加荷载的速度对混凝土立方体抗压强度也有影响，加载速度越快，抗压强度越高。

混凝土的立方体抗压强度不能代表混凝土在实际构件中受力时真实的抗压强度，可作为衡量混凝土强度水平的标准，是混凝土各种强度指标的基本代表值，混凝土其他强度指标都可根据试验数据分析与其建立相应的换算关系。

2. 混凝土的轴心抗压强度

实际工程中的混凝土构件一般都是高度比截面边长大很多的棱柱体，为更好地反映构件的实际受压情况，应采用棱柱体试件进行轴心抗压试验。试验表明：棱柱体试件的高宽比h/b愈大，其抗压强度愈低。当h/b由1增大至2时，抗压强度快速下降；但当$h/b>2$时，其抗压强度变化不大，所以轴心抗压标准试件的尺寸取为150mm×150mm×

300mm。棱柱体标准试件在标准条件下养护28d后，采取标准试验方法进行试验，测得的具有95%保证率的抗压强度称为混凝土的轴心抗压强度标准值，用符号f_{ck}表示。

试验表明，棱柱体试件的抗压强度低于立方体试件的抗压强度。

3. 混凝土的轴心抗拉强度

混凝土的抗拉强度虽然很低，但是确定混凝土构件抗裂能力的重要指标，可用于分析混凝土构件的开裂、裂缝宽度、变形及计算混凝土构件的受冲切、受扭、受剪等承载力。

混凝土轴心抗拉试验通常采用直接轴心拉伸试验和劈裂试验两种方法。

直接轴心拉伸试验所采用的试件为 100mm×100mm×500mm 的棱柱体，在其两端

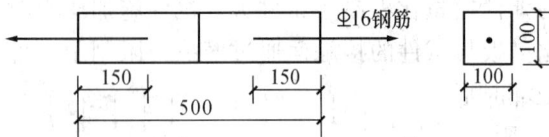

图 1.4 混凝土轴心抗拉强度试验

设有埋入长度为 150mm 的Φ16 变形钢筋。试验机夹紧试件两端伸出的钢筋，并施加拉力，使试件受拉，如图 1.4 所示。受拉破坏时，在试件中部产生横向裂缝，破坏截面上的平均拉应力即为轴心抗拉强度，用符号 f_t 表示。

要实现理想的均匀轴心受拉试验非常困难，因为预埋钢筋对中较困难，同时混凝土在振捣过程中材料分布不均匀，拉伸时有偏心的影响。一般试验所得的抗拉强度比实际强度略低。

为了克服棱柱体直接轴拉试验中存在的对中问题，实际常常采用立方体或圆柱体劈裂试验来代替轴心拉伸试验，如图 1.5 所示。我国在劈裂试验时采用的试件为 150mm×150mm×150mm 的标准试件，通过弧形钢垫条施加竖向压力 P。试件中间截面（除加载垫条附近很小的范围外）产生均匀分布的拉应力，当拉应力达到混凝土的抗拉强度时试件劈裂成两半。

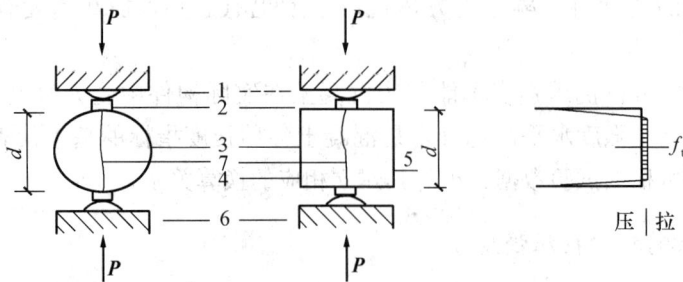

(a) 用圆柱体进行劈裂试验 (b) 用立方体进行劈裂试验 (c) 劈裂面中水平应力分布

图 1.5 混凝土劈裂试验及其应力分布

1. 压力机上压板；2. 垫条；3. 试件；4. 试件浇筑顶面；5. 试件浇筑底面；

6. 压力机下压板；7. 试件破裂线

对于同一混凝土，轴拉试验和劈裂试验测得的抗拉强度并不相同，劈裂强度要略大于直接轴拉强度。

4. 复合应力状态下混凝土的强度

实际结构中，混凝土很少处于单向受力状态，更多的是处于复合（双向或三向）受力状态，如混凝土拱坝、混凝土核安全壳、配有螺旋箍筋的混凝土桩等。

（1）双向应力状态

双向应力状态的混凝土强度曲线如图 1.6 所示。

在双向受压区，一向的强度随另一向压力的增大而增大，在整个象限内，其强度均高于单轴受压时的强度，强度提高幅度最大时为单轴抗压强度的 1.27 倍，这是由于双向受压，一个方向的压应力为另一个方向压应力产生的变形提供了约束所致。在双向受拉区，其强度与单向受拉时的强度差别不大；混凝土强度与单轴抗拉强度几乎相同，破坏曲线几乎呈方形。在拉、压共同作用区，抗拉及抗压强度均分别低于单轴强度，破坏曲线基本为一斜线，这是由于一个方向应力的作用加大了另一个方向的横向变形所致。

（2）混凝土压（拉）剪复合受力强度

钢筋混凝土梁在自重作用下，梁的横截面同时存在正应力和切应力，形成压（拉）剪复合受力状态。混凝土压（拉）剪复合受力强度曲线如图 1.7 所示。拉剪状态，随剪切应力的增大抗拉强度下降；随着正应力增大，抗剪强度下降。压剪状态，随正应力增大，抗剪强度增加，但当正应力超过（0.5～0.7）f_c 时正应力增加，抗剪强度减小。

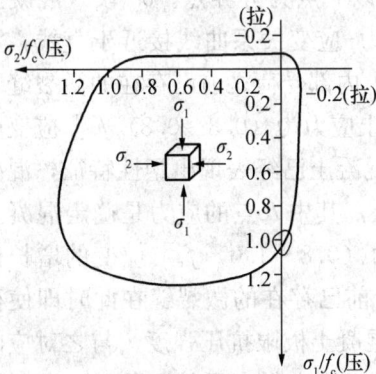

图 1.6　双向应力状态下混凝土强度变化曲线

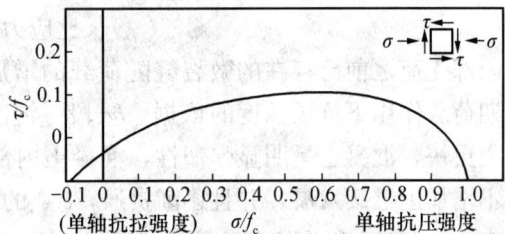

图 1.7　法向应力和剪应力共同作用下混凝土强度变化曲线

（3）三向受压应力状态

混凝土在三向受压时任何一向的抗压强度都随其他两向压应力的增大而有较大的

提高。混凝土圆柱体三向受压时的轴向抗压强度与侧压力之间的关系可用如下公式表示，即

$$\sigma_1 = f'_c + 4.1\sigma_2 \tag{1.1}$$

式中，σ_1——三轴受压状态混凝土圆柱体沿纵轴的抗压强度；

f'_c——混凝土圆柱体单轴受压时的抗压强度；

σ_2——侧向约束压应力。

施加侧压力可显著提高混凝土的轴向抗压强度，是因为侧向压应力的存在约束了混凝土的横向变形，使混凝土抗压强度和变形能力有较大程度的提高。螺旋箍筋柱中配置的螺旋箍筋可以约束混凝土的侧向变形，使混凝土处于三向受压应力状态，从而使混凝土强度和变形能力均有较大的提高。

1.2.2　混凝土的变形

混凝土的变形包括受力变形和体积变形两种。混凝土的受力变形是指混凝土在一次短期加载、长期荷载作用或多次重复循环荷载作用下产生的变形；而混凝土的体积变形是指混凝土的收缩、湿度变化、温度变化、体积膨胀等引起的变形。

1. 混凝土在一次短期加荷时的变形

对混凝土棱柱体试件短期单向施加压力可获得混凝土单轴受压应力-应变曲线，它能反映混凝土受力全过程的基本力学性能。典型的混凝土单轴受压应力-应变全曲线如图1.8所示。

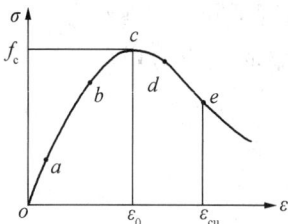

图1.8　混凝土受压应力-应变曲线

从图1.8中可看出：全曲线包括上升段 oc 和下降段 ce 两部分，以 c 点为分界点。oa 段（混凝土应力 $\sigma \leq 0.3f_c$）应力-应变关系曲线接近于直线，混凝土呈弹性，混凝土内部受荷之前已存在的微裂缝不发展；ab 段〔混凝土应力为 $(0.3\sim0.8)f_c$〕应变的增长比应力稍快，混凝土已经表现出塑性特征，混凝土内部受荷之前已存在的微裂缝随荷载的增加而发展，其中 b 点的应力是确定混凝土长期荷载作用下抗压强度的依据；bc 段〔混凝土应力 $(0.8\sim1.0)f_c$〕应变的增长比应力更快，混凝土呈明显弹塑性，混凝土内部受荷之前已存在的微裂缝在此时即使荷载不增加也继续发展，并且逐渐贯通，c 点的应力为混凝土极限抗压强度，与之对应的应变 $\varepsilon_0 \approx 0.002$ 称为峰值应变；cd 段，应力快速下降，应变仍在增长，混凝土中裂缝迅速发展且贯通，出现了主裂缝，内部结构破坏严重；de 段，应力下降变慢，应变较快增长，主裂缝宽度进一步增大，混凝土表现为破碎。

试验表明，不同强度等级混凝土的应力-应变关系曲线的基本形状相似，具有相同的特征。混凝土的强度等级越高，上升段越长，峰点越高，峰值应变也有所增大；下

降段越陡，延性越差。这在高强度混凝土中更为明显，最后破坏大多为骨料破坏，脆性明显，变形小。

混凝土短期单轴受拉时的应力-应变曲线与受压时相似，但其峰值时的应力、应变比受压时都小得多，计算时一般混凝土的最大拉应变可取 0.000 15。

2. 混凝土在长期荷载作用下的变形

混凝土在荷载长期作用下应力不变，应变随时间增长而增加的现象称为徐变。混凝土的徐变-时间曲线如图 1.9 所示。在荷载的作用下，混凝土的应变可分为两部分：一部分是瞬时应变，在加荷后立即发生；另一部分是徐变，随时间增长而增长，要经历较长的时间才能完成。从图 1.9 中可看出：徐变在早期发展较快，一般在最初 6 个月可完成徐变的大部分，一年后可趋于稳定，其余在以后的几年内逐渐完成。在持续荷载作用一段时间后卸载，应变还可恢复一部分，其中一部分瞬时恢复，另一部分在 20 天左右的时间内逐渐恢复，为弹性后效。

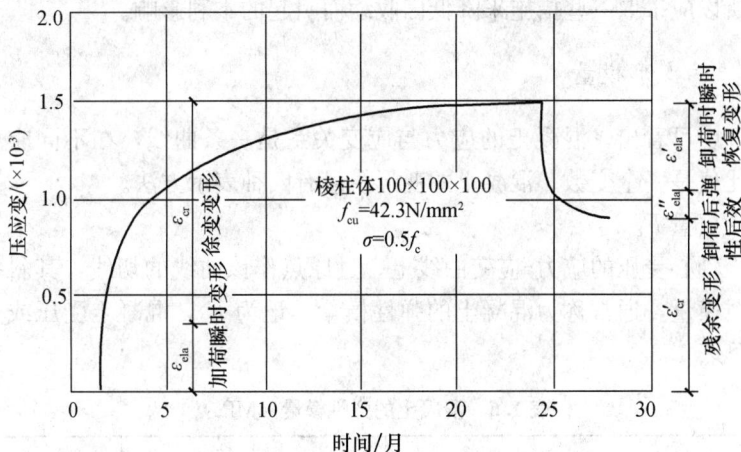

图 1.9　混凝土的徐变（加载卸载应变与时间关系曲线）

关于徐变产生的原因，目前尚无统一的解释，通常可这样理解：一是混凝土中水泥凝胶体在荷载作用下产生黏性流动，并把它所承受的压力逐渐转给骨料颗粒，使骨料压力增大，试件变形也随之增大；二是混凝土内部的微裂缝在荷载长期作用下不断发展和增加，也使应变增大。当应力不大时，徐变的发展以第一种原因为主；当应力较大时，以第二种原因为主。

当应力较小时（$\sigma \leqslant 0.5f_c$），混凝土的徐变与初始应力基本上成正比，这种徐变称为线性徐变。随着时间的增长和持续应力的增大（$0.5f_c < \sigma \leqslant 0.8f_c$），混凝土的徐变与初始应力不成正比，比初始应力增长速度快，这种徐变称为非线性徐变。影响混凝土徐变的因素除应力条件外还有加载龄期、原材料和配合比、制作和养护条件、构件的尺寸等。

徐变对结构构件受力性能的影响是一个不可忽略的重要因素，如徐变会增大偏压柱的挠曲，使偏心矩增大，降低柱的承载力；预应力混凝土构件中徐变会导致预应力损失等。

3. 混凝土的体积变形

混凝土硬化过程中体积的改变称为体积变形，它包括混凝土的收缩和膨胀两方面。混凝土在空气中结硬时体积会减小，这种现象称为混凝土的收缩。混凝土在水中结硬时体积会增大，这种现象称为混凝土的膨胀。

混凝土的收缩是由凝胶体的体积凝结缩小和混凝土失水干缩共同引起的，收缩变形随时间的增长而增长，早期发展较快，一个月内可完成收缩总量的 50%，而后发展渐缓，直至两年以上方可完成全部收缩。

影响混凝土收缩的主要因素有水泥用量、水灰比、水泥强度等级、水泥品种、混凝土骨料特性、养护条件、构件尺寸等。其影响因素多而且复杂，准确地计算收缩量十分困难，所以应采取一些措施来降低因收缩而引起的不利影响。

4. 混凝土的变形模量

从图 1.8 中可看出，混凝土的应力与应变关系是一条曲线，在不同应力状态下应力与应变的比值是一个变数。混凝土的变形模量有四种表示方法。

（1）弹性模量 E_c

在混凝土轴心受压的应力-应变曲线上，过原点作该曲线的切线，其斜率即为混凝土的原点切线模量，通常称为混凝土的弹性模量，记为 E_c。混凝土受压或受拉的弹性模量相同，见表1.5。

表 1.5 混凝土的弹性模量（MPa）

混凝土强度等级	C15	C20	C25	C30	C35	C40	C45
E_c	2.50×10^4	2.55×10^4	2.80×10^4	3.00×10	3.15×10	3.25×10^4	3.35×10^4
混凝土强度等级	C50	C55	C60	C65	C70	C75	C80
E_c	3.45×10^4	3.55×10^4	3.60×10^4	3.65×10^4	3.70×10^4	3.75×10^4	3.80×10^4

注：当采用引气剂及较高砂率的泵送混凝土且无实测数据时，表中 C50~C80 的 E_c 值应乘折减系数 0.95。

（2）割线模量 E'_c

在混凝土的应力-应变曲线上任一点与原点连线，其割线斜率即为混凝土的割线模量，记为 E'_c。

（3）切线模量 E''_c

在混凝土的应力-应变曲线上任取一点，并作该点的切线，则其斜率即为混凝土的切线模量，记为 E''_c。

（4）剪变模量 G_c。

混凝土剪变模量可近似取 $G_c = 0.4E_c$。

1.2.3 混凝土的选用原则

为保证结构安全可靠、经济耐久，选择混凝土时要综合考虑材料的力学性能、耐久性能、施工性能和经济性等多方面因素。公路桥涵受力构件的混凝土强度等级应按下列规定采用：

1）钢筋混凝土构件的混凝土强度等级不应低于 C20；当采用 HRB400 和 KL400 级钢筋时混凝土强度等级不应低于 C25。

2）预应力混凝土构件的混凝土强度等级不应低于 C40。

1.2.4 混凝土强度标准值和设计值

由于混凝土的骨料为天然材料以及施工水平的差异，混凝土的强度差异性比钢材更大。在分析大量试验结果的基础上，《公路桥规》选取具有 95％保证率的强度值，作为混凝土强度标准值。

混凝土强度的设计值等于混凝土强度标准值除以材料分项系数，混凝土的材料分项系数 $\gamma_c = 1.45$。

不同强度等级混凝土的强度标准值和设计值见表 1.6。

表 1.6 混凝土强度标准值和设计值（MPa）

强度种类 强度等级	强度标准值		强度设计值	
	轴心抗压 f_{ck}	轴心抗拉 f_{tk}	轴心抗压 f_{cd}	轴心抗拉 f_{td}
C20	13.4	1.54	9.2	1.06
C25	16.7	1.78	11.5	1.23
C30	20.1	2.01	13.8	1.39
C35	23.4	2.20	16.1	1.52
C40	26.8	2.40	18.4	1.65
C45	29.6	2.51	20.5	1.74
C50	32.4	2.65	22.4	1.83
C55	35.5	2.74	24.4	1.89
C60	38.5	2.85	26.5	1.96
C65	41.5	2.93	28.5	2.02
C70	44.5	3.00	30.5	2.07
C75	47.4	3.05	32.4	2.10
C80	50.2	3.10	34.6	2.14

注：计算现浇钢筋混凝土轴心受压和偏心受压构件时，如截面尺寸的长边或直径小于 300mm，表中的数值应乘系数 0.8，当构件质量（混凝土成型、截面和轴线尺寸等）确有保证时可不受此限。

1.3 钢筋与混凝土之间的粘结

1.3.1 钢筋与混凝土粘结的作用

钢筋与混凝土之间的粘结是保证钢筋和混凝土共同工作的基本前提。钢筋与混凝土之间的粘结性能可以用两者界面上的粘结应力来说明。当钢筋与混凝土之间有相对滑移时，其界面上会产生沿钢筋轴线方向的相互作用力，这种作用力在钢筋表面的分布称为粘结应力。粘结应力的分布是不均匀的（图1.10），最大粘结应力在离端部某一距离处，与混凝土接触部分的钢筋两端粘结强度为零。钢筋和混凝土之间的粘结力应力由三部分组成：一是因混凝土水化产生的凝胶体对钢筋表面产生的化学胶结力；二是因混凝土硬化时体积收缩，将钢筋裹紧而在两者有相对滑动时产生的摩阻力；三是钢筋表面凹凸不平而与混凝土之间产生的机械咬合力，这种机械咬合力往往很大，是变形钢筋粘结力的主要来源。光面钢筋的粘结力主要来源于胶结力和摩阻力。

粘结失效时的最大粘结应力称为粘结强度。粘结强度通常采用拔出试验的方法测定，将钢筋的一端埋入混凝土内，在另一端施加拉力将钢筋拔出。用拔出力除以钢筋和混凝土的接触面积可得粘结强度。由试验可知：钢筋埋入长度越长，拔出力越大；混凝土强度越高，粘结强度越大；带肋钢筋的粘结强度比光面钢筋大，在光面钢筋末端做成弯钩可提高拔出力。

为使钢筋充分发挥强度（钢筋屈服前不能被拔出），需将钢筋埋入混凝土中一定的长度，以积累足够的粘结力，使钢筋能承受拉力。埋入混凝土中钢筋的长度称为锚固长度。

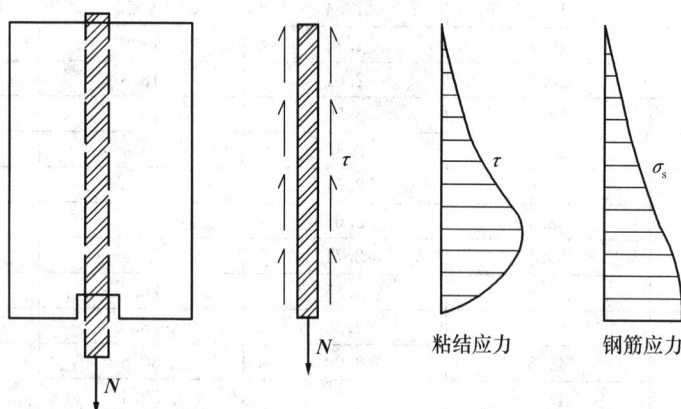

图1.10 直接拔出试验与应力分布示意图

1.3.2　保证钢筋与混凝土粘结强度的措施

影响钢筋与混凝土粘结性能的因素很多，主要有钢筋的表面形状、混凝土强度及其组成成分、浇注位置、保护层厚度、钢筋净间距、横向钢筋约束和横向压力作用等。我国设计规范采用有关构造措施来保证钢筋与混凝土的粘结强度，这些构造措施有：钢筋的保护层厚度、钢筋的锚固长度（表 1.7）、钢筋搭接长度、钢筋净距和受拉钢筋端部做成弯钩等。

表 1.7　钢筋最小锚固长度 l_a

混凝土强度等级 钢筋种类 项 目		R235				HRB335				HRB400、KL400			
		C20	C25	C30	≥C40	C20	C25	C30	≥C40	C20	C25	C30	≥C40
受压钢筋（直端）		$40d$	$35d$	$30d$	$25d$	$35d$	$30d$	$25d$	$20d$	$40d$	$35d$	$30d$	$25d$
受拉钢筋	直端	—	—	—	—	$40d$	$35d$	$30d$	$25d$	$45d$	$40d$	$35d$	$30d$
	弯钩端	$35d$	$30d$	$25d$	$20d$	$30d$	$25d$	$25d$	$20d$	$30d$	$30d$	$30d$	$25d$

注：1）d 为钢筋直径。

2）对于受压束筋和等代直径 $d_e \leqslant 28mm$ 的受拉束筋锚固长度的应以等代直径按表值确定，束筋的各单根钢筋在同一锚固终点截断；对于等代直径 $d_e > 28mm$ 的受拉束筋，束筋内各单根钢筋应自锚固起点开始，以表内规定的单根钢筋的锚固长度的 1.3 倍，呈阶梯形逐根延伸后截断，即自锚固起点开始，第一根延伸 1.3 倍单根钢筋的锚固长度，第二根延伸 2.6 倍单根钢筋的锚固长度，第三根延伸 3.9 倍单根钢筋的锚固长度。

3）采用环氧树脂涂层钢筋时，受拉钢筋最小锚固长度应增加 25%。

4）当混凝土在凝固过程中易受扰动时，锚固长度应增加 25%。

小　结

1. 混凝土结构中使用的钢筋按受力性能可分有明显流幅的钢筋和无明显流幅的钢筋；按钢材的化学成分可分为碳素钢和普通低合金钢；按加工方法还可分为热轧钢筋、冷加工钢筋和余热处理钢筋等。对有屈服点的钢筋，屈服点强度就是钢筋强度的限值；对于没有屈服点强度的钢筋，取残余应变 0.2% 的应力 $\sigma_{0.2}$ 为条件屈服点强度。混凝土结构对钢筋性能的要求有强度、变形、可焊性和与混凝土的粘结力。

2. 混凝土立方体抗压强度是采用边长 150mm 的立方体标准试件，按标准试验方法测得的抗压强度，是评定混凝土强度等级的依据。按混凝土立方体抗压强度标准值的不同混凝土分 14 个强度等级。此外，混凝土立方体抗压强度是混凝土力学指标的基本代表值，混凝土的轴心抗压强度、轴心抗拉强度、弹性模量等均可以由其换算得到。

3. 混凝土在空气中结硬时体积减小的现象称为收缩；混凝土在荷载长期作用下其应变随时间增长的现象称为徐变。两者发生的原因不同，影响因素有共同之处，但最明显的区别是徐变与应力状态有关，而收缩与应力无关。收缩及徐变对混凝土结构的受力有一定影响，工程中应采取减小收缩及徐变的措施。

4. 材料的强度标准值是正常情况下可能出现的最小强度值，具有 95% 的保证率。材料强度设计值等于其标准值除以材料分项系数。钢筋及混凝土的强度标准值和设计值均可从表中查得。

5. 钢筋和混凝土是两种性质不同的材料，为充分利用混凝土抗压能力强而钢筋抗拉能力强的特点，把二者结合在一起组成钢筋混凝土结构。钢筋和混凝土之所以能共同工作，主要是二者之间有着可靠的粘结力、有大致相同的线膨胀系数，以及混凝土能够对钢筋起保护作用。

6. 钢筋与混凝土之间的粘结力是钢筋与混凝土共同工作的重要保证，粘结强度对钢筋的搭接、锚固及混凝土抗裂性能有重要影响，规范采用有关构造措施来保证钢筋与混凝土的粘结强度。

相关链接

1. http：//www. cctr. net. cn/index01_ detail. aspid=1245.

2. 罗向荣 . 2009. 结构设计原理 . 北京：高等教育出版社 .

3. 沈蒲生，罗国强，熊丹安 . 2004. 混凝土结构设计原理 . 北京：中国建筑工业出版社 .

思考与练习

1. 混凝土结构中使用的钢筋主要有哪些种类？

2. 有明显屈服点钢筋和没有明显屈服点钢筋的应力-应变曲线各有何特点？

3. 何为条件屈服点强度？它是如何确定的？

4. 公路桥涵对钢筋的选用有哪些规定？

5. 混凝土的强度等级是如何确定的？公路桥涵对混凝土的选用有哪些规定？

6. 混凝土轴心受压应力-应变曲线有何特点？

7. 什么是混凝土的徐变？徐变的规律是什么？徐变对钢筋混凝土构件有何影响？影响徐变的主要因素有哪些？

8. 什么是混凝土的收缩？收缩有什么规律？与哪些因素有关？

9. 什么是材料强度的标准值？什么是材料强度的设计值？

10. 钢筋与混凝土为什么能够共同工作？

11. 钢筋和混凝土之间的粘结力是怎样产生的？影响粘结强度的主要因素有哪些？

12. 如何保证钢筋和混凝土之间的良好粘结？

2

钢筋混凝土结构设计基本原则

教学目标

1. 掌握极限状态的基本概念及其分类。

2. 理解作用的概念，了解作用的分类，掌握作用代表值的选取。

3. 重点掌握极限状态设计表达式和作用效应组合表达式。

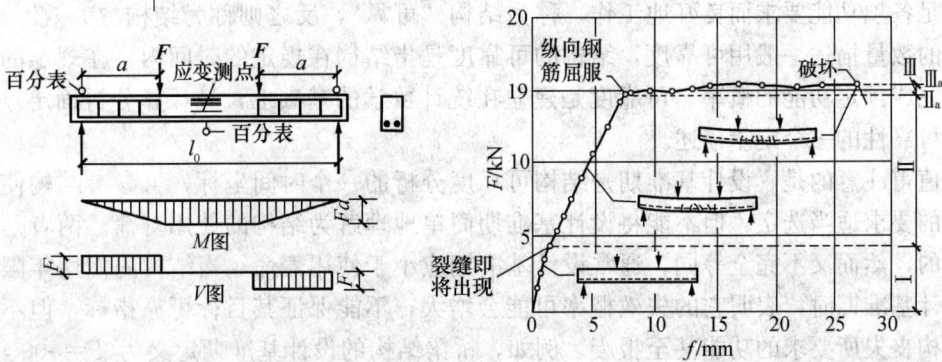

2.1 极限状态基本概念

2.1.1 结构设计的功能

结构设计的目的，就是要使所设计的结构在规定的时间内能够达到在具有足够可靠性的前提下满足全部功能的要求。"规定的时间"是指分析结构的可靠度时考虑各项基本变量与时间关系所取用的时间参数，通常称为设计基准期；"规定的条件"指结构设计时所确定的正常设计、正常施工和正常使用条件；"预定功能"有以下四个方面：

1）结构应能承受在正常施工和正常使用期间可能出现的各种荷载、外加变形、约束变形等的作用。

2）结构在正常使用条件下具有良好的工作性能，如不发生影响正常使用的过大变形或局部损坏。

3）结构在正常使用和正常维护的条件下，在规定的时间内具有足够的耐久性，如不发生由于保护层碳化或裂缝宽度开展过大导致钢筋的锈蚀。

4）在偶然荷载（如地震、强风）作用下或偶然事件（如爆炸）发生时和发生后结构仍能保持稳定性，不发生倒塌。

结构的安全性是指在规定的期限内，在正常施工和正常使用情况下结构能承受可能出现的各种作用，在偶然事件（地震、撞击等）发生时及发生后结构发生局部损坏，但不致出现整体破坏和联系性的倒塌，仍然保持必需的整体稳定性。结构的适用性是指在正常使用情况下结构具有良好的工作性能，不发生过大的变形或振动。结构的耐久性是指结构在正常维护情况下材料性能虽然随着时间的增长而发生变化，但结构仍能满足设计的预定功能要求。上述要求中，第1）、4）两项通常是指结构的承载能力和稳定性，关系到人身安全，称为结构的安全性；第2）项指结构的适用性；第3）项指结构的耐久性。结构的安全性、适用性和耐久性这三者总称为结构的可靠性。结构能够满足各项功能要求而良好地工作，称为结构"可靠"，反之则称为结构"失效"。可靠性的数量描述一般用可靠度，结构的可靠度是指结构在规定的时间内、在规定的条件下完成预定功能的概率。可靠度是建立在统计数学的基础上，经计算分析确定，对结构可靠性的一个定量描述。

值得注意的是，设计基准期是结构可靠度分析的一个时间坐标，可参考结构使用寿命的要求适当选定，但不能将设计基准期简单地理解为结构的使用寿命。两者是有联系的，然而又不完全等同，通常设计基准期应小于使用寿命。当结构的使用年限超过设计基准期时，表明它的失效概率可能会增大，不能保证其目标可靠指标，但不等于结构丧失所要求的功能甚至报废。例如，桥梁结构的设计基准期定义为 $T=100$ 年，但到了100年时不一定该桥梁就不能使用了。结构的设计基准期必须参照结构的预期寿命、维护能力和措施等确定，根据我国公路桥梁的使用现状和以往的设计经验，我国公路桥梁结构的设计基准期统一取为 100 年。

2.1.2　极限状态的概念

结构在使用期间的工作情况称为结构的工作状态。结构能够满足各项功能要求而良好地工作，称为结构"可靠"，反之则称结构"失效"。结构工作状态是处于可靠还是失效的标志用"极限状态"来衡量。极限状态的定义为：当整个结构或结构的一部分超过某一特定状态而不能满足设计规定的某一功能要求时，则此特定状态称为该功能的极限状态。

国际标准化组织（ISO）和我国各专业颁布的统一标准将结构的极限状态分为承载能力极限状态和正常使用极限状态。

（1）承载能力极限状态

这种极限状态对应于结构或结构构件达到最大承载能力或不适于继续承载的变形或变位的状态。当结构或构件出现下列状态之一时，即认为超过了承载能力极限状态：

1）整个结构或结构的一部分作为刚体失去平衡，如滑动、倾覆等。

2）结构构件或连接处因超过材料强度而破坏（包括疲劳破坏），或因过度的塑性变形而不能继续承载。

3）结构转变成机动体系。

4）结构或结构构件丧失稳定，如柱的压屈失稳等。

（2）正常使用极限状态

这种极限状态对应于结构或结构构件达到正常使用或耐久性能的某项限值的状态。当结构或结构构件出现下列状态之一时，即认为超过了正常使用极限状态：

1）影响正常使用或外观的变形。

2）影响正常使用或耐久性能的局部损坏。

3）影响正常使用的振动。

4）影响正常使用的其他特定状态。

正常使用极限状态涉及结构的适用性和耐久性问题，例如结构的变形或振动是否过大；构件的裂缝是否出现过早、过宽等，但这些现象并不会引起结构的严重破坏，造成生命财产重大损失。因此，正常使用极限状态设计的可靠度水平一般低于承载能力极限状态设计。

2.1.3　结构设计状况

公路桥涵应考虑以下三种设计状况及其相应的极限状态设计。

（1）持久状况

桥涵建成后承受自重、车辆荷载等持续时间很长的状况。该状况是指桥梁的使用阶段。这个阶段持续的时间很长，结构可能承受的作用（或荷载）在设计时均需考虑，需接受结构是否能完成其预定功能的考验，因而必须进行承载能力极限状态和正常使用极限状态的计算。

（2）短暂状况

桥涵施工过程中承受临时性作用（或荷载）的状况。该状况所对应的是桥梁的施工阶段。这个阶段的持续时间相对于使用阶段是短暂的，结构体系、结构所承受的荷载与使用阶段也不同，设计时要根据具体情况而定。一般只进行承载能力极限状态计算（规范中以计算构件截面应力表达），必要时才作正常使用极限状态计算。

（3）偶然状况

在桥涵使用过程中偶然出现的如罕遇地震的状况。这种状况出现的概率极小，且持续的时间极短，仅作承载能力极限状态设计。

按持久状况承载能力极限状态设计时，公路桥涵结构的设计安全等级，应根据结构破坏可能产生的后果的严重程度划分为三个设计等级，并不低于表 2.1 的规定。对于有特殊要求的公路桥涵结构，其设计安全等级可根据具体情况研究确定。同一桥涵结构构件的安全等级宜与整体结构相同，有特殊要求时可作部分调整，但调整后的级差不得超过一级。

表 2.1　公路桥涵结构的设计安全等级

设计安全等级	破坏后果	桥涵类型	结构重要性系数 γ_0
一级	很严重	特大桥、重要大桥	1.1
二级	严重	大桥、中桥、重要小桥	1.0
三级	不严重	小桥、涵洞	0.9

注：本表冠以"重要"的大桥和小桥，系指高速公路和一级公路上、国防公路上及城市附近交通繁忙公路上的桥梁。

特大、大、中、小桥及涵洞按单孔跨径或多孔跨径总长分类规定如表 2.2 所示。

表 2.2　桥梁涵洞分类

桥涵分类	多孔跨径总长 L/m	单孔跨径 L_k/m
特大桥	$L>1000$	$L_k>150$
大桥	$100 \leqslant L \leqslant 1000$	$40 \leqslant L_k \leqslant 150$
中桥	$30<L<100$	$20 \leqslant L_k<40$
小桥	$8 \leqslant L \leqslant 30$	$5 \leqslant L_k<20$
涵洞	—	$L_k<5$

注：1）单孔跨径系指标准跨径。

　　2）梁式桥、板式桥的多孔跨径总长为多孔标准跨径的总长；拱式桥为两岸桥台内起拱线间的距离；其他形式桥梁为桥面系行车道长度。

　　3）管涵及箱涵不论管径或跨径大小、孔数多少，均称为涵洞。

　　4）标准跨径：梁式桥、板式桥以两桥墩中线之间桥中心线长度或桥墩中线与桥台台背前缘线之间桥中心线长度为准；拱式桥和涵洞以净跨径为准。

2.1.4 结构的耐久性设计

公路桥涵结构除需要按上述三种设计状况进行相应的极限状态设计外,还应根据所处环境进行耐久性设计。混凝土结构的耐久性是指结构对气候作用、化学侵蚀、物理作用等外界环境影响或其他破坏过程的抵抗能力。环境因素引起的混凝土结构损伤或破坏主要有混凝土的碳化、氯离子侵蚀、碱-骨料反应、冻融循环破坏和钢筋腐蚀。混凝土的耐久性主要取决于混凝土的材料组成,其中水灰比、水泥用量、强度等级等均对耐久性有较大影响,结构混凝土耐久性的基本要求应符合表 2.3 的规定。

表 2.3 结构混凝土耐久性的基本要求

环境类别	环境条件	最大水灰比	最小水泥用量/ (kg/m³)	最低混凝土强度等级	最大氯离子含量/%	最大碱含量/ (kg/m³)
Ⅰ	温暖或寒冷地区的大气环境、与无侵蚀性的水或土接触的环境	0.55	275	C25	0.30	3.0
Ⅱ	严寒地区的大气环境、使用除冰盐环境、滨海环境	0.50	300	C30	0.15	3.0
Ⅲ	海水环境	0.45	300	C35	0.10	3.0
Ⅳ	受侵蚀性物质影响的环境	0.40	325	C35	0.10	3.0

注:1) 有关现行规范对海水环境中结构混凝土的最大水灰比和最小水泥用量有更详细规定时可参照执行。
　　2) 表中氯离子含量系指其与水泥用量的百分率。
　　3) 当有实际工程经验时,处于Ⅰ类环境中结构混凝土的最低强度等级可比表中降低一个等级。
　　4) 预应力混凝土构件中的最大氯离子含量为 0.06%,最小水泥用量为 350kg/m³,最低混凝土强度等级为 C40 或按表中规定Ⅰ类环境提高三个等级,其他环境类别提高两个等级。
　　5) 特大桥和大桥混凝土中的最大碱含量宜降至 1.8kg/m³,当处于Ⅲ类、Ⅳ类或使用除冰盐和滨海环境时,宜使用非碱活性集料。

对位于Ⅲ类或Ⅳ类环境的桥梁,当耐久性确实需要时,其主要受拉钢筋宜采用环氧树脂涂层钢筋;预应力钢筋、锚具及连接器应采取专门防护措施。

2.2 结构上的作用

2.2.1 作用概念

作用一般指施加在结构上的集中力或分布力,如汽车荷载、结构自重等;还指引起结构外加变形或约束变形的原因,如地震、基础不均匀沉降、温度变化等,故"作用"为所有引起结构反应的原因(内力、变形)的统称。

2.2.2 作用的分类

1. 按作用性质分类

按照作用性质的不同，作用分直接作用和间接作用两类。

直接作用是指施加在结构上的外力，如车辆、人群、结构自重等，因为它们是直接施加在结构上的，故称直接作用，亦称荷载。间接作用是指不直接以外力形式施加于结构，它们产生的效应与结构本身的特性、结构所处环境等有关，如基础变位、混凝土收缩和徐变、温度变化等，它们是间接作用于结构的，故称间接作用。

2. 按随时间的变异和出现的可能性分类

按随时间的变异和出现的可能性，作用分为永久作用、可变作用、偶然作用三大类。

1) 永久作用（恒载）：在结构使用期内其量值不随时间而变化，或其变化值与平均值比较可忽略不计的作用。

2) 可变作用（活载）：在结构使用期内其量值随时间变化，且其变化值与平均值相比较不可忽略的作用。

3) 偶然作用：在结构使用期间出现的概率很小，但是一旦出现，其值很大且持续时间很短的作用。

3. 按作用随空间位置变异的分类

按作用随空间位置的变异，作用可分为固定作用和自由作用两类。

1) 固定作用：在结构上具有固定分布的作用，如固定设备荷载、结构构件自重等。

2) 自由作用：在结构上一定范围内可以任意分布的作用，如人员荷载、吊车荷载等。

4. 按结构对作用的反应特点分类

按结构对作用的反应特点分类，作用可分为静态作用和动态作用两类。

1) 静态作用：使结构产生的加速度可以忽略不计的作用，如结构自重、楼面活动荷载等。

2) 动态作用：使结构产生的加速度不可以忽略不计的作用，如地震、吊车荷载、设备振动等。

公路桥涵结构上的作用按随时间的变异和出现的可能性分类类型列于表2.4中。

表 2.4　作用分类

编 号	作用分类	作用名称
1		结构重力（包括结构附加重力）
2		预加力
3		土的重力
4	永久作用	土侧压力
5		混凝土收缩及徐变作用
6		水的浮力
7		基础变位作用
8		汽车荷载
9		汽车冲击力
10		汽车离心力
11		汽车引起的土侧压力
12		人群荷载
13	可变作用	汽车制动力
14		风荷载
15		流水压力
16		冰压力
17		温度（均匀温度和梯度温度）作用
18		支座摩阻力
19		地震作用
20	偶然作用	船只或漂流物的撞击作用
21		汽车撞击作用

2.2.3　作用的代表值

作用代表值是指结构或结构构件设计时针对不同设计目的所采用的各种作用规定值，它包括作用标准值、准永久值和频遇值等。其中，作用的标准值是各种作用的基本代表值，作用的准永久值和频遇值一般可以在标准值的基础上计入不同的系数后得到。

1. 作用的标准值

作用的标准值是在结构设计基准期（100 年）内作用可能出现的最大值，其值可根据作用在设计基准期内最大值概率分布的某一分位值确定；若无充分资料时，可根据工程经验，经分析后确定。

永久作用的标准值，对结构自重，可按结构构件的设计尺寸与材料单位体积的自重（重力密度）计算确定。几种常用材料的重力密度为：钢，78.5kN/m³；钢筋混凝土或预应力混凝土，25.0～26.0kN/m³；混凝土或片石混凝土，24.0kN/m³；浆砌块石或料石，24.0～25.0kN/m³；其余见《公路桥涵设计通用规范》。

可变作用的标准值包括汽车荷载、人群荷载等，应按《公路桥涵设计通用规范》规定采用。

2. 可变作用准永久值

可变作用准永久值是结构或构件按正常使用极限状态长期效应组合设计时采用的一种可变作用代表值，是指结构设计基准期内，可变作用超越总时间约为设计基准期一半的作用值，其值可根据在足够长期观测期内作用任意时点概率分布的 0.5（或略高于 0.5）分位值确定。

可变作用准永久值为可变作用标准值乘以准永久值系数 ψ_2 ［见后文式（2.8）］。

3. 可变作用频遇值

可变作用频遇值是结构或构件按正常使用极限状态短期效应组合设计时采用的一种可变作用代表值，是指结构设计基准期内，结构上较频繁出现的且量值较大的作用取值，其值可根据在足够长观测期内作用任意时点概率分布的 0.95 分位值确定。可变作用频遇值较作用准永久值大。

可变作用频遇值为可变作用标准值乘以频遇值系数 ψ_1 ［见后文式（2.7）］。

公路桥涵设计时，对不同的作用应采用不同的代表值。永久作用、偶然作用应采用标准值作为代表值；可变作用应根据不同的极限状态分别采用标准值、频遇值或准永久值作为其代表值：承载能力极限状态设计及按弹性阶段计算结构强度时采用标准值作为可变作用的代表值；正常使用极限状态按短期效应（频遇）组合设计时，应采用频遇值作为可变作用的代表值；按长期效应（准永久）组合设计时，应采用准永久值作为可变作用的代表值。

2.3 公路桥梁结构的概率极限状态设计法

进行结构设计时，首先要选取合适的结构设计理论作为设计依据。从最早的以弹性理论为基础的容许应力法，到考虑钢筋混凝土塑性性能的破坏阶段法，发展到我国一直沿用了将近 20 年的三系数极限状态法，随着实践经验的积累和科学研究的不断发展，钢筋混凝土结构的设计理论也在不断的发展与完善。

我国现在采用的是"概率极限状态设计法"，即引入结构可靠性理论，把影响结构可靠性的各主要因素视为不确定的随机性变量，从荷载和结构抗力（包括材料性能、几何参数和计算模式不定性）两个方面进行了全国性的调查、实测、试验及统计分析，运用统计数学的方法寻求各随机变量的统计规律，确定适用于当前我国公路桥涵设计总体水平的失效概率（或目标可靠指标），再从这个总体的失效概率出发，通过优化分析或直接从各基本变量的概率分布中求得设计所需的各相关参数。这种以调查统计分析和对结构可靠性分析为依据而建立的极限状态设计方法称为"概率极限状态设计法"。

2.3.1 作用效应与结构抗力

作用效应 S 是指结构对所受作用的反应，例如由于作用产生的结构或构件内力（如轴力、弯矩、剪力、扭矩等）和变形（如挠度、转角等）。结构抗力 R 是指结构构件承受内力和变形的能力，如构件的承载能力、刚度和抗裂性等，它是结构材料性能和几何参数等的函数。

作用效应 S 和结构抗力 R 都是随机变量，因此结构不满足或满足其功能要求的事件也是随机的。一般把出现前一事件的概率称为结构的失效概率，记为 P_f，把出现后一事件的概率称为可靠概率，记为 P_r。由概率论可知，这二者是互补的，即 $P_f + P_r = 1$。

若结构只有作用效应 S 和结构抗力 R 两个基本变量时，则结构的功能函数可表示为

$$Z = g(R,S) = R - S \qquad (2.1)$$

相应的极限状态方程可表示为

$$Z = g(R,S) = R - S = 0 \qquad (2.2)$$

式（2.2）为结构或构件处于极限状态时各有关基本变量的关系式，它是判别结构是否失效和进行可靠度分析的重要依据。

2.3.2 作用效应组合

公路桥涵结构设计时应当考虑到结构上可能出现的多种作用，例如桥涵结构构件上除构件永久作用（如自重等）外可能同时出现汽车荷载、人群荷载等可变作用。《公路桥规》要求这时应按承载能力极限状态和正常使用极限状态，结合相应的设计状况进行作用效应组合，并取其最不利组合进行设计。

作用效应组合是结构上几种作用分别产生的效应的随机叠加。效应组合的原则如下：

1）只有在结构上可能同时出现的作用才进行其效应的组合。当结构或结构构件需做不同受力方向的验算时，则应以不同方向的最不利的作用效应进行组合。

2）当可变作用的出现对结构或结构构件产生有利影响时，该作用不应参与组合。实际不可能同时出现的作用或同时参与组合概率很小的作用，按表 2.5 规定不考虑其作用效应的组合。

3）施工阶段作用效应的组合应按计算需要及结构所处条件而定，结构上的施工人员和施工机具设备均应作为临时荷载加以考虑。

4）多个偶然作用不同时参与组合。

表 2.5　不同时考虑其作用效应的组合

编　号	作用名称	不与该作用同时参与组合的作用编号
13	汽车制动力	15，16，18
15	流水压力	13，16
16	冰压力	13，15
18	支座摩阻力	13

注：表中作用编号与本书表2.4对应。

2.3.3　按承载能力极限状态设计的作用效应组合

公路桥涵的持久状态设计按承载能力极限状态的要求，对构件必须进行承载力及稳定计算，必要时还应对结构进行倾覆和滑移的验算。《公路桥规》规定桥梁构件设计的原则是作用效应最不利组合（基本组合）的设计值必须小于或等于结构抗力的设计值，其基本表达式为

$$\gamma_0 S \leqslant R \tag{2.3}$$

$$R = R(f_d, a_d) \tag{2.4}$$

式中，γ_0——桥梁结构的重要性系数，按表2.1取用，桥梁的抗震设计不考虑结构的重要性系数；

S——作用（或荷载）效应（其中汽车荷载应计入冲击系数）的基本组合设计值；

R——构件承载力设计值；

$R(\cdot)$——构件承载力函数；

f_d——材料强度设计值；

a_d——几何参数设计值，当无可靠数据时可采用几何参数标准值 a_k，即设计文件规定值。

《公路桥规》规定，按承载能力极限状态设计时，应根据各自的情况选用基本组合和偶然组合中的一种或两种作用效应组合。

1. 基本组合

作用效应的基本组合是指永久作用的设计值效应与可变作用设计值效应的组合，其表达式为

$$\gamma_0 S_d = \gamma_0 \left(\sum_{i=1}^{m} \gamma_{Gi} S_{Gik} + \gamma_{Q1} S_{Q1k} + \psi_c \sum_{j=2}^{n} \gamma_{Qj} S_{Qjk} \right) \tag{2.5}$$

或

$$\gamma_0 S_d = \gamma_0 \left(\sum_{i=1}^{m} S_{Gid} + S_{Q1d} + \psi_c \sum_{j=2}^{n} S_{Qjd} \right) \tag{2.6}$$

式中，S_d——承载能力极限状态下作用基本组合的效应组合设计值；

γ_{Gi}——第 i 个永久作用效应的分项系数，应按表 2.6 的规定采用；

S_{Gik}、S_{Gid}——第 i 个永久作用效应的标准值和设计值；

γ_{Q1}——汽车荷载效应（含汽车冲击力、离心力）的分项系数，取 $\gamma_{Q1}=1.4$，当某个可变作用在效应组合中其值超过汽车荷载效应时，则该作用取代汽车荷载，其分项系数应采用汽车荷载的分项系数，对专为承受某作用而设置的结构或装置设计时该作用的分项系数取与汽车荷载同值，计算人行道板和人行道栏杆的局部荷载时其分项系数也与汽车荷载取同值；

S_{Q1k}、S_{Q1d}——汽车荷载效应（含汽车冲击力、离心力）的标准值和设计值；

γ_{Qj}——在作用效应组合中除汽车荷载效应（含汽车冲击力、离心力）、风荷载外的其他第 j 个可变作用效应的分项系数，取 $\gamma_{Qj}=1.4$，但风荷载的分项系数取 $\gamma_{Qj}=1.1$；

S_{Qjk}、S_{Qjd}——在作用效应组合中除汽车荷载效应（含汽车冲击力、离心力）外的其他第 j 个可变作用效应的标准值和设计值；

ψ_c——在作用效应组合中除汽车荷载效应（含汽车冲击力、离心力）外的其他可变作用效应的组合系数，当永久作用与汽车荷载和人群荷载（或其他一种可变作用）组合时人群荷载（或其他一种可变作用）的组合系数取 $\psi_c=0.80$，当除汽车荷载（含汽车冲击力、离心力）外尚有两种其他可变作用参与组合时其组合系数取 $\psi_c=0.70$，尚有三种可变作用参与组合时其组合系数取 $\psi_c=0.60$，尚有四种及多于四种的可变作用参与组合时取 $\psi_c=0.50$。

在进行承载能力极限状态计算时作用（或荷载）的效应（其中汽车荷载应计入冲击系数）应采用其组合设计值。作用效应设计值是指作用效应标准值乘以相应的作用分项系数。式（2.5）中的 $\gamma_{Gi}S_{Gik}$ 称为永久作用效应的设计值；$\gamma_{Qj}S_{Qjk}$ 称为可变作用效应的设计值。

表 2.6　永久作用效应的分项系数

编号	作用类别		永久作用效应分项系数	
			对结构的承载力不利时	对结构的承载力有利时
1	混凝土和圬工结构重力（包括结构附加重力）		1.2	1.0
	钢结构重力（包括结构附加重力）		1.1 或 1.2	
2	预加力		1.2	1.0
3	土的重力		1.2	1.0
4	混凝土的收缩及徐变作用		1.2	1.0
5	土侧压力		1.0	1.0
6	水的浮力		1.4	1.0
7	基础变位作用	混凝土和圬工结构	0.5	0.5
		钢结构	1.0	1.0

注：本表编号 1 中，当钢桥采用钢桥面板时永久作用效应分项系数取 1.1，当采用混凝土桥面板时取 1.2。

2. 偶然组合

作用效应偶然组合是指永久作用标准值效应与可变作用某种代表值效应、一种偶然作用标准值效应相组合。偶然作用的分项系数取 1.0；与偶然作用同时出现的可变作用，可根据观测资料和工程经验取用适当的代表值。地震作用标准值及其表达式按现行《公路工程抗震设计规范》规定采用。

2.3.4 按正常使用极限状态设计的作用效应组合

公路桥涵的持久状况设计应按正常使用极限状态的要求，采用作用（或荷载）的短期效应组合、长期效应组合或短期效应组合并考虑长期效应组合的影响，对构件的抗裂、裂缝宽度和挠度进行验算，并使各项计算值不超过规范规定的限值。

《公路桥规》规定，按正常使用极限状态设计时，应根据不同结构不同的设计要求，选用以下一种或两种作用效应组合。

1. 作用短期效应组合

作用短期效应组合指永久作用标准值效应与可变作用频遇值效应相组合，其表达式为

$$S_{sd} = \sum_{i=1}^{m} S_{Gik} + \sum_{j=1}^{n} \psi_{1j} S_{Qjk} \tag{2.7}$$

式中，S_{sd}——作用短期效应组合设计值；

ψ_{1j}——第 j 个可变作用效应的频遇值系数，汽车荷载（不计冲击力）$\psi_1 = 0.7$，人群荷载 $\psi_1 = 1.0$，风荷载 $\psi_1 = 0.75$，温度梯度作用 $\psi_1 = 0.8$，其他作用 $\psi_1 = 1.0$；

$\psi_{1j} S_{Qjk}$——第 j 个可变作用效应的频遇值。

其他符号意义同前。

2. 作用长期效应组合

作用长期效应组合指永久作用标准值效应与可变作用准永久值效应相组合，其表达式为

$$S_{ld} = \sum_{i=1}^{m} S_{Gik} + \sum_{j=1}^{n} \psi_{2j} S_{Qjk} \tag{2.8}$$

式中，S_{ld}——作用长期效应组合设计值；

ψ_{2j}——第 j 个可变作用效应的准永久值系数，汽车荷载（不计冲击力）$\psi_2 = 0.4$，人群荷载 $\psi_2 = 0.4$，风荷载 $\psi_2 = 0.75$，温度梯度作用 $\psi_2 = 0.8$，其他作用 $\psi_2 = 1.0$；

$\psi_{1j}S_{Qjk}$——第 j 个可变作用效应的准永久值。

其他符号意义同前。

【例 2.1】 钢筋混凝土简支梁桥主梁在结构重力、汽车荷载和人群荷载作用下，分别得到在主梁的 1/4 跨径处截面的弯矩标准值为：结构重力产生的弯矩标准值 $M_{Gk}=552kN \cdot m$；汽车荷载弯矩标准值 $M_{Q1k}=459.7kN \cdot m$（已计入冲击系数），冲击系数 $(1+\mu)=1.19$；人群荷载弯矩标准值 $M_{Q2k}=40.6kN \cdot m$。试进行承载能力极限状态和正常使用极限状态设计时作用效应组合计算。

【解】 1）承载能力极限状态设计时作用效应的基本组合。

钢筋混凝土简支梁桥主梁结构的安全等级为二级，取结构重要性系数为 $\gamma_0=1.0$。因恒载作用效应对结构承载能力不利，故取永久作用效应的分项系数 $\gamma_{G1}=1.2$。汽车荷载效应的分项系数为 $\gamma_{Q1}=1.4$。对于人群荷载，其他可变作用效应的分项系数 $\gamma_{Qj}=1.4$。本组合为永久作用与汽车荷载和人群荷载组合，故取人群荷载的组合系数为 $\psi_c=0.8$。

由式（2.5）可得到作用效应值基本组合的设计值为

$$\gamma_0 M_d = \gamma_0 \left(\sum_{i=1}^{m} \gamma_{Gi} M_{Gik} + \gamma_{Q1} M_{Q1k} + \psi_c \sum_{j=2}^{n} \gamma_{Qj} M_{Qjk} \right)$$
$$= 1.0 \times (1.2 \times 552 + 1.4 \times 459.7 + 0.8 \times 1.4 \times 40.6)$$
$$= 1351.45kN \cdot m$$

2）正常使用极限状态设计时作用效应组合。

① 作用短期效应组合。根据《公路桥规》规定，汽车荷载作用效应应不计入冲击系数，计算得到不计冲击系数的汽车荷载弯矩标准值为 $M_{Q1k} = \dfrac{459.7}{1+\mu} = \dfrac{459.7}{1.19} = 386.31kN \cdot m$。汽车荷载作用效应的频遇值系数 $\psi_{11}=0.7$，人群荷载作用效应的频遇值系数 $\psi_{12}=1.0$，由式（2.7）可得到作用短期效应组合设计值为

$$M_{sd} = M_{Gk} + \psi_{11} M_{Q1k} + \psi_{12} M_{Q2k}$$
$$= 552 + 0.7 \times 386.31 + 1.0 \times 40.6$$
$$= 863.02kN \cdot m$$

② 作用长期效应组合。不计冲击系数的汽车荷载弯矩标准值 $M_{Q1k}=386.31kN \cdot m$，汽车荷载作用效应的准永久值系数 $\psi_{21}=0.4$，人群荷载作用效应的准永久值系数 $\psi_{22}=0.4$，由式（2.8）可得到作用长期效应组合设计值为

$$M_{ld} = M_{Gk} + \psi_{21} M_{Q1k} + \psi_{22} M_{Q2k}$$
$$= 552 + 0.4 \times 386.31 + 0.4 \times 40.6$$
$$= 722.76kN \cdot m$$

小　结

1. 所有引起结构效应的原因统称为"作用"，包括直接作用和间接作用。按随时间的变异，作用可分为永久作用、可变作用和偶然作用。

2. 作用代表值是指结构或结构构件设计时针对不同设计目的所采用的各种作用规定值。永久作用以标准值为代表值，可变作用以标准值、准永久值或频遇值为代表值。公路桥涵设计时应考虑结构上可能同时出现的作用，按承载能力极限状态和正常使用极限状态进行作用效应组合，取其最不利效应组合进行设计计算。

3. 结构应满足安全性、适用性和耐久性三方面的功能要求，这三项要求总称为结构的可靠性。可靠度是可靠性的概率度量。

4. 当整个结构或结构的一部分超过某一特定状态就不能满足设计规定的某一功能要求时，则此特定状态为该功能的极限状态。极限状态分为承载能力极限状态和正常使用极限状态。

5. 我国现行《公路桥规》采用的是以概率理论为基础的极限状态设计方法，具体设计计算应满足承载能力极限状态和正常使用极限状态。承载能力极限状态的表达式为 $\gamma_0 S \leqslant R$；正常使用极限状态的计算采用作用（或荷载）的短期效应组合、长期效应组合或短期效应组合并考虑长期效应组合的影响，对构件的抗裂、裂缝宽度和挠度进行验算。

相关链接

1. 2008-4-21. www. gxut. edu. cn/jpkc/hntjg/kj/jttj/2th. ppt.
2. 胡兴福 . 2005. 结构设计原理 . 北京：机械工业出版社 .
3. 孙元桃 . 2005. 结构设计原理 . 第二版 . 北京：人民交通出版社 .

思考与练习

1. 结构设计时应满足哪几方面的功能要求？
2. 结构的设计基准期和使用寿命有何区别？
3. 何谓极限状态？极限状态分为哪几类？
4. 承载能力极限状态设计包括哪些内容？
5. 正常使用极限状态设计包括哪些内容？
6. 公路桥涵应考虑哪几种设计状况？
7. 试解释以下名词：作用、直接作用、间接作用、抗力。

8."作用"与"荷载"有什么异同?"作用"按随时间的变异可分为哪几类?

9.什么叫作用的标准值、可变作用的准永久值、可变作用的频遇值?

10.结构承载能力极限状态和正常使用极限状态设计计算的原则是什么?

11.钢筋混凝土梁的支点截面处,结构重力产生的剪力标准值 $V_{Gk}=187kN$;汽车荷载产生的剪力标准值 $V_{Q1k}=263kN$(已计入冲击系数),冲击系数 $(1+\mu)=1.19$;人群荷载产生的剪力标准值 $V_{Q2k}=57.5kN$;温度梯度作用产生的剪力标准值 $V_{Q3k}=41.5kN$。参照例 2.1,试进行正常使用极限状态设计时的作用效应组合计算。

3

钢筋混凝土受弯构件
正截面承载力计算

教学目标

1. 掌握梁、板的有关构造规定。
2. 深入理解适筋梁的受力阶段分析，以及配筋率对梁正截面破坏形态的影响。
3. 熟练掌握单筋矩形、双筋矩形和T形截面受弯构件正截面承载力设计和复核的方法。

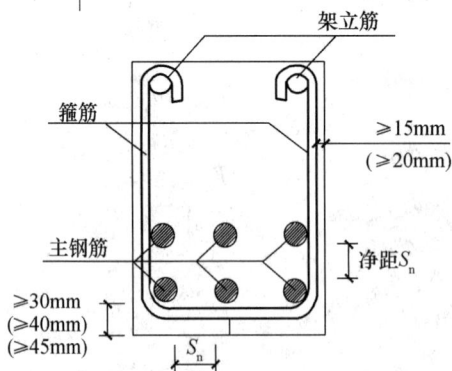

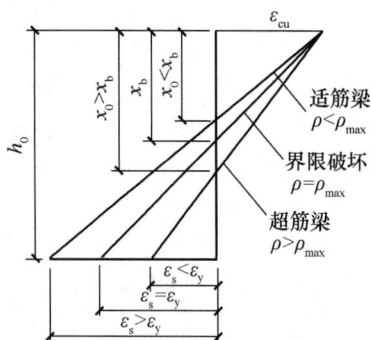

受弯构件是组成桥涵结构的基本构件，在桥梁工程中应用极为广泛。钢筋混凝土梁和板是典型的受弯构件，例如人行道板、行车道板、中小跨径梁或板式桥上部结构中承重的梁和板，T 形梁桥的主梁、横隔梁，以及柱式墩（台）中的盖梁等都属于受弯构件。

在荷载作用下，受弯构件将承受弯矩 M 和剪力 V 的作用，其破坏有两种可能：一种是由弯矩作用引起的破坏，破坏面与构件纵轴线垂直，称为正截面破坏；另一种是由弯矩和剪力共同作用而引起的破坏，破坏面是倾斜的，称为斜截面破坏。为了保证受弯构件不发生正截面破坏，构件必须要有足够的截面尺寸，并通过正截面承载力计算，在构件中配置一定数量的纵向受力钢筋；为了保证受弯构件不发生斜截面破坏，构件必须要有足够的截面尺寸，并通过斜截面承载力计算，在构件中配置一定数量的箍筋和弯起钢筋。本章主要介绍受弯构件正截面承载力计算，关于受弯构件斜截面承载力计算将在下一章中介绍。

3.1 受弯构件的构造要求

构造要求是结构设计中的一个重要组成部分，对于那些目前在结构计算中不易准确控制的因素，在施工方便和经济合理前提下，应通过构造措施予以弥补。一个完整的结构设计应该是既有可靠的计算，又有合理的构造措施。计算固然重要，但构造措施不合理也会影响到施工、构件的使用，甚至危及安全。

3.1.1 钢筋混凝土板的构造要求

1. 板的截面形式和厚度

当板的跨径较小时，一般为矩形实心板 ［图 3.1（a、b）］；板的跨径较大时，为减轻自重和节省混凝土常做成空心板 ［图 3.1（c）］。

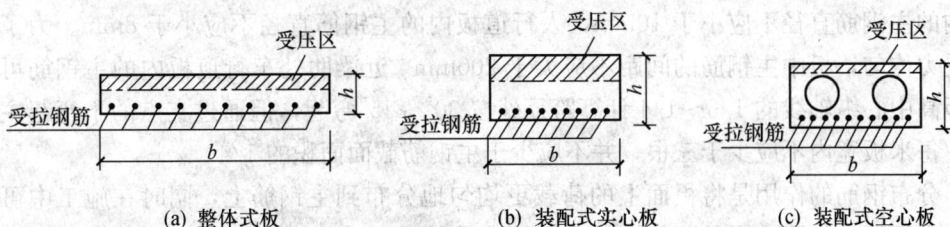

(a) 整体式板　　　　　　　(b) 装配式实心板　　　　　　　(c) 装配式空心板

图 3.1　钢筋混凝土板的截面形式

钢筋混凝土板的厚度可根据受力大小经计算和构造要求确定。为了保证施工质量及耐久要求，对其最小厚度应加以控制：行车道板跨间厚度不应小于 120mm，悬臂端厚度不应小于 100mm；人行道板的厚度，整体式现浇板不应小于 80mm，预制板不应小于 60mm；空心板桥的底板和顶板厚度均不应小于 80m，空心板的空洞端部应予填封。

混凝土简支板桥的标准跨径不宜大于 13m，连续板桥的标准跨径不宜大于 16m。

2. 板的钢筋

当板仅为两边支承或虽为四边支承的板，但其长边与短边之比大于或等于 2 时，称之为单向板，反之称为双向板。单向板的荷载主要沿一个方向（短边方向）传递，长边方向传递的荷载很小，可忽略不计，计算时可近似地仅考虑板在短边方向的受弯作用。双向板的荷载将沿两个方向传递，计算时要考虑双向受弯作用。

单向板中的钢筋由主钢筋（即受力钢筋）和分布钢筋组成。主钢筋沿板的跨度方向布置在板的受拉区，分布钢筋设在主钢筋的内侧，与主钢筋垂直布置（图 3.2）。

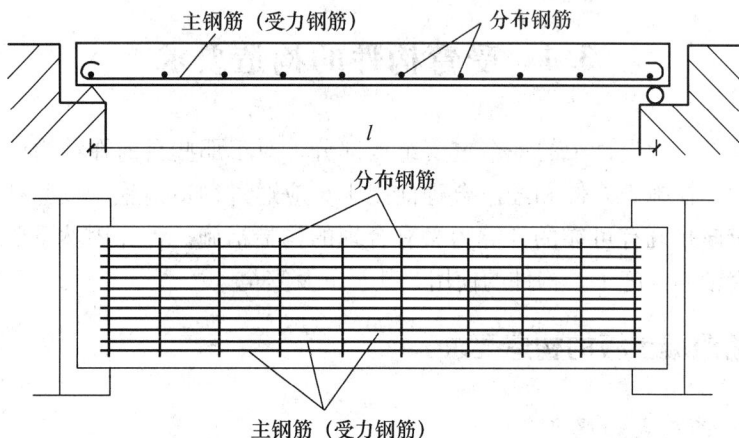

图 3.2　板中钢筋

主钢筋的作用是承担板中弯矩作用产生的拉力，其钢筋数量由计算决定。行车道板内的主钢筋直径不应小于 10mm，人行道板内的主钢筋直径不应小于 8mm。为了使板受力均匀，板中主钢筋的间距不应大于 200mm。近梁肋处车行道板内的主钢筋可在沿板高中心纵轴线的 1/6～1/4 计算跨径处按 30°～45° 弯起，但通过支点的不弯起主钢筋，每米板宽内不应少于三根，并不应少于主钢筋截面面积的 1/4。

分布钢筋的作用是将板面上的荷载更均匀地分布到主钢筋上，同时在施工中可以固定主钢筋的位置，而且还能防止因混凝土收缩和温度变化而出现的裂缝。分布钢筋直径不应小于 8mm，间距不应大于 200mm，截面面积不宜小于板截面面积的 0.1%。在所有主钢筋弯折处均应布置分布钢筋。

值得指出的是，对于周边支承的双向板，两个方向同时承受弯矩，所以两个方向均应设置主钢筋，而且短跨度方向钢筋布置在外侧，长跨度方向钢筋布置在内侧。对于单边固接的悬臂板，其主钢筋应布置在截面的上部。

为了防止钢筋锈蚀，板中钢筋边缘到构件边缘的净距，应符合《公路桥规》规定的最小保护层厚度要求，见表 3.1。

表 3.1　普通钢筋和预应力直线形钢筋最小混凝土保护层厚度（mm）

序　号	构　件　类　别	构件环境		
		Ⅰ	Ⅱ	Ⅲ、Ⅳ
1	基础、桩基承台：（1）基坑底面有垫层或侧面有模板（受力主筋） （2）基坑底面无垫层或侧面无模板（受力主筋）	40 60	50 75	60 85
2	墩台身、挡土结构、涵洞、梁、板、拱圈、拱上建筑（受力主筋）	30	40	45
3	人行道构件、栏杆（受力主筋）	20	25	30
4	箍筋	20	25	30
5	缘石、中央分隔带、护栏等行车道构件	30	40	45
6	收缩、温度、分布、防裂等表层钢筋	15	20	25

注：1）对于环氧树脂涂层钢筋，可按环境类别Ⅰ取用。

2）当受拉区主筋的混凝土保护层厚度大于 50mm 时，应在保护层内设置直径不小于 6mm、间距不大于 100mm 的钢筋网。

3.1.2　钢筋混凝土梁的构造

1. 梁的截面形式和尺寸

中小跨径钢筋混凝土梁，常采用矩形和 T 形截面；跨径较大的钢筋混凝土梁，可采用工形和箱形截面（图 3.3）。

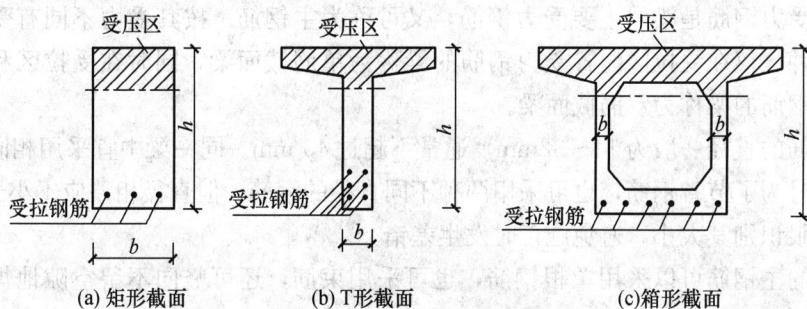

(a) 矩形截面　　　　(b) T 形截面　　　　(c)箱形截面

图 3.3　钢筋混凝土梁的截面形式

为了统一模板尺寸便于施工，通常将梁的截面尺寸取 $b=150$mm、180mm、200mm、220mm、250mm，以后以 50mm 的模数递增；梁高 $h\leqslant800$mm 时以 50mm 的模数递增，梁高 $h>800$mm 时则以 100mm 的模数递增。矩形梁的高宽比 $\frac{h}{b}$ 一般为

2.5～3。

T 形截面梁的高度与梁的跨度、间距及荷载大小有关。预制 T 形截面梁，其梁高与跨径之比约为 $\frac{h}{l}=1/10\sim1/18$，跨径较大时采用偏小比值。预制 T 形截面梁翼缘悬臂端的厚度不应小于 100mm，T 形截面梁在与腹板相连处的翼缘厚度不应小于梁高的 1/10，不满足时可设承托，T 形梁的腹板宽度不应小于 140mm。

钢筋混凝土 T 形、I 形截面简支梁标准跨径不宜大于 16m，箱形截面简支梁标准跨径不宜大于 25m。

2. 梁的钢筋

梁内的钢筋骨架由纵向受力钢筋、弯起钢筋、箍筋、架立钢筋和水平纵向钢筋构成（图 3.4）。

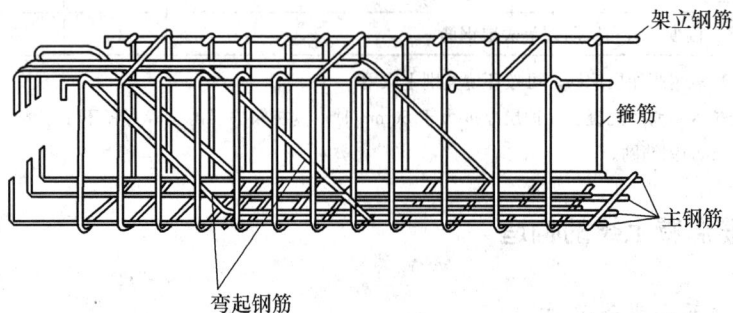

图 3.4　梁中钢筋

（1）纵向受力钢筋

纵向受力钢筋是梁的主要受力钢筋，又可称为主钢筋，按其受力不同有受拉和受压钢筋两种。仅在受拉区配置受力钢筋的梁称为单筋截面梁，同时在受拉区和受压区配置受力钢筋的梁称为双筋截面梁。

主钢筋的直径一般为 14～32mm，通常不超过 40 mm。同一梁中宜采用相同直径的钢筋，有时为了节省钢筋，也可采用两种不同直径的钢筋，但直径相差应不小于 2mm，以便于肉眼识别其大小，避免施工时发生差错。

梁内的主钢筋可以采用单根钢筋，也可采用束筋，还可竖向不留空隙地焊接成多层钢筋骨架。采用单根配筋时，主钢筋应尽量布置成最少的层数，当钢筋直径不同时应将粗钢筋布置在底层。就绑扎骨架而言，钢筋层数不宜多于三层，并注意上、下层钢筋的排列对齐，以便于混凝土的浇筑。采用束筋时，组成束筋的单根钢筋直径不应大于 36mm。组成束筋的单根钢筋根数，当其直径不大于 28mm 时不应多于三根，当其直径大于 28mm 时应为两根。采用焊接钢筋骨架时，多层钢筋骨架的叠高一般不宜超过（0.15～0.2）h（此处 h 为梁高），焊接骨架的钢筋层数不应多于六层，单根钢筋直径不应大于 32mm。纵向钢筋与弯起钢筋之间的焊缝宜采用双面焊缝，其长度为 $5d$；纵向钢筋之间的短焊缝，其长度为 $2.5d$，此处 d 为纵向钢筋的直径（图 3.5）。

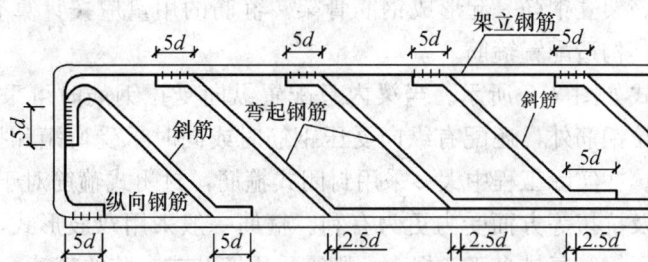

图 3.5　焊接钢筋骨架示意图

为了便于浇筑混凝土，使振捣器能顺利插入，保证混凝土质量和增加混凝土与钢筋之间的粘结力，梁内主钢筋间或层与层间应有一定的距离。各主钢筋间横向净距和层与层之间的竖向净距，当钢筋为三层及以下时不应小于 30mm，并不小于钢筋直径；当钢筋为三层以上时不应小于 40mm，并不小于钢筋直径的 1.25 倍（图 3.6）。对于束筋，此处采用等代直径 d_e（$d_e = \sqrt{n}d$，其中 n 为组成束筋的钢筋根数，d 为单根钢筋直径）。

梁中主钢筋边缘至构件边缘的净距，应符合表 3.1 规定的钢筋最小混凝土保护层厚度要求。

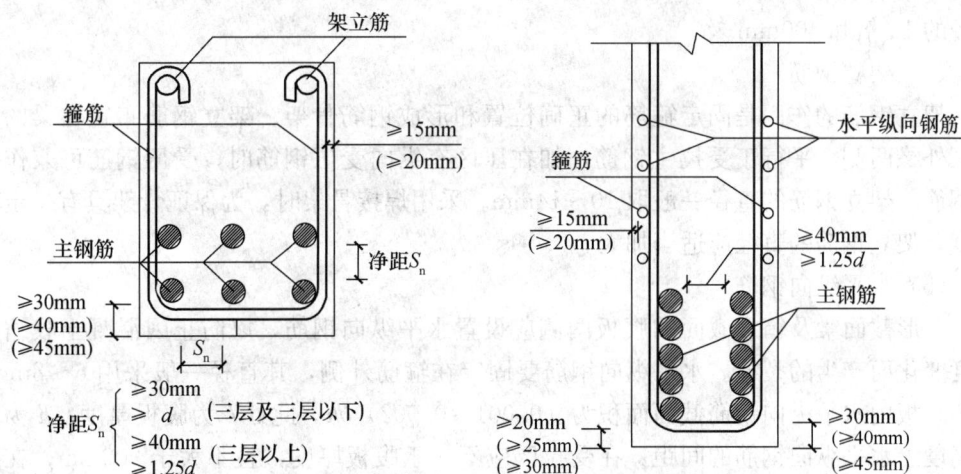

图 3.6　梁中主钢筋净距和混凝土保护层

（2）弯起钢筋

弯起钢筋一般由主钢筋弯起而成，用以承担弯矩和剪力共同产生的主拉应力，增强梁的抗剪强度。当将多余的主钢筋全部弯起仍不能满足受力和构造要求时，可以采用专门设置的斜向钢筋。弯起钢筋与梁的纵轴线宜成 $45°$ 角，以圆弧弯折，圆弧直径不宜小于 20 倍钢筋直径。

（3）箍筋

箍筋的主要作用也是承受主拉应力增强梁的抗剪强度，同时还可以固定主钢筋位置，并和主钢筋、架立钢筋一起形成钢筋骨架。箍筋的用量应按计算确定，当计算不需要箍筋时应按其构造配置箍筋。

梁内箍筋形式如图 3.7 所示。当梁内只配置纵向受拉钢筋时可采用开口式箍筋；当梁内除纵向受拉钢筋外，还配有纵向受压钢筋时或同时承受弯矩和扭矩作用时，应采用封闭式箍筋。在实际工程中大多采用封闭式箍筋，封闭式箍筋对于组成钢筋骨架、保证施工质量以及抗扭等方面受力更为有利。箍筋一般采用双肢形式，当受拉钢筋每排多于 5 根或受压钢筋每排多于 3 根时，则需采用四肢或多肢的箍筋。

(a) 双肢、开口式　　(b) 双肢、封闭式　　(c) 四肢、封闭式

图 3.7　箍筋的形式

箍筋直径应不小于 8mm，且不小于主钢筋直径的 1/4。固定受拉钢筋的箍筋的间距应不大于梁高的 1/2 和 400mm；固定受压钢筋的箍筋，其间距还应不大于受压钢筋直径的 15 倍和 400mm。

（4）架立钢筋

架立钢筋的作用是固定箍筋的正确位置和形成钢筋骨架。架立钢筋布置在梁的受压区外缘两侧，平行于受拉主钢筋，如在压区有纵向受压钢筋时，受压钢筋可兼作架立钢筋。架立钢筋的直径一般取 10～14mm。采用焊接骨架时，为保证骨架具有一定的刚度，架立钢筋的直径应适当加大。

（5）水平纵向钢筋

T 形截面梁及箱形截面的腹板两侧应设置水平纵向钢筋，以防止因混凝土收缩及温度变化而产生的裂缝。水平纵向钢筋要固定在箍筋外侧，其直径一般采用 6～8mm，每个腹板内水平纵向钢筋截面面积为 $(0.001～0.002)bh$，此处 b 为腹板厚度，h 为梁的高度。水平纵向钢筋的间距，在受拉区应不大于腹板厚度，且不大于 200mm；在受压区应不大于 300mm；在支点附近剪力较大区段，水平纵向钢筋截面面积应予增加，其间距宜为 100～150mm。

（6）箱形截面梁底板配筋

箱形截面梁底板上、下层应分别设置平行于桥跨和垂直于桥跨的构造钢筋。钢筋截面面积为：对于钢筋混凝土桥，不应小于配置钢筋的底板截面面积的 0.4%；对于预应力混凝土桥梁，不应小于配置钢筋的底板截面面积的 0.3%。钢筋直径不宜小于 10mm，其间距不宜大于 300mm。以上钢筋尚可充作受力钢筋。

3.2 受弯构件正截面破坏状态

为了研究钢筋混凝土梁的弯曲性能，探讨正截面的应力和应变分布规律，通常是采用图 3.8（a）所示的试验方案，进行钢筋混凝土梁的试验研究。试验采用两点对称加载，两个集中荷载之间的梁段只承受弯矩，没有剪力，称为"纯弯曲"段。在梁的纯弯曲段布置应变测点，量测各点的应变。在跨中截面布百分表，量测梁的挠度。试验采用分级增加荷载，用仪表测量各级试验荷载作用下混凝土和钢筋的应变以及梁的挠度，并观察梁的裂缝发展变化情况，直至梁破坏。

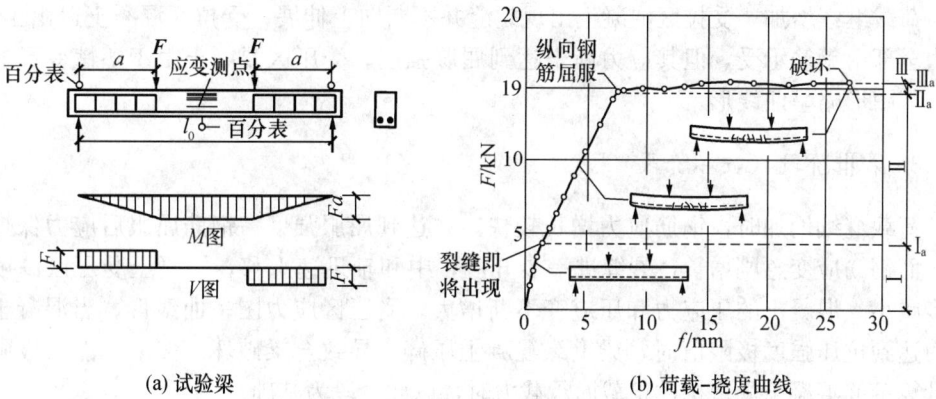

(a) 试验梁　　　　　　　　　　(b) 荷载–挠度曲线

图 3.8　试验梁及荷载–挠度曲线

3.2.1 钢筋混凝土梁弯曲受力过程分析

图 3.8（b）为梁从加荷开始直到破坏试验测得的集中荷载 F 与跨中挠度 f 的关系曲线，从该图可以看出，试验梁的荷载–挠度曲线有两个明显的转折点，把梁的受力过程划分为三个阶段，各受力阶段的截面应力分布情况示于图 3.9 中。

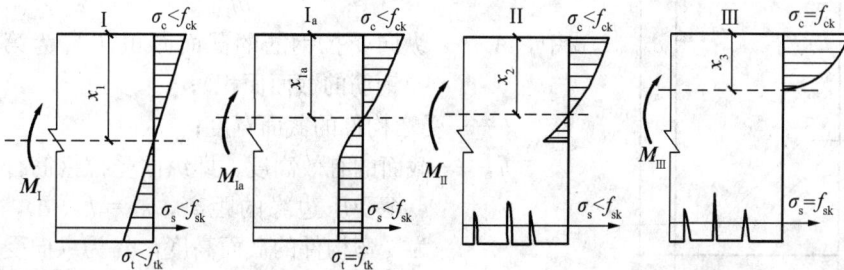

图 3.9　梁正截面各受力阶段的应力分布

1. 第Ⅰ阶段（整体工作阶段）

当荷载很小时，梁处于弹性工作阶段，此时混凝土的压应力和钢筋的拉应力均很小，其应力按三角形分布。混凝土下边缘的拉应力小于其抗拉强度极限值，截面未出现裂缝。随着荷载的逐渐增加，混凝土的塑性变形开始发展，变形的增长速度大于应力增长速度，此现象在受拉部位更为显著。因此，混凝土受拉区的应力图呈曲线形，而受压区的应力图仍为三角形。此时，混凝土受拉区下缘的应力达到了混凝土抗拉强度极限值（应变达到混凝土抗拉应变极限值），即达到将要出现裂缝的临界阶段，通常用I_a表示。

2. 第Ⅱ阶段（带裂缝工作阶段）

荷载继续增加，受拉区混凝土出现裂缝并不断向上伸展，受拉区混凝土退出工作，拉力全部由钢筋承受，但其应力尚未达到屈服强度。受压区混凝土由于塑性变形的增加，其图形略呈曲线形。

3. 第Ⅲ阶段（破坏阶段）

荷载继续增加时，钢筋应力增长较快，并达到屈服强度。钢筋屈服后应力保持不变，而钢筋应变急剧增长，裂缝进一步开展，中和轴迅速上移，混凝土受压区高度进一步减小。混凝土的压应力和压应变不断增大，受压区应力图呈曲线形。当混凝土的应力达到抗压强度极限值时，梁上缘混凝土压碎，导致全梁破坏。按承载能力极限状态计算钢筋混凝土受弯构件正截面承载力时，以此阶段为基础。

3.2.2 钢筋混凝土梁的正截面破坏形式

1. 配筋率

试验研究表明，梁的正截面破坏形式与纵向受拉钢筋配置的多少及钢筋和混凝土种类有关。梁内（图3.10）纵向受拉钢筋配置的多少用配筋率ρ表示为

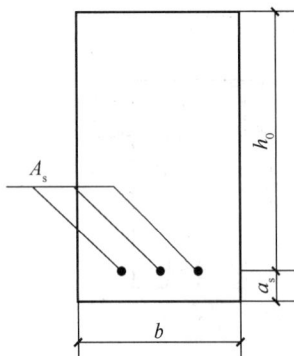

图 3.10 矩形截面梁

$$\rho = \frac{A_s}{bh_0} \tag{3.1}$$

式中，A_s——纵向受拉钢筋的截面面积（A_{si}为第i种受拉钢筋的截面面积）；

b——受弯构件的截面宽度；

h_0——截面的有效高度，即纵向受拉钢筋合力作用点至受压边缘的距离，$h_0=h-a_s$，其中h为受弯构件的截面高度，a_s为纵向受拉钢筋合力点至受拉区混凝土边缘的距离（a_{si}为第i种纵向受拉钢筋合力点至受拉区混凝土边缘的距离）。

a_s 计算公式为

$$a_s = \frac{\sum f_{sdi} A_{si} a_{si}}{\sum f_{sdi} A_{si}}$$

式中，f_{sdi}——第 i 种纵向受拉钢筋抗拉强度设计值。

2. 梁的正截面破坏形式

对于常用钢筋和混凝土等级而言，梁的正截面破坏形式主要受配筋率影响。根据梁内纵向受拉钢筋配筋率的不同，梁正截面的破坏形式可分三种，即适筋梁、超筋梁和少筋梁（图 3.11）。

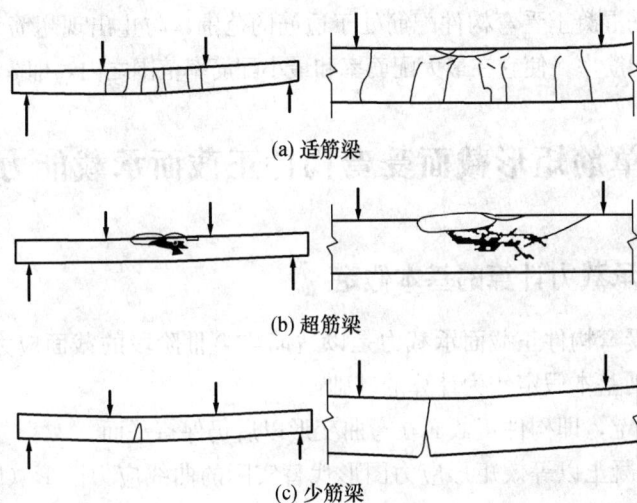

(a) 适筋梁

(b) 超筋梁

(c) 少筋梁

图 3.11　梁的三种破坏形式

（1）适筋梁

受拉钢筋配筋适当的梁称为适筋梁。适筋梁受力过程分为三个阶段，破坏特点如前所述：破坏前钢筋先达到屈服强度，继续加荷后受压区混凝土应力随之增大，当混凝土达到极限压应变而受压破坏时，梁即破坏，一般称这种破坏为适筋破坏。适筋梁的破坏过程比较缓慢，破坏前裂缝开展很宽，挠度较大，有明显的破坏预兆，这种破坏属于塑性破坏。

由于适筋梁受力合理，钢筋与混凝土均能充分发挥作用，所以在实际工程中广泛应用。

（2）超筋梁

受拉钢筋配置过多的梁称为超筋梁。由于受拉钢筋配置过多，梁在破坏时钢筋应力还没有达到屈服强度，受压混凝土则因先达到极限压应变而破坏，一般称这种破坏为"超筋破坏"。破坏时梁在拉区的裂缝开展不明显，挠度较小，破坏是突然发生的，没有明显预兆，这种破坏属于脆性破坏。

超筋梁钢筋配置过多，破坏时钢筋强度没有得到充分利用，构件破坏为脆性破坏，既不经济又不安全，在实际工程中不允许采用，并以最大配筋率 ρ_{max} 加以限制。

（3）少筋梁

受拉钢筋配置过少的梁称为少筋梁。少筋梁的拉区混凝土一旦开裂，拉力完全由钢筋承担，钢筋应力将突然剧增，立即达到屈服强度或进入强化阶段，甚至被拉断，使梁产生严重下垂或断裂破坏，一般称这种破坏为"少筋破坏"，其破坏性质也属于脆性破坏。少筋梁破坏时承载能力相对较低，而且受压区混凝土没得到充分利用，既不经济也不安全，因此在实际工程中也不允许采用，并以最小配筋率 ρ_{min} 加以限制。

为了确保钢筋混凝土受弯构件配筋处于适筋的范围，防止出现超筋和少筋破坏，就必须控制截面的配筋率，使它在最大配筋率和最小配筋率范围之内，即 $\rho_{min} \leqslant \rho \leqslant \rho_{max}$。

3.3 单筋矩形截面受弯构件正截面承载能力计算

3.3.1 正截面承载力计算的基本假定

如前所述，受弯构件正截面承载力是以适筋梁第Ⅲ阶段的截面应力图形为计算依据的，并引入下列基本假定作为计算的基础：

1）平截面假定，即构件正截面在弯曲变形以后仍保持平面。

2）受压区混凝土以等效矩形应力图形代替实际的曲线应力图形（图 3.12）。等效矩形应力图形的高度 $x = \beta x_0$，式中 x_0 为曲线形应力图的高度，β 为混凝土受压区高度换算系数（表 3.2），等效矩形应力图形宽度取混凝土压应力值 f_{cd}。

3）不考虑受拉区混凝土参加工作，拉力完全由钢筋承担。适筋梁破坏时，受拉钢筋的应力达到其抗拉强度设计值 f_{sd}。

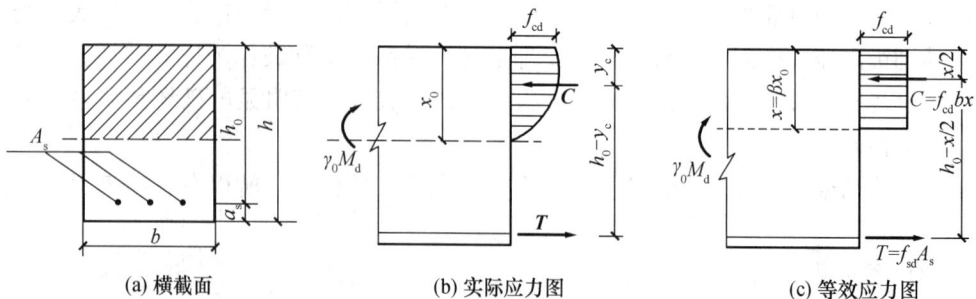

| (a) 横截面 | (b) 实际应力图 | (c) 等效应力图 |

图 3.12 受弯构件正截面应力图

表 3.2 混凝土矩形应力图高度系数

混凝土强度等级	C50 及以下	C55	C60	C65	C70	C75	C80
β	0.80	0.79	0.78	0.77	0.76	0.75	0.74

3.3.2 相对界限受压区高度 ξ_b 与最小配筋率 ρ_{min}

1. 相对界限受压区高度 ξ_b

当钢筋应力达到屈服强度（应变达到屈服应变）的同时，受压区混凝土边缘纤维的应变也同时达到混凝土抗压极限应变值而破坏，通常称这种破坏为"界限破坏"（图 3.13）。相应于这种破坏的配筋率为适筋梁的最大配筋率 ρ_{max}，受压区高度为界限受压区高度 x_b。工程中超筋梁和适筋梁的界限一般可通过混凝土受压区高度来加以控制。

从图 3.13 可以看出，限制配筋率 $\rho \leqslant \rho_{max}$，可以转换为限制应变图变形零点至截面上边缘的距离（即混凝土受压区曲线形应力图的高度）$x_0 \leqslant x_b = \xi_b h_0$，式中 ξ_b 为相对界限受压区高度，其数值按表 3.3 采用。

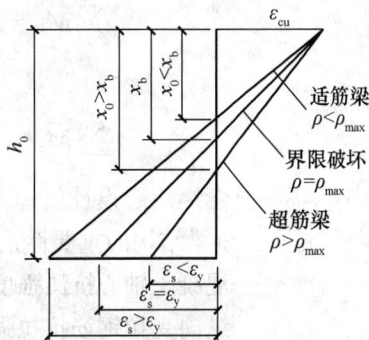

图 3.13 钢筋混凝土适筋梁和超筋梁"界限破坏"的截面应变

表 3.3 相对界限受压区高度

钢筋种类 \ 混凝土强度等级		相对界限受压区高度 ξ_b			
		C50 及以下	C55、C60	C65、C70	C75、C80
普通钢筋	R235	0.62	0.60	0.58	—
	HRB335	0.56	0.54	0.52	—
	HRB400、KL400	0.53	0.51	0.49	—
预应力钢筋	钢绞线、钢丝	0.40	0.38	0.36	0.35
	精轧螺纹钢筋	0.40	0.38	0.36	

注：截面受拉区配置不同种类钢筋的受弯构件，其 ξ_b 值应选用相应于各种钢筋的较小者。

2. 最小配筋率 ρ_{min}

少筋梁和适筋梁的界限为最小配筋率 ρ_{min}。钢筋混凝土受弯构件最小配筋率 ρ_{min} 为 0.002 和 $0.45 f_{td}/f_{sd}$ 中的最大值。此处 f_{td} 为混凝土抗拉强度设计值，f_{sd} 为钢筋抗拉强度设计值。

3.3.3 基本公式及适用条件

1. 基本公式

只在截面的受拉区布置受力钢筋的截面称为单筋矩形截面。图 3.14 为单筋矩形截面受弯正截面计算应力图形，利用静力平衡条件，建立单筋矩形截面受弯构件正截面承载力的计算公式为

$$\sum N = 0, \quad f_{sd}A_s = f_{cd}bx \tag{3.2}$$

$$\sum M_s = 0, \quad \gamma_0 M_d \leqslant f_{cd}bx\left(h_0 - \frac{x}{2}\right) \tag{3.3}$$

或

$$\sum M_c = 0, \quad \gamma_0 M_d \leqslant f_{sd}A_s\left(h_0 - \frac{x}{2}\right) \tag{3.4}$$

式中，M_d——弯矩组合设计值；

γ_0——桥梁结构的重要性系数，按表 2.1 采用；

f_{cd}——混凝土轴心抗压强度设计值，按表 1.6 采用；

f_{sd}——纵向受拉钢筋抗拉强度设计值，按表 1.2 采用；

A_s——纵向受拉钢筋的截面面积；

x——混凝土受压区高度；

b——矩形截面宽度；

h_0——截面有效高度，当受拉钢筋截面面积尚未确定时，可先假设钢筋合力作用点至截面下边缘的距离 a_s 值，对于板可取 $a_s = 25 \sim 35$mm，对于绑扎骨架的梁，当布置一层受拉钢筋时取 $a_s = 40 \sim 50$mm，布置两层受拉钢筋时取 $a_s = 65 \sim 75$mm，对于焊接骨架的梁取 $a_s = 30$mm$+ (0.07 \sim 0.1) h$。

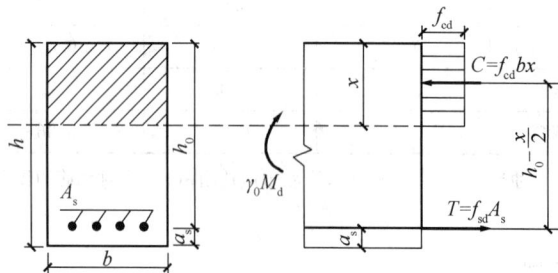

图 3.14 单筋矩形截面受弯构件正截面承载力计算图形

2. 基本公式的适用条件

公式（3.2）～公式（3.4）是在适筋条件下建立的，因此必须满足下列两个适用

条件：

1）为了防止出现超筋破坏，应满足

$$x \leqslant \xi_b h_0 \ 或 \ \xi \leqslant \xi_b \tag{3.5a}$$

式中，$\xi = \dfrac{x}{h_0}$，称为相对受压区高度。

若将 $x_b = \xi_b h_0$ 值代入式（3.3），可求得单筋矩形截面所能承受的最大受弯承载力 $M_{du,max}$，所以适用条件 1）也可写成

$$\gamma_0 M_d \leqslant M_{du,max} = f_{cd} b h_0^2 \xi_b (1 - 0.5\xi_b) \tag{3.5b}$$

式（3.5a，b）中三个式子的意义是相同的，只要满足其中任何一个，梁就不会发生超筋破坏。

2）为了防止出现少筋破坏，应满足

$$\rho = \frac{A_s}{b h_0} \geqslant \rho_{min} = 0.45 \frac{f_{td}}{f_{sd}} \tag{3.6}$$

且不小于 0.2%。

3.3.4 基本公式的应用

在实际设计中，受弯构件正截面承载力计算可分为截面设计和承载能力复核两类问题。

1. 截面设计

已知弯矩组合设计值 M_d、结构重要性系数 γ_0、截面尺寸 $b \times h$、钢筋与混凝土强度等级 f_{sd}、f_{cd}、f_{td}，求钢筋截面面积 A_s。

解：对于截面尺寸已知的情况，采用基本公式（3.2）、公式（3.3）或公式（3.4）进行配筋设计，基本公式中仅有 x 和 A_s 两个未知量，联立方程式便可求解，其计算步骤如下。

（1）求混凝土受压区高度 x

由公式（3.3）解二次方程，求得混凝土受压区高度

$$x = h_0 - \sqrt{h_0^2 - \frac{2\gamma_0 M_d}{f_{cd} b}} \tag{3.7}$$

（2）求所需受拉钢筋截面面积

若 $x \leqslant \xi_b h_0$，则将所求 x 值代入公式（3.2）或公式（3.4），即可求得所需的钢筋截面面积为

$$A_s = \frac{f_{cd} b x}{f_{sd}} \tag{3.8}$$

或

$$A_s = \frac{\gamma_0 M_d}{f_{sd}(h_0 - \frac{x}{2})} \qquad (3.9)$$

若 $x > \xi_b h_0$，则属超筋梁，应加大截面尺寸重新设计，或提高混凝土强度等级，或改用双筋截面。

(3) 验算最小配筋率

根据所求得的钢筋截面面积，查表 3.4 或表 3.5 选择钢筋，并参照构造要求布置钢筋。根据钢筋的实际布置情况重新计算钢筋合力作用点至截面下边缘的距离 a_s，若与原来假设值相差较大，应适当修改设计，然后按式（3.6）验算最小配筋率。

表 3.4 圆钢筋及螺纹钢筋截面面积、质量

直径 /mm	在下列钢筋根数时的截面面积/mm²									质量 /(kg/m)	螺纹钢筋/mm	
	1	2	3	4	5	6	7	8	9		直径	外径
4	12.6	25	38	50	63	75	88	101	113	0.098		
6	28.3	57	85	113	141	170	198	226	254	0.222	6	7.0
8	50.3	101	151	201	251	302	352	402	452	0.396	8	9.3
10	78.5	157	236	314	393	471	550	628	707	0.617	10	11.6
12	113.1	226	339	452	566	679	792	905	1018	0.888	12	13.9
14	153.9	308	462	616	770	924	1078	1232	1385	1.208	14	16.2
16	201.1	402	603	804	1005	1206	1407	1608	1810	1.680	16	18.4
18	254.5	509	763	1018	1272	1527	1781	2036	2290	1.998	18	20.5
20	314.2	628	942	1256	1570	1884	2200	2513	2827	2.460	20	22.7
22	380.1	760	1140	1520	1900	2281	2661	3041	3421	2.980	22	25.1
24	452.4	905	1356	1810	2262	2714	3167	3619	4071	3.551	24	
25	490.9	982	1473	1964	2454	2945	3436	3927	4418	3.850	25	28.4
26	530.9	1062	1593	2124	2655	3186	3717	4247	4778	4.168	26	
28	615.7	1232	1847	2463	3079	3695	4310	4926	5542	4.833	28	31.6
30	706.9	1413	2121	2827	3524	4241	4948	5655	6362	5.549	30	
32	804.3	1609	2413	3217	4021	4826	5630	6434	7238	6.310	32	35.8
34	907.9	1816	2724	3632	4540	5448	6355	7263	8171	7.127	34	
36	1017.9	2036	3054	4072	5089	6107	7125	8143	9161	7.990	36	39.5
38	1134.1	2268	3402	4536	5671	6805	7939	9073	10207	8.003	38	
40	1256.6	2513	3770	5026	6283	7540	8796	10053	11310	9.865	40	43.5

表 3.5　钢筋间距一定时板每米宽度内钢筋截面面积（mm²）

钢筋间距 /mm	钢筋直径/mm										
	6	7	8	10	12	14	16	18	20	22	24
70	404	550	718	1122	1616	2199	2873	3636	4487	5430	6463
75	377	513	670	1047	1508	2052	2681	3393	4188	5081	6032
80	353	481	628	982	1414	1924	2314	3181	3926	4751	5655
85	333	453	591	924	1331	1811	2366	2994	3695	4472	5322
90	314	428	559	873	1257	1711	2234	2828	3490	4223	5027
95	298	405	529	827	1190	1620	2117	2679	3306	4000	4762
100	283	385	503	785	1131	1539	2011	2545	3141	3801	4524
105	269	367	479	748	1077	1466	1915	2424	2991	3620	4309
110	257	350	457	714	1028	1399	1828	2314	2855	3455	4113
115	246	335	437	683	984	1339	1749	2213	2731	3305	3934
120	236	321	419	654	942	1283	1676	2121	2617	3167	3770
125	226	308	402	628	905	1232	1609	2036	2513	3041	3619
130	217	296	387	604	870	1184	1547	1958	2416	2924	3480
135	209	285	372	582	838	1140	1490	1885	2327	2816	3351
140	202	275	359	561	808	1100	1436	1818	2244	2715	3231
145	195	265	347	542	780	1062	1387	1755	2166	2621	3120
150	189	257	335	524	754	1026	1341	1697	2084	2534	3016
155	182	248	324	507	730	993	1297	1643	2027	2452	2919
160	177	241	314	491	707	962	1257	1590	1964	2376	2828
165	171	233	305	476	685	933	1219	1542	1904	2304	2741
170	166	226	296	462	665	905	1183	1497	1848	2236	2661
175	162	220	287	449	646	876	1149	1454	1795	2172	2585
180	157	214	279	436	628	855	1117	1414	1746	2112	2513
185	153	208	272	425	611	832	1087	1376	1694	2035	2445
190	149	203	265	413	595	810	1058	1339	1654	2001	2381
195	145	197	258	403	580	789	1031	1305	1611	1949	2320
200	141	192	251	393	565	769	1005	1272	1572	1901	2262

2. 承载能力复核

已知截面尺寸 $b \times h$、钢筋截面面积 A_s、钢筋与混凝土强度等级 f_{sd}、f_{cd}、f_{td}，求截面所能承受的弯矩设计值 M_{du}（或已知弯矩组合设计值 $\gamma_0 M_d$，判断其是否安全）。

解：计算步骤如下。

（1）验算配筋率

$$\rho = \frac{A_s}{bh_0} \geqslant \rho_{\min} = 0.45\frac{f_{td}}{f_{sd}}$$

且不小于 0.2%。

（2）求混凝土受压区高度

由公式（3.2）得

$$x = \frac{f_{sd}A_s}{f_{cd}b} \tag{3.10}$$

（3）求截面所能承受的弯矩设计值

若 $x \leqslant \xi_b h_0$，则将其代入公式（3.3）或公式（3.4），计算截面所能承受的弯矩设计值为

$$M_{du} = f_{cd}bx\left(h_0 - \frac{x}{2}\right) \tag{3.11}$$

或

$$M_{du} = f_{sd}A_s\left(h_0 - \frac{x}{2}\right) \tag{3.12}$$

若 $x > \xi_b h_0$，取 $x = \xi_b h_0$，代入公式（3.3），计算截面所能承受的弯矩设计值为

$$M_{du} = f_{cd}bh_0^2\xi_b(1 - 0.5\xi_b) \tag{3.13}$$

（4）判断截面是否安全

若 $M_{du} \geqslant \gamma_0 M_d$，说明该截面的承载力是足够的，结构是安全的；反之，$M_{du} < \gamma_0 M_d$，说明该截面的承载力不足，结构是不安全的。

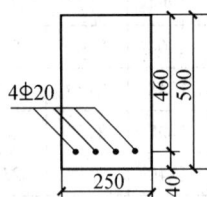

图 3.15 例 3.1 图

【例 3.1】 某钢筋混凝土单筋矩形梁，截面尺寸为 $b \times h = 250\text{mm} \times 500\text{mm}$，承受的弯矩组合设计值 $M_d = 130\text{kN} \cdot \text{m}$，结构重要性系数 $\gamma_0 = 1$，采用 C25 混凝土，HRB335 级钢筋，求所需受拉钢筋截面面积 A_s。

【解】 1）确定材料强度设计值。根据 C25 混凝土和 HRB335 级钢筋查表 1.6 和表 1.2，得 $f_{cd} = 11.5\text{MPa}$，$f_{td} = 1.23\text{MPa}$，$f_{sd} = 280\text{MPa}$，查表 3.3 得 $\xi_b = 0.56$。

2）求混凝土受压区高度 x。假设钢筋一层布置，$h_0 = h - a_s = 500 - 40 = 460\text{mm}$，由公式（3.7）得

$$x = h_0 - \sqrt{h_0^2 - \frac{2\gamma_0 M_d}{f_{cd}b}}$$

$$= 460 - \sqrt{460^2 - \frac{2 \times 1 \times 130 \times 10^6}{11.5 \times 250}}$$

$$= 112\text{mm} < \xi_b h_0 = 0.56 \times 460 = 257.6\text{mm}$$

3）求所需受拉钢筋截面面积。由公式（3.8）得

$$A_s = \frac{f_{cd}bx}{f_{sd}} = \frac{11.5 \times 250 \times 112}{280} = 1150mm^2$$

4）选择钢筋、验算最小配筋率。查表 3.4，选 4Φ20 钢筋（$A_s=1256mm^2$），钢筋按一层布置，所需截面最小宽度 $b_{min}=2\times30+4\times22.7+3\times30=241mm<b=250mm$，梁的实际有效高度 $h_0=500-(30+22.7/2)=459mm$，截面配筋如图 3.15 所示。

$$\rho_{min} = 0.45f_{td}/f_{sd} = 0.45 \times 1.23/280 = 0.197\%$$

与 0.2% 取大者。

实际配筋率

$$\rho = \frac{A_s}{bh_0} = \frac{1256}{250 \times 460} = 0.011 = 1.1\% > \rho_{min} = 0.2\%$$

【例 3.2】 某整体式钢筋混凝土人行道板，计算跨径为 2.37m，板厚为 80mm，承受自重和人群荷载设计值 $q=5.5kN/m^2$，配置 $\phi8@110$ 的 R235 受力钢筋（图 3.16），混凝土强度等级为 C20，结构重要性系数 $\gamma_0=1$，试复核该人行道板的正截面抗弯承载能力。

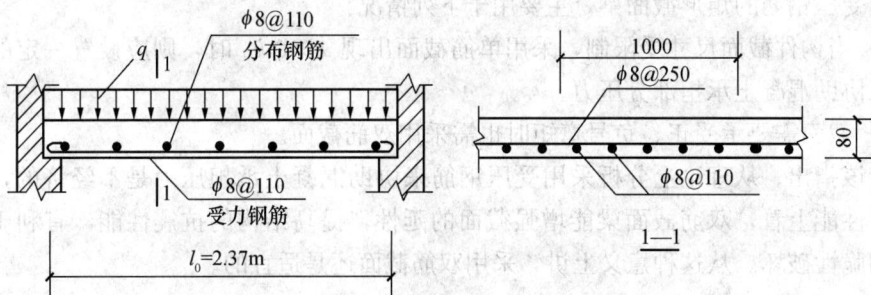

图 3.16 人行道板配筋示意图

【解】 1）确定材料强度设计值。根据 C20 混凝土和 R235 级钢筋查表 1.6 和表 1.2，得 $f_{cd}=9.2MPa$，$f_{td}=1.06MPa$，$f_{sd}=195MPa$，查表 3.3 得 $\xi_b=0.62$。

取 1m 板为计算单元，即 $b=1000mm$，板的有效高度

$$h_0=80-(20+9.3/2)=55mm$$

2）求每米板宽所承受的最大弯矩组合设计值。自重和人群荷载产生的板跨中最大弯矩组合设计值为

$$M_d = \frac{1}{8}ql_0^2 = \frac{1}{8} \times 5.5 \times 2.37^2 = 3.86kN \cdot m$$

3）验算配筋率。受拉钢筋 $\phi8@110$，查表 3.5 得每米宽度内钢筋截面面积 $A_s=457mm^2$。截面配筋率

$$\rho = \frac{A_s}{bh_0} = \frac{457}{1000 \times 55} = 0.0083 = 0.83\% > \rho_{min} = 0.45 \times \frac{1.06}{195} = 0.245\%$$

满足最小配筋率要求。

4）求混凝土受压区高度。由公式（3.10）得

$$x = \frac{f_{sd}A_s}{f_{cd}b} = \frac{195 \times 457}{9.2 \times 1000} = 9.68mm \leqslant \xi_b h_0 = 0.62 \times 55 = 34.1mm$$

5）求截面所能承受的弯矩设计值。由公式（3.11）得

$$M_{du} = f_{cd}bx\left(h_0 - \frac{x}{2}\right)$$

$$= 9.2 \times 1000 \times 9.68 \times \left(55 - \frac{9.68}{2}\right) = 4\ 467\ 048N \cdot mm$$

$$= 4.47kN \cdot m > \gamma_0 M_d = 3.86kN \cdot m$$

计算表明，该梁的正截面承载力安全。

3.4 双筋矩形截面受弯构件正截面承载力计算

双筋矩形截面受弯构件系指除在截面的受拉区布置受拉钢筋外，在截面受压区同时布置受压钢筋的矩形截面梁，主要用于下列情况：

1）当构件截面尺寸受限制，采用单筋截面出现 $x > \xi_b h_0$ 时，则应设置一定的受压钢筋来协助混凝土承担部分压力。

2）截面需要承受正、负号弯矩时也需采用双筋截面。

应该指出，从理论上分析采用受压钢筋来协助混凝土承担压力是不经济的，但是从使用性能上看，双筋截面梁能增强截面的延性，提高结构的抗震性能，有利于防止结构的脆性破坏。从这种意义上讲，采用双筋截面还是适宜的。

3.4.1 基本公式及适用条件

1. 基本公式

双筋截面梁破坏时的受力特点与单筋截面梁相似，其计算应力图形如图 3.17 所示，其中除受压钢筋的应力取钢筋抗压强度设计值 f'_{sd}，受压钢筋截面面积为 A'_s 外，其余各项均与单筋截面梁相同。双筋矩形截面受弯构件正截面承载力计算公式可由内力平衡条件求得，即

$$\sum N = 0, \quad f_{sd}A_s = f_{cd}bx + f'_{sd}A'_s \tag{3.14}$$

$$\sum M_s = 0, \quad \gamma_0 M_d \leqslant f_{cd}bx\left(h_0 - \frac{x}{2}\right) + f'_{sd}A'_s(h_0 - a'_s) \tag{3.15}$$

式中，f'_{sd}——受压钢筋的抗压强度设计值，按表 1.2 采用；

A'_s——受压钢筋截面面积；

a'_s——受压钢筋合力作用点到截面受压边缘的距离。

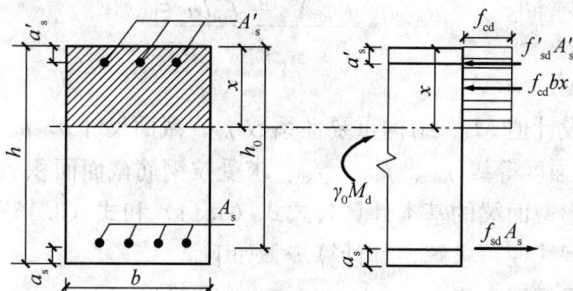

图 3.17　双筋矩形截面受弯构件正截面承载力计算图形

2. 基本公式的适用条件

1）为了防止超筋破坏，应满足

$$x \leqslant \xi_b h_0 \qquad (3.16)$$

2）为了保证受压钢筋达到规定的抗压强度设计值，应满足

$$x \geqslant 2a'_s \qquad (3.17)$$

当 $x < 2a'_s$，表明受压钢筋离中性轴太近，梁破坏时受压钢筋的应力 σ'_s 达不到抗压强度设计值 f'_y，这时可取 $x = 2a'_s$，使得受压混凝土的合力点与受压钢筋合力点重合，并以该点为矩心取矩，列平衡方程求解。

$$\gamma_0 M_d = f_{sd} A_s (h_0 - a'_s) \qquad (3.18)$$

3.4.2　基本公式的应用

利用公式（3.14）、公式（3.15）可计算双筋矩形截面受弯构件正截面承载力。双筋矩形截面受弯构件正截面承载力计算也分为截面设计和承载能力复核两种情况。

1. 截面设计

双筋矩形截面梁的截面设计有以下两种情况。

情况 1：A_s 和 A'_s 均未知。

已知弯矩组合设计值 M_d、结构重要性系数 γ_0、截面尺寸 $b \times h$、钢筋与混凝土强度等级 f_{sd}、f'_{sd}、f_{cd}，求受拉和受压钢筋截面面积 A_s、A'_s。

解：在双筋矩形截面梁的基本计算公式（3.14）和公式（3.15）中共含三个未知量 x、A_s 和 A'_s，问题没有唯一解，故应补充一个条件才能求解。通常是按照充分利用混凝土的抗压能力的设计原则取 $x = \xi_b h_0$，这样基本公式中仅有 A_s 和 A'_s 两个未知量，联立方程式便可求解。由公式（3.14）和公式（3.15）可得

$$A'_s = \frac{\gamma_0 M_d - f_{cd} b h_0^2 \xi_b (1 - 0.5\xi_b)}{f'_{sd}(h_0 - a'_s)} \qquad (3.19)$$

$$A_s = \frac{f'_{sd} A'_s + f_{cd} b h_0 \xi_b}{f_{sd}} \qquad (3.20)$$

情况 2: 已知 A'_s,求 A_s。

已知弯矩组合设计值 M_d、结构重要性系数 γ_0、截面尺寸 $b \times h$、受压钢筋截面面积 A'_s、钢筋与混凝土强度等级 f_{sd}、f'_{sd}、f_{cd},求受拉钢筋截面面积 A_s。

解:在双筋矩形截面梁的基本计算公式式(3.14)和式(3.15)中仅有 x 和 A_s 两个未知量,联立方程式便可求解,其计算步骤如下。

(1)求混凝土受压区高度 x

由公式(3.15)解二次方程,求得混凝土受压区高度

$$x = h_0 - \sqrt{h_0^2 - \frac{2\left[\gamma_0 M_d - f'_{sd} A'_s (h_0 - a'_s)\right]}{f_{cd} b}} \qquad (3.21)$$

(2)求所需受拉钢筋截面面积

若 $2a'_s \leqslant x \leqslant \xi_b h_0$,则将所求 x 值代入公式(3.14),求得所需受拉钢筋面积

$$A_s = \frac{f_{cd} b x + f'_{sd} A'_s}{f_{sd}} \qquad (3.22)$$

若 $x > \xi_b h_0$,说明已知的 A'_s 过少,应适当增加 A'_s 再重新计算,或按 A'_s 未知的情况 1 重求 A_s 和 A'_s。

若 $x < 2a'_s$,说明已知的 A'_s 过多,可按公式(3.18)求得所需受拉钢筋面积

$$A_s = \frac{\gamma_0 M_d}{f_{sd}(h_0 - a'_s)} \qquad (3.23)$$

2. 承载能力复核

已知截面尺寸 $b \times h$、钢筋截面面积 A_s 和 A'_s,钢筋与混凝土强度等级 f_{sd}、f'_{sd}、f_{cd},求截面所能承受的弯矩设计值 M_{du}(或已知弯矩组合设计值 $\gamma_0 M_d$,判断其是否安全)。

解:计算步骤如下。

(1)求混凝土受压区高度

由公式(3.14)得

$$x = \frac{f_{sd} A_s - f'_{sd} A'_s}{f_{cd} b} \qquad (3.24)$$

(2)求截面所能承受的弯矩设计值

若 $2a'_s \leqslant x \leqslant \xi_b h_0$,将 x 值代入公式(3.15),计算截面所能承受的弯矩设计值为

$$M_{du} = f_{cd} b x \left(h_0 - \frac{x}{2}\right) + f'_{sd} A'_s (h_0 - a'_s) \qquad (3.25)$$

若 $x > \xi_b h_0$,取 $x = \xi_b h_0$,代入公式(3.15),计算截面所能承受的弯矩设计值为

$$M_{du} = f_{cd} b h_0^2 \xi_b (1 - 0.5\xi_b) + f'_{sd} A'_s (h_0 - a'_s) \qquad (3.26)$$

若 $x < 2a'_s$,取 $x = 2a'_s$,由式(3.18)计算截面所能承受的弯矩设计值为

$$M_{du} = f_{sd}A_s(h_0 - a'_s) \tag{3.27}$$

（3）判断截面是否安全

若 $M_{du} \geq \gamma_0 M_d$，说明该截面的承载力是足够的，结构是安全的；反之，$M_{du} < \gamma_0 M_d$，说明该截面的承载力不足，结构是不安全的。

【例 3.3】 已知矩形梁截面尺寸为 $b \times h = 250\text{mm} \times 600\text{mm}$，承受的最大弯矩组合设计值 $M_d = 400\text{kN} \cdot \text{m}$，采用 C30 混凝土（$f_{cd} = 13.8\text{MPa}$），HRB400 钢筋（$f'_{sd} = f_{sd} = 330\text{MPa}$），结构重要性系数 $\gamma_0 = 1$，$\xi_b = 0.53$，试选择截面配筋。

【解】 1）确定截面有效高度。因为 M 较大，设受拉钢筋按两层考虑，$a_s = 70\text{mm}$；受压钢筋按一层考虑，$a'_s = 40\text{mm}$。截面有效高度 $h_0 = h - a_s = 600 - 70 = 530\text{mm}$。

2）验算是否采用双筋矩形截面。由式（3.5b）计算单筋矩形截面所能承受的最大弯矩为

$$\begin{aligned} M_{du,max} &= f_{cd}bh_0^2\xi_b(1 - 0.5\xi_b) \\ &= 13.8 \times 250 \times 530^2 \times 0.53 \times (1 - 0.5 \times 0.53) \\ &= 377.51 \times 10^6 \text{N} \cdot \text{mm} \\ &= 377.51\text{kN} \cdot \text{m} < \gamma_0 M_d = 400\text{kN} \cdot \text{m} \end{aligned}$$

应按双筋截面设计。

3）配筋计算。从充分利用混凝土抗压强度出发，取 $x = \xi_b h_0$，代入基本公式，由公式（3.19）和公式（3.20）求得截面配筋

$$A'_s = \frac{\gamma_0 M_d - f_{cd}bh_0^2\xi_b(1 - 0.5 \times \xi_b)}{f_{sd}(h_0 - a'_s)} = \frac{1 \times 400 \times 10^6 - 377.51 \times 10^6}{330 \times (530 - 40)} = 139.08\text{mm}^2$$

$$A_s = \frac{f'_{sd}A'_s + f_{cd}bh_0\xi_b}{f_{sd}} = 139.08 + \frac{13.8 \times 250 \times 530 \times 0.53}{330} = 3075.76\text{mm}^2$$

4）选择钢筋。查表 3.4，选受压钢筋 2Φ12（$A'_s = 226\text{mm}^2$），$a'_s = 30 + 13.9/2 = 37\text{mm}$，选受拉钢筋 8Φ22（$A_s = 3041\text{mm}^2$），布置成两层，所需截面最小宽度

$$b_{min} = 2 \times 30 + 4 \times 25.1 + 3 \times 30 = 250\text{mm} = b$$
$$a_s = 30 + 25.1 + 30/2 = 70\text{mm}, h_0 = 600 - 70 = 530\text{mm}$$

截面配筋如图 3.18 所示。

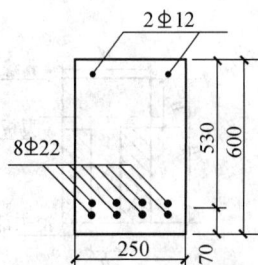

图 3.18 例 3.3 图

【例 3.4】 某钢筋混凝土双筋矩形截面梁，截面尺寸 $b \times h = 200\text{mm} \times 400\text{mm}$，受拉钢筋为 4Φ20（$A_s = 1256\text{mm}^2$），受压钢筋选用 3Φ12（$A'_s = 339\text{mm}^2$），采用 C25 混凝土（$f_{cd} = 11.5\text{MPa}$），HRB335 钢筋（$f'_{sd} = f_{sd} = 280\text{MPa}$），求该梁所能承受的弯矩设计值 M_{du}。

【解】 1）求混凝土受压区高度。由公式（3.24）得

$$x = \frac{f_{sd}A_s - f'_{sd}A'_s}{f_{cd}b} = \frac{280 \times 1256 - 280 \times 339}{11.5 \times 200} = 111.6 \text{mm}$$

2）验算适用条件。截面有效高度 $h_0 = 400 - 30 - 22.7/2 = 359\text{mm}$，查表 3.3 得 $\xi_b = 0.56$，$2a'_s = 2 \times (30 + 13.9/2) = 74\text{mm} < x < \xi_b h_0 = 0.56 \times 359 = 201\text{mm}$，满足适用条件。

3）求截面所能承受的弯矩设计值。由公式（3.25）得

$$M_{du} = f_{cd}bx\left(h_0 - \frac{x}{2}\right) + f'_{sd}A'_s(h_0 - a'_s)$$

$$= 11.5 \times 200 \times 111.6\left(359 - \frac{111.6}{2}\right) + 280 \times 339(359 - 37)$$

$$= 108.4 \times 10^6 \text{N} \cdot \text{mm} = 108.4 \text{kN} \cdot \text{m}$$

3.5　T形截面受弯构件正截面承载力计算

3.5.1　概述

受弯构件正截面承载力计算是不考虑混凝土受拉作用的，因此若将矩形截面受拉区两侧的混凝土挖去一部分，并将受拉钢筋集中放置，就形成 T 形截面（图 3.19）。T 形截面和原来的矩形截面相比，可以节约混凝土材料，减轻了自重，提高了承受荷载的能力。

T 形截面受弯构件在工程中的应用是非常广泛的，除独立 T 形梁外，工字形、Ⅱ 形、箱形截面梁、空心板、槽形板在承受正弯矩时其混凝土受压区的形状与 T 形截面梁相似，在计算正截面承载力时均可按 T 形截面梁处理（图 3.20）。

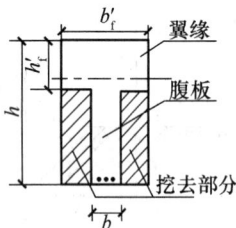

图 3.19　T形截面

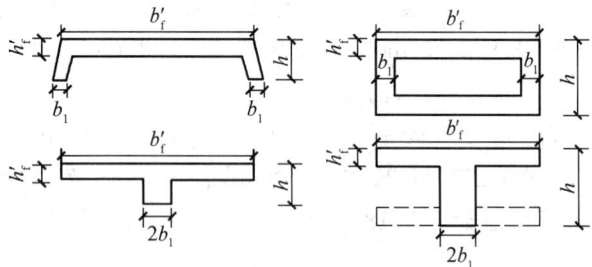

图 3.20　T形截面受弯构件的形式

T 形截面梁由腹板（梁肋）和翼缘组成，其中受压翼缘的有效宽度为 b'_f，高度为 h'_f，腹板宽度为 b，截面全高为 h。T 形截面梁主要依靠翼缘承担压力，钢筋承担拉力，通过腹板将受压区混凝土与受拉钢筋联系在一起共同工作。

理论分析与实验研究表明，在 T 形截面梁发生弯曲变形时，翼缘内的压应力沿宽

度方向的分布是不均匀的，越接近腹板的地方压应力越大，离腹板越远则压应力越小，其分布规律主要取决于截面与跨径的相对尺寸、翼缘厚度、支撑条件等。为了便于计算，把翼缘工作的宽度限制在一定范围，一般称为受压翼缘的有效宽度 b'_f（图 3.21），并假定在此计算宽度内翼缘的压应力是均匀分布的。根据《公路桥规》规定，T 形和工形截面梁受压翼缘有效宽度按下列规定采用。

1. 梁的受压翼缘有效宽度 b'_f

可取用下列三者中的较小值：

1）对于简支梁，取计算跨径的 1/3。对于连续梁，各中间跨正弯矩区段，取该计算跨径的 0.2 倍；边跨正弯矩区段，取该跨计算跨径的 0.27 倍；各中间支点负弯矩区段，取该支点相邻两计算跨径之和的 0.07 倍。

2）相邻两梁的平均间距。

3）$(b+2b_h+12h'_f)$，此处 b 为梁腹板宽度，b_h 为承托长度，h'_f 为受压区翼缘悬出板的厚度。当 $b_h/h_h<1/3$ 时，式中 b_h 应以 $3h_h$ 代替，此处 h_h 为承托根部厚度。

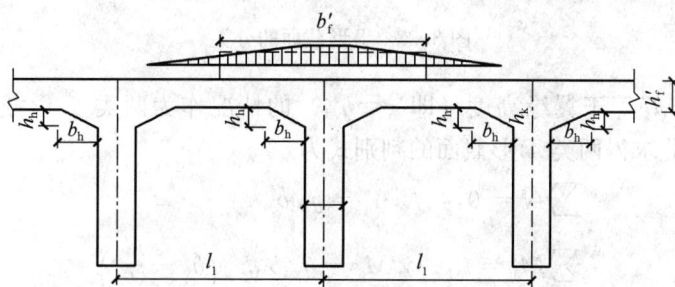

图 3.21　T 形截面梁受压翼缘的计算宽度

2. 外梁翼缘的有效宽度

取相邻内梁翼缘有效宽度的一半，加上腹板宽度的 1/2，再加上外侧悬臂板平均厚度的 6 倍或外侧悬臂板实际宽度两者的较小者。

钢筋混凝土 T 形截面梁或箱形截面梁的受力主筋宜设于翼缘的有效宽度内；超出上述分布范围的宽度可设置不小于超出部分截面面积 0.4% 的构造钢筋。预应力混凝土 T 形截面梁或箱形截面梁的预应力钢筋亦宜大部分设于有效宽度内。

预应力混凝土梁在计算预加力引起的混凝土应力时，预加力作为轴向力产生的应力可按实际翼缘全宽计算；由预加力偏心引起的弯矩产生的应力可按翼缘有效宽度计算。对超静定结构进行作用（或荷载）效应分析时，T 形截面梁的翼缘宽度可取实际全宽。

3.5.2 T形截面的分类和判别

T形截面的计算按中性轴所在位置不同分为两种类型：

第一类 T 形截面：中性轴在受压翼缘内，即 $x \leqslant h'_f$ ［图 3.22（a）］。

第二类 T 形截面：中性轴在腹板内，即 $x > h'_f$ ［图 3.22（b）］。

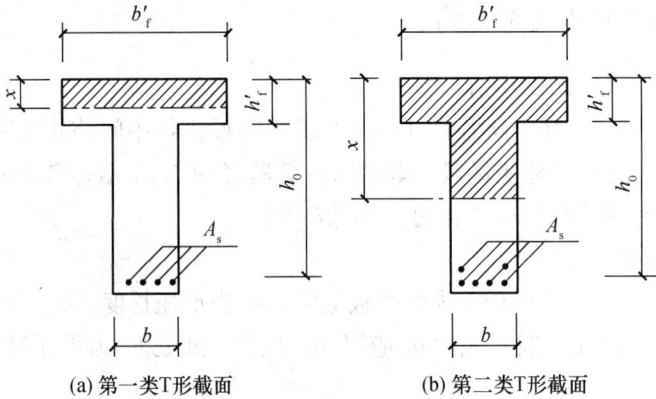

(a) 第一类T形截面　　　　(b) 第二类T形截面

图 3.22　T形截面的分类

取中性轴恰好等于翼缘高度（即 $x = h'_f$）的情况作为两类 T 形截面的界限状态（图 3.23），由此求得两类 T 形截面的判别式为

$$\sum N = 0, \quad f_{sd}A_s = f_{cd}b'_f h'_f \tag{3.28}$$

$$\sum M_s = 0, \quad \gamma_0 M_d = f_{cd}b'_f h'_f \left(h_0 - \frac{h'_f}{2}\right) \tag{3.29}$$

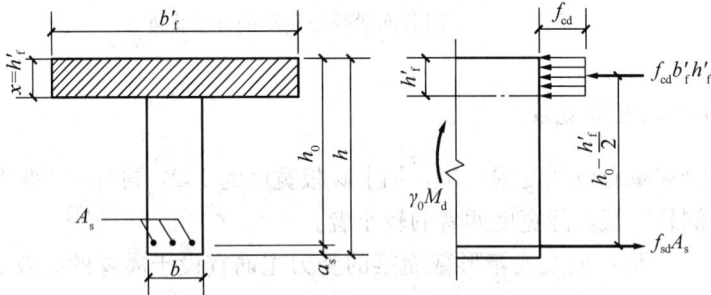

图 3.23　T形截面梁的判别界限

显然，若

$$f_{sd}A_s \leqslant f_{cd}b'_f h'_f \tag{3.30}$$

或

$$\gamma_0 M_d \leqslant f_{cd}b'_f h'_f \left(h_0 - \frac{h'_f}{2}\right) \tag{3.31}$$

表明 $x \leqslant h'_f$，即为第一类 T 形截面。

若

$$f_{sd}A_s > f_{cd}b'_f h'_f \tag{3.32}$$

或

$$\gamma_0 M_d > f_{cd}b'_f h'_f \left(h_0 - \frac{h'_f}{2}\right) \tag{3.33}$$

表明 $x > h'_f$，即为第二类 T 形截面。

截面设计时 M_d 已知，可用式（3.31）或式（3.33）来判别类型，截面复核时 $f_{sd}A_s$ 已知，可用式（3.30）或式（3.32）来判别类型。

3.5.3 基本公式及其适用条件

1. 第一类 T 形截面

第一类 T 形截面的中性轴在翼缘内（$x \leqslant h'_f$），受压区形状为矩形，所以这类截面的受弯承载力与宽度为 b'_f 的矩形截面梁相同（图 3.24），第一类 T 形截面的基本计算公式及计算方法也与单筋矩形截面梁相同，仅需将公式中的 b 改为 b'_f，即

$$\sum N = 0, \quad f_{sd}A_s = f_{cd}b'_f x \tag{3.34}$$

$$\sum M_s = 0, \quad \gamma_0 M_d \leqslant f_{cd}b'_f x \left(h_0 - \frac{x}{2}\right) \tag{3.35}$$

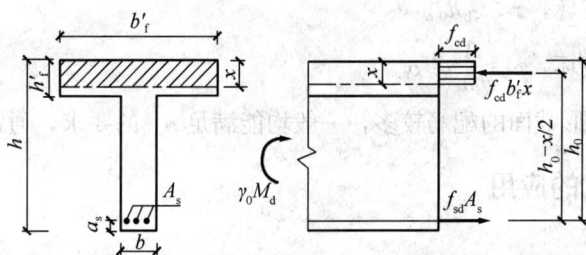

图 3.24 第一类 T 形截面

上述基本公式的适用条件：

1）防止超筋破坏，$x \leqslant \xi_b h_0$。对于第一类 T 形截面，受压区高度较小（$x \leqslant h'_f$），一般都能满足这个条件，通常不必验算。

2）防止少筋破坏，$\rho = \dfrac{A_s}{bh_0} \geqslant \rho_{\min}$。

应该注意的是：计算 T 形截面配筋率时，宽度 b 应该取腹板宽度，而不是受压翼缘的有效宽度 b'_f。这是因为 $\rho_{\min}$ 值是根据钢筋混凝土梁的承载力等于同样截面素混凝土梁承载力这个条件确定的，而腹板宽度为 b、高度为 h 的素混凝土 T 形截面梁与截面尺

寸为 $b \times h$ 的素混凝土矩形截面梁的受弯承载力十分相近，两者的最小配筋率 ρ_{min} 限值是相同的。

2. 第二类 T 形截面

第二类 T 形截面中性轴在梁腹板内（$x>h'_f$），受压区形状为 T 形，为便于计算，可将受压区面积分为两部分：一部分是腹板 bx，另一部分是挑出的翼缘 $(b'_f-b)h'_f$。按照图 3.25 的应力图形，由内力平衡条件可得第二类 T 形截面梁承载力计算的基本计算公式为

$$\sum N = 0, \quad f_{sd}A_s = f_{cd}bx + f_{cd}(b'_f-b)h'_f \tag{3.36}$$

$$\sum M_s = 0, \quad \gamma_0 M_d \leqslant f_{cd}bx\left(h_0 - \frac{x}{2}\right) + f_{cd}(b'_f-b)h'_f\left(h_0 - \frac{h'_f}{2}\right) \tag{3.37}$$

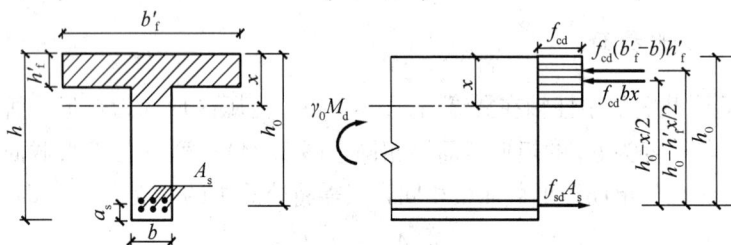

图 3.25　第二类 T 形截面

上述基本公式的适用条件：

1）防止超筋破坏，$x \leqslant \xi_b h_0$。

2）防止少筋破坏，$\rho = \dfrac{A_s}{bh_0} \geqslant \rho_{min}$。

由于第二类 T 形截面的配筋较多，一般均能满足 ρ_{min} 的要求，通常可不验算。

3.5.4　基本公式的应用

1. 截面设计

已知弯矩组合设计值 M_d，结构重要性系数 γ_0，截面尺寸 b，h，b'_f，h'_f，钢筋与混凝土强度等级 f_{sd}、f_{cd}、f_{td}，求纵向受拉钢筋截面面积 A_s。

解：分两种情况。

（1）第一类 T 形截面

当 $\gamma_0 M_d \leqslant f_{cd}b'_f h'_f\left(h_0 - \dfrac{h'_f}{2}\right)$ 时，属于第一类 T 形截面，其计算方法与截面尺寸为 $b'_f \times h$ 的单筋矩形截面相同。

（2）第二类 T 形截面

当 $\gamma_0 M_d > f_{cd}b'_f h'_f\left(h_0 - \dfrac{h'_f}{2}\right)$ 时，属于第二类 T 形截面。可按下列步骤计算：

1) 首先，由公式 (3.37) 解二次方程，求得混凝土受压区高度

$$x = h_0 - \sqrt{h_0^2 - \frac{2\left[\gamma_0 M_d - f_{cd}(b'_f - b)h'_f(h_0 - h'_f/2)\right]}{f_{cd}b}} \tag{3.38}$$

验算适用条件，应满足 $x \leqslant \xi_b h_0$。

2) 将所求 x 值代入公式 (3.36)，求得所需受拉钢筋面积

$$A_s = \frac{f_{cd}bx + f_{cd}(b'_f - b)h'_f}{f_{sd}} \tag{3.39}$$

2. 承载能力复核

已知截面尺寸 b，h，b'_f，h'_f，钢筋截面面积 A_s，钢筋与混凝土强度等级 f_{sd}、f_{cd}、f_{td}，求截面所能承受的弯矩设计值 M_{du}（或已知弯矩组合设计值 $\gamma_0 M_d$，判断其安全程度）。

解：分两种截面情况，然后复核截面。

(1) 第一类 T 形截面

当 $f_{sd}A_s \leqslant f_{cd}b'_f h'_f$ 时，属第一类 T 形截面，按 $b'_f \times h$ 的矩形截面验算。

(2) 第二类 T 形截面

当 $f_{sd}A_s > f_{cd}b'_f h'_f$ 时，属第二类 T 形截面，采用基本公式法，其计算步骤如下：

1) 首先由式 (3.36) 得求截面受压区高度 x。

$$x = \frac{f_{sd}A_s - f_{cd}(b'_f - b)h'_f}{f_{cd}b} \tag{3.40}$$

验算适用条件 $x \leqslant \xi_b h_0$。

2) 若 $x \leqslant \xi_b h_0$，将 x 值代入式 (3.37) 求 M_{du}。

$$M_{du} = f_{cd}bx\left(h_0 - \frac{x}{2}\right) + f_{cd}(b'_f - b)h'_f\left(h_0 - \frac{h'_f}{2}\right) \tag{3.41}$$

若 $x > \xi_b h_0$，将 $x = \xi_b h_0$ 代入式 (3.37) 求 M_{du}。

$$M_{du} = f_{cd}bh_0^2\xi_b(1 - 0.5\xi_b) + f_{cd}(b'_f - b)h'_f\left(h_0 - \frac{h'_f}{2}\right) \tag{3.42}$$

(3) 判断截面是否安全

若 $M_{du} \geqslant \gamma_0 M_d$，说明该截面的承载力是足够的，结构是安全的；反之，$M_{du} < \gamma_0 M_d$，说明该截面的承载力不足，结构是不安全的。

【例 3.5】 某 T 形梁截面尺寸 $b = 300\text{mm}$，$h = 800\text{mm}$，$h'_f = 100\text{mm}$，$b'_f = 600\text{m}$（翼缘有效宽度）承受弯矩组合设计值 $M_d = 580\text{kN} \cdot \text{m}$，拟采用 C25 混凝土（$f_{cd} = 11.5\text{MPa}$，$f_{td} = 1.23\text{MPa}$），HRB335 钢筋（$f_{sd} = 280\text{MPa}$），$\xi_b = 0.56$，结构重要性系数 $\gamma_0 = 1.0$，试计算梁的受拉钢筋截面面积 A_s。

【解】 1) 判别 T 形截面的类型。设受拉钢筋布置成两层，$a_s = 70\text{mm}$，梁的有效高度 $h_0 = 800 - 70 = 730\text{mm}$。

$$f_{cd}b'_fh'_f\left(h_0-\frac{h'_f}{2}\right)=11.5\times600\times100\times\left(730-\frac{100}{2}\right)=469.2\text{kN}\cdot\text{m}<M_d=580\text{kN}\cdot\text{m}$$

属于第二类 T 形截面。

2）求混凝土受压区高度。

$$x=h_0-\sqrt{h_0^2-\frac{2\left[\gamma_0 M_d-f_{cd}(b'_f-b)h'_f(h_0-h'_f/2)\right]}{f_{cd}b}}$$

$$=730-\sqrt{730^2-\frac{2\left[580\times10^6-11.5\times(600-300)\times100\times(730-100/2)\right]}{11.5\times300}}$$

$$=153\text{mm}\leqslant\xi_b h_0=0.56\times730=409\text{mm}$$

3）求所需受拉钢筋面积。

$$A_s=\frac{f_{cd}bx+f_{cd}(b'_f-b)h'_f}{f_{sd}}=\frac{11.5\times300\times153+11.5\times(600-300)\times100}{280}$$

$$=3117\text{mm}^2$$

查表 3.4，选钢筋 10Φ20（$A_s=3142\text{mm}^2$），并布置成两层，所需截面最小宽度 $b_{min}=2\times30+5\times22.7+4\times30=294\text{mm}<b=300\text{mm}$，受拉钢筋合力作用点至梁下边缘的距离 $a_s=30+22.7+30/2=68\text{mm}$。配筋如图 3.26 所示。

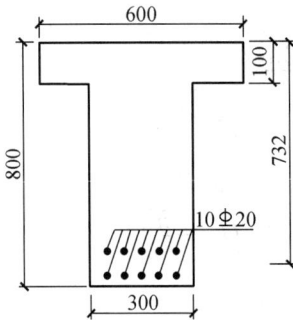

图 3.26　例 3.5 图

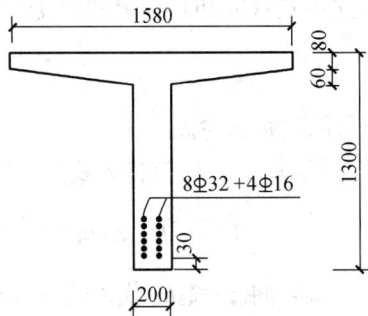

图 3.27　例 3.6 图

【例 3.6】　预制钢筋混凝土简支 T 形梁，计算跨径为 15.5m，截面尺寸及配筋如图 3.27 所示，采用 C30 混凝土（$f_{cd}=13.8\text{MPa}$，$f_{td}=1.39\text{MPa}$），HRB335 钢筋（$f_{sd}=280\text{MPa}$），承受弯矩组合设计值 $M_d=2100\text{kN}\cdot\text{m}$，结构重要性系数 $\gamma_0=1.0$，$\xi_b=0.56$，试复核该梁的正截面抗弯承载能力。

【解】　1）确定截面有效高度，验算配筋率。查表可知受拉钢筋 8Φ32+4Φ16 的截面面积为 7238mm²，其中 8Φ32 钢筋截面面积为 6434mm²，4Φ16 钢筋截面面积为 804mm²，由图 3.27 中的钢筋布置可求得

$$a_s=\frac{\sum f_{sdi}A_{si}a_{si}}{\sum f_{sdi}A_{si}}=\frac{6434\times(30+2\times35.8)+804\times(30+4\times35.8+18.4)}{6434+804}=111\text{mm}$$

截面有效高度 $h_0=1300-111=1189$mm。

$$\rho=\frac{A_s}{bh_0}=\frac{7238}{200\times1189}=3\%\geqslant\rho_{min}=0.45\times1.39/280=0.22\%$$

2）确定受压翼缘的有效宽度。受压翼缘高度 $h'_f=\frac{80+140}{2}=110$mm。

受压翼缘的有效宽度 b'_f 取值：

① 简支梁计算跨径的 1/3，即 $l_0/3=15\,500/3=5170$mm。

② 本例为装配式 T 梁，相邻两梁轴线间距为 1600m，图 3.27 所示 1580mm 为预制梁翼板宽度。

③ $b+2b_h+12h'_f=200+2\times0+12\times110=1520$mm。

取三者最小值，$b'_f=1520$mm。

3）判别 T 形截面的类型。

$f_{sd}A_s=280\times7238=2026.640$kN $< f_{cd}b'_fh'_f=13.8\times1520\times110=2307.4$kN

属于第一类 T 形截面，按 $b'_f\times h$ 的矩形截面验算。

4）求截面混凝土受压区高度 x。

$$x=\frac{f_{sd}A_s}{f_{cd}b'_f}=\frac{280\times7238}{13.8\times1520}=96.62\text{mm}<h'_f=110\text{mm}$$

5）求截面所能承受的弯矩设计值，并复核截面是否安全。

$$M_{du}=f_{cd}b'_fx\left(h_0-\frac{x}{2}\right)=13.8\times1520\times96.62\times\left(1189-\frac{96.62}{2}\right)$$
$$=2312\times10^6\text{N}\cdot\text{mm}=2312\text{kN}\cdot\text{m}>\gamma_0M_d=2100\text{kN}\cdot\text{m}$$

梁截面安全。

小　结

1. 根据配筋率不同，梁的正截面破坏形式有三种，即适筋梁、超筋梁和少筋梁，其中超筋梁和少筋梁在设计中不允许出现，必须通过限制条件加以避免。

2. 适筋梁的破坏经历了三个阶段，受拉区混凝土开裂和受拉钢筋屈服是划分三个受力阶段的界限状态，其中第Ⅲ阶段截面的应力图形是受弯构件正截面承载力计算的依据。

3. 根据适筋梁第Ⅲ阶段截面的实际应力图形，经过计算假定的简化，并取等效矩形压应力图形代替实际的曲线压应力图形，就可以得到受弯构件正截面承载力的计算应力图形。

4. 在单筋截面计算应力图形中，纵向钢筋承担的拉力为 $f_{sd}A_s$，受压区混凝土承担的压力为 $f_{cd}bx$（单筋矩形截面）或 $f_{cd}b'_fx$（第一类 T 形截面），或 $f_{cd}bx+f_{cd}(b'_f-b)h'_f$（第二类 T 形截面）。双筋截面时，受压区再加上纵向钢筋承担的压力 $f'_{sd}A'_s$。受弯构件正截面承载力计算的基本公式就是根据这个应力图的平衡条件 $\sum N=0$ 和 $\sum M=0$ 列出的。基本公式的适用条件是：单筋截面，$x\leqslant\xi_bh_0$ 和 $\rho\geqslant\rho_{min}$；双筋截面，

$2a'_s \leqslant x \leqslant \xi_b h_0$。

5. 受弯构件的正截面承载力计算分截面设计和承载能力复核两类问题。

截面设计时一般有两个未知数 x 和 A_s，对单筋矩形截面，可通过基本公式联立方程求解；对双筋矩形截面，分 A'_s 未知和 A'_s 已知两种情况。当 A'_s 未知时，有三个未知数 A_s，A'_s，x，可取补充条件 $x=\xi_b h_0$ 按基本公式求解；当 A'_s 已知时，可通过基本公式联立方程求解。对 T 形截面，计算时先要判别 T 形截面的类型。对第一类 T 形截面，可按宽度为 b'_f 的单筋矩形截面求解；对第二类 T 形截面，可通过基本公式联立方程求解。

承载能力复核时一般有两个未知数 x 和 M_{du}，可用基本公式联立方程求解。

相关链接

1. 长安大学《结构设计原理》精品课程网站 http：//202.117.64.98/ec/C75/zjjs-1.html.

2. 东南大学《结构设计原理》精品课程网站 http：//www.jingpinke.com/course/details/chapters? uuid=4827294a-1292-1000-0992-b7b5f3b2d8d7&courseID=K100106.

3. 张树仁，郑绍硅，黄侨，鲍卫刚.2004.钢筋混凝土及预应力混凝土桥梁结构设计原理.北京：人民交通出版社.

4. 叶见曙.2005.结构设计原理.第二版.北京：人民交通出版社.

思考与练习

1. 板中分布钢筋起什么作用？如何确定其位置和数量？

2. 钢筋混凝土梁中应配置哪几种钢筋？它们各自的作用是什么？规范对梁中主筋的净距有何规定？

3. 梁、板中混凝土保护层的作用是什么？

4. 什么叫配筋率？配筋率对梁的正截面抗弯承载力有什么影响？

5. 适筋梁的破坏过程可分几个阶段？各阶段主要特点是什么？正截面抗弯承载力计算是以哪个阶段为依据的？

6. 试述适筋梁、超筋梁、少筋梁的破坏特征。在设计中如何防止超筋破坏和少筋破坏？

7. 试就图 3.28 所示四种受弯构件截面情况回答下面的问题：

(1) 它们破坏的原因和破坏的性质有何不同？

(2) 破坏时钢筋和混凝土的强度是否被充分利用？

(3) 它们的开裂弯矩大致相等吗？为什么？

(4) 比较破坏时截面的极限弯矩 M_{du}。

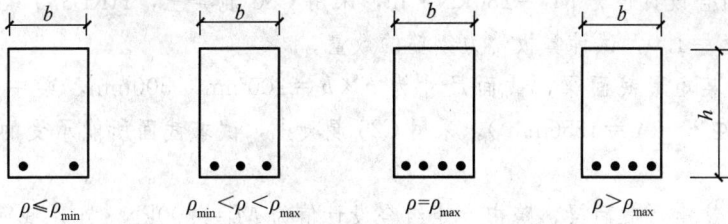

图 3.28　四种矩形受弯构件截面

8. 什么叫相对界限受压区高度 ξ_b？ξ_b 的取值与哪些因素有关？

9. 画出单筋矩形截面正截面承载力计算的应力图形，写出基本计算公式和适用条件，并说明适用条件的意义。

10. 有一钢筋混凝土矩形截面梁，原设计采用 R235 钢筋，C20 混凝土。工地剩有部分 HRB335 钢筋，甲方提出修改设计，要求截面尺寸不变，改为采用 HRB335 钢筋重新进行配筋设计，试问：

(1) 在保持承载力不变的前提下，受拉钢筋截面面积如何换算？

(2) 采用 HRB335 钢筋替换 R235 钢筋时应注意什么问题？

11. 什么情况下采用双筋截面梁？为什么要求 $x \geqslant 2a'_s$？若这一适用条件不满足时如何处理？

12. T 形截面梁的受压翼缘有效宽度 b'_f 如何确定？

13. 当构件承受的弯矩和截面高度都相同时，图 3.29 中四种截面的正截面承载力需要的受拉钢筋是否一样？为什么？

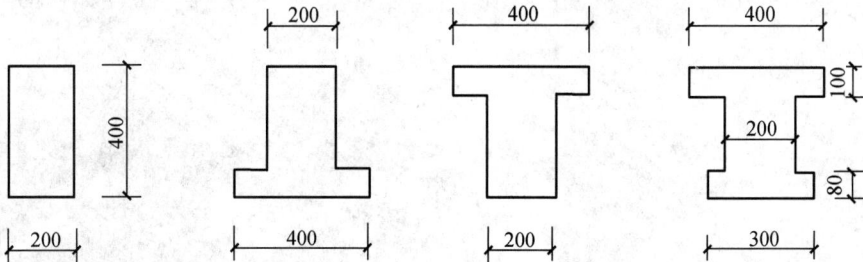

图 3.29　计算构件的受拉钢筋

14. T 形截面梁截面设计和截面复核时如何判别其截面类型？

15. 钢筋混凝土矩形截面梁，截面尺寸为 $b \times h = 250\text{mm} \times 550\text{mm}$，在荷载作用下的弯矩组合设计值为 $M_d = 100\text{kN} \cdot \text{m}$，采用 C25 的混凝土，R235 级钢筋，结构重要性系数 $\gamma_0 = 1.1$，$a_s = 40\text{mm}$，试计算梁中受拉钢筋的截面面积，并确定钢筋的直径和根数。

16. 有一整体式钢筋混凝土简支板，计算跨径 7.69m，板厚 360mm，每米板宽承受的跨中弯矩组合设计值为 $M_d = 230kN \cdot m$，采用 C30 混凝土，HRB335 级钢筋，结构重要性系数 $\gamma_0 = 1.0$，试计算板受力钢筋的数量。

17. 已知某矩形截面梁，截面尺寸为 $b \times h = 200mm \times 500mm$，梁中受拉钢筋为 HRB335 级 4$\Phi$20（$A_s = 1256mm^2$），采用 C25 混凝土，试求截面所能承受的最大弯矩设计值 M_{du}。

18. 某双筋矩形截面梁，跨中弯矩组合设计值为 $M_d = 200kN \cdot m$，截面尺寸为 $b \times h = 200mm \times 500mm$，采用 C30 混凝土，HRB335 级钢筋，结构重要性系数 $\gamma_0 = 1.0$，试计算所需受拉和受压钢筋截面面积，并确定钢筋布置方案。

19. 某双筋矩形截面梁，跨中弯矩组合设计值为 $M_d = 140kN \cdot m$，截面尺寸为 $b \times h = 200mm \times 500mm$，采用 C25 混凝土，HRB335 级钢筋，受拉钢筋为 6Φ20（$A_s = 1884mm^2$），受压钢筋为 3Φ18（$A'_s = 763mm^2$），结构重要性系数 $\gamma_0 = 1.0$，试对该梁进行截面复核。

20. 某 T 形截面梁，截面尺寸为 $b = 160mm$，$h = 1000mm$，$b'_f = 1600mm$（受压翼缘有效宽度），$h'_f = 110mm$，跨中弯矩组合设计值为 $M_d = 735kN \cdot m$，拟采用 C25 的混凝土，纵向受力钢筋为 HRB335 级，结构重要性系数 $\gamma_0 = 1.1$，$a_s = 80mm$，试计算纵向受拉钢筋的截面面积。

21. 已知 T 形截面梁的截面尺寸为 $b = 300mm$，$b'_f = 600mm$，$h = 800mm$，$h'_f = 120mm$；采用 C25 的混凝土，纵向受力钢筋为 HRB335 级，弯矩组合设计值为630kN · m，结构重要性系数 $\gamma_0 = 1.1$，试进行配筋计算和截面复核。

4

钢筋混凝土受弯构件斜截面承载力计算

教学目标

1. 了解梁斜截面受剪破坏的三种主要形态及影响斜截面受剪承载力的主要因素。
2. 掌握斜截面抗剪承载力公式的适用条件，熟练掌握梁斜截面抗剪承载力的计算方法。
3. 掌握抵抗弯矩图的画法，熟练掌握纵向受力钢筋弯起、截断、锚固、连接等构造要求。

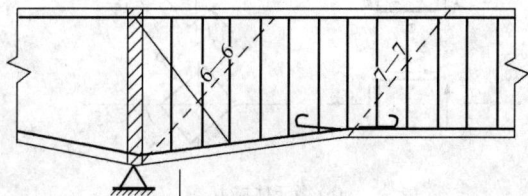

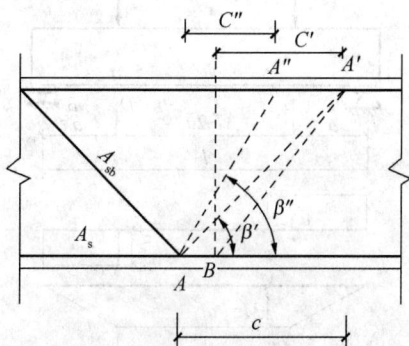

4.1　受弯构件斜截面破坏形态

4.1.1　梁斜截面的受力特点

图 4.1 所示为一对称集中加载的钢筋混凝土简支梁，忽略自重影响，集中荷载之间的 *CD* 段仅承受弯矩，称为纯弯段；*AC* 和 *BD* 段承受弯矩和剪力的共同作用，称为弯剪段。

当梁内配有足够的纵向钢筋时，即可保证不发生纯弯段的正截面受弯破坏，但在梁的弯剪段各截面上除了作用有弯矩外，一般同时还作用有剪力，弯矩作用将产生法向应力，剪力作用将产生剪应力，法向应力和剪应力的结合又产生斜向主拉应力和主压应力。图 4.2 绘出了梁内的主应力轨迹线，其中实线为主拉应力 σ_{tp}，虚线为主压应力 σ_{cp}，从主应力轨迹线可以看出，梁腹部的主拉应力是倾斜的，与梁轴线交角约 45°，梁的下边缘主拉应力方向接近水平。对混凝土材料而言，其抗压强度较高，但抗拉强度很低，当主拉应力 σ_{tp} 超过混凝土的抗拉强度时，梁的弯剪段将出现垂直于主拉应力轨迹线的裂缝，称为斜裂缝。斜裂缝的出现和发展使梁内应力的分布和数值发生变化，最终导致梁在弯剪段内沿某一主要斜裂缝截面发生破坏。

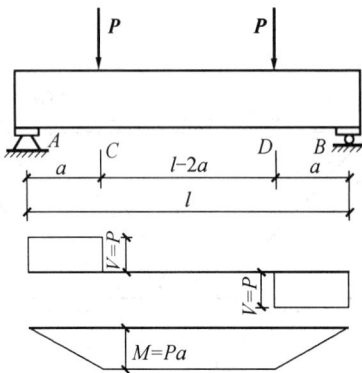

(a) 主应力迹线

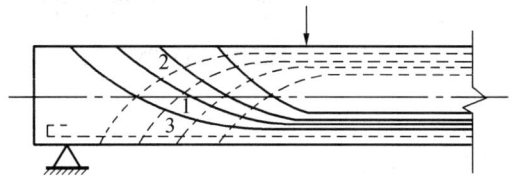

图 4.1　对称加载的钢筋混凝土简支梁

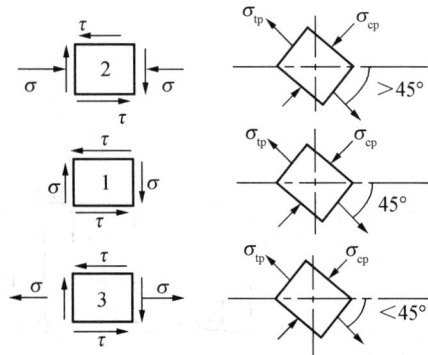

(b) 微元体应力

图 4.2　梁内应力状态

梁中的斜裂缝主要有两类，即腹剪斜裂缝和弯剪斜裂缝。在中和轴附近，正应力小，剪应力大，主拉应力方向大致为 45°。当荷载增大，拉应变达到混凝土的极限拉应变值时，混凝土开裂，沿主压应力迹线产生腹部的斜裂缝，称为腹剪斜裂缝，如图 4.3 (a) 所示，在剪弯区段截面的下边缘，主拉应力还是水平向的，所以在这些区段仍可能首先出一些较短的垂直裂缝，然后延伸成斜裂缝，向集中荷载作用点发展。这种由垂直裂缝引伸而成的斜裂缝的总体称为弯剪斜裂缝，这种裂缝上细下宽，是最常见的，如图 4.3 (b) 所示。

这种由于斜裂缝出现而导致的钢筋混凝土梁的破坏称为斜截面破坏。为了防止梁的斜截面破坏，除应使梁具有一个合理的截面尺寸外，梁中还需设置与梁纵轴垂直的箍筋，也可采用与主拉应力方向平行的斜筋。斜筋常以梁正截面承载力所不需要的纵筋弯起而成（即弯起钢筋）。箍筋、弯起钢筋统称腹筋或抗剪钢筋。有箍筋、弯起钢筋、纵筋的梁称为有腹筋梁；无箍筋、弯起钢筋但有纵筋的梁称为无腹筋梁。

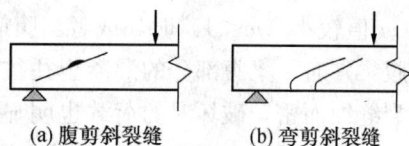

(a) 腹剪斜裂缝　　　(b) 弯剪斜裂缝

图 4.3　斜裂缝类型

钢筋混凝土梁的斜截面破坏与弯矩和剪力的组合情况有关，通常用剪跨比来表示。对于承受集中荷载的梁，集中荷载作用点到支点距离 a 一般称为剪跨（图 4.1），剪跨 a 与截面有效高度 h_0 的比值称为剪跨比，用 m 表示。剪跨比 m 可表示为

$$m = \frac{a}{h_0} = \frac{pa}{ph_0} = \frac{M_c}{V_c h_0} \tag{4.1}$$

此处 M_c、V_c 分别为剪切破坏截面的弯矩与剪力。对于其他荷载作用情况，亦可用 $m = \frac{M_c}{V_c h_0}$ 表示，此式又称为广义剪跨比。

4.1.2 梁斜截面受剪破坏的形态

试验研究表明，由于各种因素的影响，梁的斜裂缝的出现和发展以及梁沿斜截面破坏的形态有许多种，现将其主要破坏形态分述如下。

(1) 斜拉破坏 ［图 4.4 (a)］

斜拉破坏多发生在无腹筋梁或配置较少腹筋的有腹筋梁，且其剪跨比的数值较大（$m > 3$）时。斜拉破坏的特点是斜裂缝一出现就很快形成临界斜裂缝，并迅速延伸到集中荷载作用点处，使梁斜向被拉断而破坏。这种破坏的脆性性质比剪压破坏更为明显，破坏来得突然，危险性较大，应尽量避免。试验结果表明，斜拉破坏时的荷载一般仅稍高于裂缝出现时的荷载。

(2) 剪压破坏 ［图 4.4 (b)］

对于有腹筋梁，剪压破坏是最常见的斜截面破坏形态。对于无腹筋梁，如剪跨比 $m = 1 \sim 3$ 时，也会发生剪压破坏。剪压破坏的特点是：若构件抗剪钢筋用量适当，当

荷载增加到一定程度后，构件上早已出现的垂直裂缝和细微的斜裂缝发展形成一根主要的斜裂缝，称为"临界斜裂缝"。斜裂缝末端混凝土截面既受剪又受压，称之为剪压区。荷载继续增加，斜裂缝向上伸展，直到与斜裂缝相交的箍筋达到屈服强度，同时剪压区的混凝土在剪应力与压应力共同作用下达到复合受力时的极限强度而破坏，梁也失去了承载能力。试验结果表明，剪压破坏时的荷载明显高于斜裂缝出现时的荷载。

（3）斜压破坏 ［图 4.4（c）］

斜压破坏多发生在剪力大而弯矩小的区段内，即当集中荷载十分接近支座、剪跨比 m 值较小（$m<1$）时，或者当腹筋配置过多，或者当梁腹板很薄（例如 T 形或 I 形薄腹梁）时，梁腹部分的混凝土往往因为主压应力过大而造成斜向压坏。它的特点是斜裂缝细而密，破坏时的荷载也明显高于斜裂缝出现时的荷载。斜压破坏的原因是主压应力超过了斜向受压短柱混凝土的抗压强度。斜压破坏的特点是随着荷载的增加，梁腹被一系列平行的斜裂缝分割成许多倾斜的受压柱体，这些柱体最后在弯矩和剪力的复合作用下被压碎，因此斜压破坏又称腹板压坏，破坏时箍筋往往并未屈服。

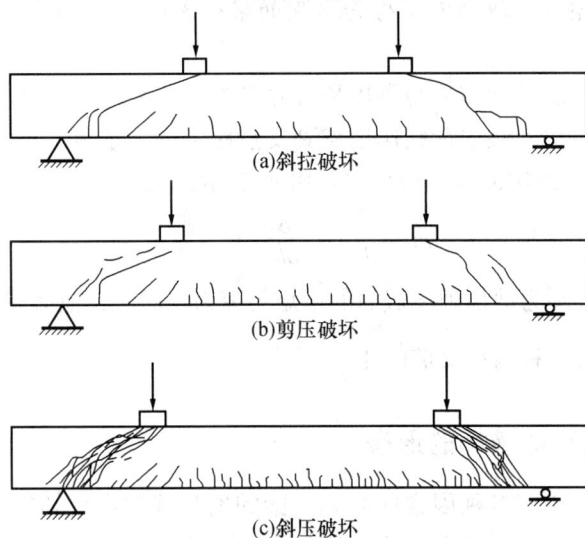

图 4.4　斜截面的剪切破坏形态

上述三种主要破坏形态，就它们的斜截面承载力而言，斜拉破坏最低，剪压破坏较高，斜压破坏最高。但就其破坏性质而言，由于它们达到破坏荷载时的跨中挠度都不大，因而均属脆性破坏，其中斜拉破坏的脆性更突出。斜截面除了以上三种主要破坏形态外，在不同的条件下还可能出现其他的破坏形态，如局部挤压破坏、纵筋的锚固破坏等。

上述三种不同的破坏形态设计时可以采用不同的方法进行处理，以保证构件在正常工作情况下具有足够的抗剪强度。一般用限制截面最小尺寸的办法防止梁发生斜压破坏，用限制箍筋最小配筋率和满足箍筋最大间距等构造要求的办法防止梁发生斜拉破坏。剪压破坏是设计中常见的破坏形态，而且抗剪能力变化较大，《公路桥规》给出的斜截面抗剪强度计算公式是以剪压破坏形态的受力特征为基础而建立的。

4.1.3 影响斜截面抗剪强度的主要因素

影响钢筋混凝土受弯构件斜截面抗剪强度的因素很多，国内外比较一致的看法，认为其主要影响因素有剪跨比、混凝土强度、纵向受拉钢筋配筋率、腹筋数量及强度等。

1. 剪跨比的影响

剪跨比 m 对梁的抗剪能力有着重要的影响。从无腹筋梁的试验分析得知，当混凝土等级、截面尺寸及纵向钢筋配筋率均相同的情况下，剪跨比越大，梁的抗剪能力越小，反之越大。当 $m>3$ 以后，剪跨比对抗剪能力的影响就很小了。在有腹筋梁中，剪跨比同样显著地影响着梁的抗剪能力。

2. 混凝土强度的影响

如前所述，梁斜压破坏时受剪承载力取决于混凝土的抗压强度，梁斜拉破坏时受剪承载力取决于混凝土的抗拉强度，梁剪压破坏时受剪承载力取决于混凝土的压剪复合强度，因此混凝土强度对梁的梁的抗剪能力影响很大。混凝土的强度等级越高，梁的抗剪能力也越高，呈抛物线变化。中、低强度等级的混凝土其抗剪承载力增长较快，高强度等级的混凝土其抗剪承载力增长较慢。

3. 纵向钢筋配筋率的影响

增加纵筋配筋率 ρ 可抑制斜裂缝向受压区的伸展，从而提高斜裂缝间骨料咬合力，并增大了剪压区高度，使混凝土的抗剪能力提高，而且与斜裂缝相交的纵向钢筋本身可以起到"销栓作用"，直接承受一部分剪力，因此随着纵向钢筋配筋率的增大，梁的抗剪能力也愈大。

4. 腹筋的强度和数量的影响

腹筋的强度和数量对梁的抗剪能力有着显著的影响。构件中箍筋数量一般用"配箍率"表示，即

$$\rho_{sv} = \frac{A_{sv}}{S_v b} \tag{4.2}$$

式中，ρ_{sv}——配箍率；

A_{sv}——斜截面内配置在同一截面的箍筋各肢的总截面面积，$A_{sv} = n a_{sv}$，其中 n 为箍筋肢数，a_{sv} 为箍筋单肢面积（mm^2）；

b——梁的腹板宽度（mm）；

S_v——箍筋的间距（mm）。

有腹筋梁出现斜裂缝后，箍筋不仅直接承受相当部分的剪力，而且有效地抑制斜裂缝的开展和延伸，对提高剪压区混凝土的抗剪能力和纵向钢筋的销栓作用有着积极的影响。试验表明，在配箍适当的范围内，梁的抗剪承载力随配箍量的增多、箍筋强度的提高而有较大幅度的增长，其抗剪能力与 $\rho_{sv} f_{sv}$ 之间的关系接近于直线变化。

弯起钢筋与主拉应力方向平行，弯起钢筋的强度高、数量多，抵抗主拉应力的效果就较好。不过，试验研究认为，箍筋抗剪作用比弯起钢筋要好一些，其理由是：

1）弯起钢筋的承载范围较大，对约束斜裂缝的作用较差。

2）弯起钢筋在混凝土的剪压区不如箍筋能套牢混凝土而提高抗剪强度。

3）弯起钢筋会使弯起点处的混凝土压碎，或产生水平撕裂裂缝，而箍筋能箍紧纵筋，防止撕裂。

4）弯起钢筋连接受压区与梁腹共同作用效果不如箍筋好。

除上述主要原因外，梁的截面尺寸、截面形状、荷载形式对抗剪承载力也有一定的影响。

4.2 受弯构件斜截面抗剪承载力计算

4.2.1 基本公式及适用条件

1. 基本公式

钢筋混凝土梁斜截面抗剪承载能力计算以剪压破坏形态的受力特征为基础。图4.5为斜截面发生剪压破坏时的受力情况，此时斜截面上的剪力由裂缝顶端剪压区混凝土以及与斜裂缝相交的箍筋和弯起钢筋三者共同承担，故梁的斜截面抗剪承载力计算公式可表达为

$$\gamma_0 V_d \leqslant V_c + V_{sv} + V_{sb} = V_{cs} + V_{sb} \tag{4.3}$$

式中，V_d——斜截面受压端上由作用（或荷载）效应所产生的最大剪力组合设计值（kN）；

V_c——斜截面顶端剪压区混凝土的抗剪承载力设计值（kN）；

V_{sv}——与斜截面相交的箍筋的抗剪承载力设计值（kN）；

V_{cs}——斜截面内混凝土和箍筋共同的抗剪承载力设计值（kN）；

V_{sb}——与斜截面相交的弯起钢筋的抗剪承载力设计值（kN）；

《公路桥规》利用国内外的有关试验资料，通过半经验半理论的推导得出了适用于矩形、T形和工形截面等高度钢筋混凝土简支梁及连续梁（包括悬臂梁）的斜截面抗剪承载力计算公式，即

$$V_{cs} = \alpha_1 \alpha_2 \alpha_3 0.45 \times 10^{-3} b h_0 \sqrt{(2 + 0.6p)} \sqrt{f_{cu,k} \rho_{sv} f_{sv}} \tag{4.4}$$

$$V_{sb} = 0.75 \times 10^{-3} f_{sd} \sum A_{sb} \sin\theta_s \tag{4.5}$$

$$\gamma_0 V_d \leqslant \alpha_1 \alpha_2 \alpha_3 0.45 \times 10^{-3} b h_0 \sqrt{(2+0.6p)\sqrt{f_{cu,k}}\rho_{sv}f_{sv}} + 0.75 \times 10^{-3} f_{sd} \sum A_{sb} \sin\theta_s$$

$$(4.6)$$

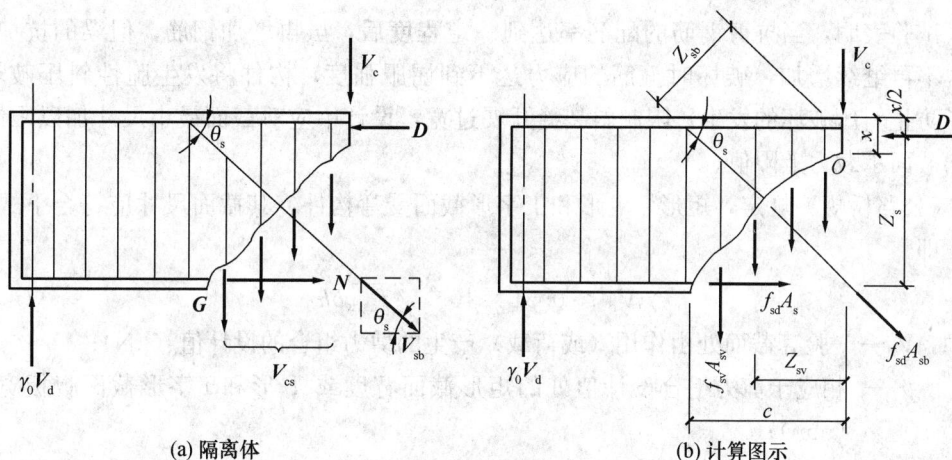

(a) 隔离体　　　　　　　(b) 计算图示

图 4.5　斜截面抗剪承载力计算示意图

注：图中 D 为剪压区混凝土的极限压力

式中，α_1——异号弯矩影响系数，计算简支梁和连续梁近边支点梁段的抗剪承载力时 $\alpha_1=1.0$，计算连续梁和悬臂梁中间支点梁断抗剪承载力时，取 $\alpha_1=0.9$；

$\quad\quad\alpha_2$——预应力提高系数，对钢筋混凝土受弯构件 $\alpha_2=1.0$；

$\quad\quad\alpha_3$——受压翼缘的影响系数，对矩形截面取 $\alpha_3=1.0$，对具有受压翼缘的 T 形、工形截面取 $\alpha_3=1.1$；

$\quad\quad b$——斜截面受压端正截面处矩形截面宽度，或 T 形 I 形截面腹板宽度（mm）；

$\quad\quad h_0$——斜截面受压端正截面的有效高度，即纵向受拉钢筋合力点至受压边缘的距离（mm）；

$\quad\quad p$——斜截面内纵向受拉钢筋配筋百分率，$p=100\rho$，$\rho = A_s/bh_0$，当 $p > 2.5$ 时取 $p=2.5$；

$\quad\quad f_{cu,k}$——边长为 150mm 的混凝土立方体抗压强度标准值（MPa）；

$\quad\quad \rho_{sv}$——斜截面内箍筋配筋率，按式（4.2）计算；

$\quad\quad f_{sv}$——箍筋抗拉强度设计值；

$\quad\quad \theta_s$——普通弯起钢筋的切线与水平线的夹角。

若梁中仅配置箍筋，斜截面抗剪承载力计算公式为

$$\gamma_0 V_d \leqslant \alpha_1 \alpha_2 \alpha_3 0.45 \times 10^{-3} b h_0 \sqrt{(2+0.6p)\sqrt{f_{cu,k}}\rho_{sv}f_{sv}}$$

$$(4.7)$$

2. 基本公式的适用条件

钢筋混凝土梁斜截面抗剪承载力计算公式是以剪压破坏形态受力特征为基础建立

的，因此应用上述公式进行斜截面抗剪承载力计算的前提是构件的截面尺寸及配筋应符合发生剪压破坏的限制条件。

（1）斜截面承载力上限值——截面最小尺寸

试验表明，当抗剪钢筋的配筋率达到一定程度后，虽再增加钢筋，但梁的抗剪能力也不再继续增加，破坏时箍筋的应力达不到屈服强度，构件将发生脆性斜压破坏。为了防止斜压破坏的发生，限制斜裂缝开展过宽，设计中应对截面最小尺寸加以限制，即斜截面承载力上限值。

《公路桥规》规定，矩形、T形和工字形截面受弯构件，其截面尺寸应符合下式要求，即

$$\gamma_0 V_d \leqslant 0.51 \times 10^{-3} \sqrt{f_{cu,k}} bh_0 \qquad (4.8)$$

式中，V_d——验算截面处由作用（或荷载）产生的剪力组合的设计值（kN）；

　　　　b——相应于剪力组合设计值处的矩形截面宽度或 T 形和 I 字形截面腹板宽度（mm）；

　　　　h_0——相应于剪力组合设计值处的截面有效高度，即自纵向受拉钢筋合力点至受压边缘的距离（mm）。

当不能满足式（4.8）时，应考虑加大截面尺寸或提高混凝土等级。

（2）斜截面承载力下限值——最小配箍率

为了防止梁发生斜拉破坏，梁内箍筋的配箍率不得小于最小配箍率，且箍筋间距不能过大。《公路桥规》规定的箍筋最小配箍率为：R235 级钢筋 0.18%，HRB335 级钢筋 0.12%。

矩形、T形、和 I 字形截面的受弯构件如符合下式要求，则不需进行斜截面抗剪承载能力的验算，而仅按构造要求配置箍筋，即

$$\gamma_0 V_d = 0.5 \times 10^{-3} \alpha_2 f_{td} bh_0 \qquad (4.9)$$

式中，f_{td}——混凝土抗拉强度设计值（MPa）。

对于板式受弯构件，公式（4.9）右边计算值可乘以 1.25 的提高系数。

4.2.2　基本公式的应用

斜截面抗剪承载力的计算包括斜截面抗剪配筋设计和斜截面抗剪承载力复核两项内容。

1. 斜截面抗剪钢筋设计

已知梁的计算跨径及截面尺寸、混凝土强度等级、纵向受拉钢筋及箍筋强度的强度、跨中截面纵向受拉钢筋布置，梁支点处的不利剪力设计值 V_d^0，梁跨中处的不利剪力设计值 $V_d^{l/2}$，求腹筋数量及弯起钢筋的初步位置。

计算步骤如下：

1）根据梁支点处的不利剪力设计值V_d^0、梁跨中处的不利剪力设计值$V_d^{l/2}$作出剪力包络图，见图4.6。所谓剪力包络图，是指梁上作用沿梁跨径在各截面产生的剪力组合设计值V_{dx}的变化图形，其线形跨径不大时近似为直线。

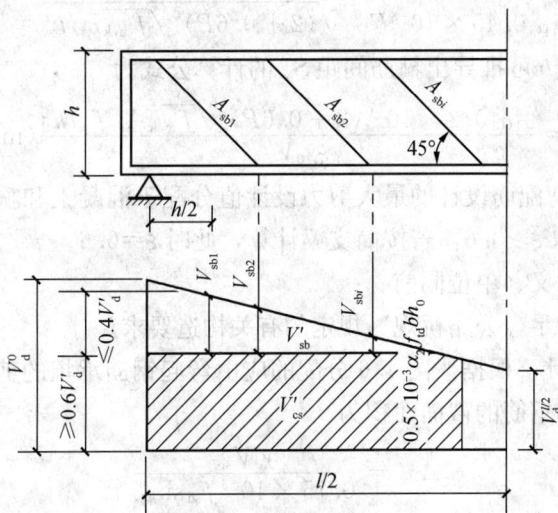

图 4.6 斜截面抗剪承载力配筋设计计算示意图

注：V_d——由作用（或荷载）引起的最大剪力组合设计值；

V_d'——用于配筋设计的最大组合设计值，对简支梁取用距支座中心$h/2$处的量值；

$V_d^{l/2}$——跨中截面剪力组合设计值；

V_{cs}'——由混凝土和箍筋共同承担的总剪力设计值（图中阴影部分）；

V_{sb}'——由弯起钢筋承担的总剪力设计值；

V_{sb1}、V_{sb2}、V_{sbi}——简支梁第一排、第二排、第i排钢筋弯起点处由弯起钢筋承担的剪力设计值；

A_{sb1}、A_{sb2}、A_{sbi}——简支梁从支点算起的第一排、第二排、第i排弯起钢筋截面面积；

h——等高度梁的梁高；

l——梁的计算跨径

2）根据已知条件及支座中心处的剪力值V_d^0，按照式（4.8），对由梁正截面承载能力计算已决定的截面尺寸作进一步检查。若不满足式（4.8），须加大截面尺寸或提高混凝土强度，以满足式（4.8）的要求。

3）由式（4.9）求得按构造要求配置箍筋的剪力，其中b和h_0可取跨中截面计算值，由剪力包络图可得到按构造要求配置箍筋的区段长度。

4）进行剪力分配。在支点和按构造配置箍筋的区段之间的剪力包络图中的计算剪力应该由混凝土、箍筋和弯起钢筋来共同承担，但各自承担多大比例，涉及包络图的合理分配问题。

《公路桥规》规定：简支梁最大剪力取距支点$h/2$处的剪力设计值V_d'（图4.6），V_d'应按不少于60％由混凝土和箍筋共同承担，不超过40％由弯起钢筋承担，并用水平线将剪力设计值包络图分割为两部分。

5）进行箍筋设计。根据计算剪力的取值规定及公式（4.4），可得混凝土与箍筋所承担的剪力为

$$V_{cs} = \alpha_1\alpha_3 0.45 \times 10^{-3} bh_0 \sqrt{(2+0.6P)\sqrt{f_{cu,k}}\rho_{sv}f_{sv}} \geqslant \xi\gamma_0 V'_d \qquad (4.10)$$

则由公式 $\rho_{sv} = A_{sv}/S_v b$ 可推导出箍筋间距 S_v 的计算公式为

$$S_v = \frac{\alpha_1^2\alpha_3^2 0.2 \times 10^{-6}(2+0.6P)\sqrt{f_{cu,k}}A_{sv}f_{sv}bh_0^2}{(\xi\gamma_0 V'_d)^2}(mm) \qquad (4.11)$$

式中，ξ——用于抗剪配筋设计的最大剪力设计值分配于混凝土和箍筋共同承担的分配系数，取 $\xi \geqslant 0.6$，若按简支梁计算，此时 $\xi = 0.6$。

式中其他符号意义、单位同前。

箍筋布置时应满足《公路桥规》规定的有关构造要求。

6）弯起钢筋设计。根据按图 4.6 分配的应由弯起钢筋承担的剪力设计值，由公式（4.5）求得每排弯起钢筋的截面面积为

$$A_{sbi} = \frac{\gamma_0 V_{sbi}}{0.75 \times 10^{-3}f_{sd}\sin\theta_s} \qquad (4.12)$$

式中，A_{sbi}——第 i 排弯起钢筋的总截面面积（mm²），即为图 4.6 中的 A_{sb1}、A_{sb2}、A_{sbi} 等；

V_{sbi}——第 i 排弯起钢筋承担的剪力设计值（kN），即为图 4.6 中的 V_{sb1}、V_{sb2}、V_{sbi} 等。

计算各排弯起钢筋时，其弯起钢筋承担的剪力设计值 V_{sbi} 应符合如下规定：

1）计算第一排（对支座而言）弯起钢筋 A_{sb1} 时，取用距支座中心 $h/2$ 由弯起钢筋承担的那部分剪力值。

2）计算第一排弯起钢筋以后的每一排弯起钢筋 A_{sb2}、…、A_{sbi} 时，取用前一排弯起钢筋弯起点处由弯起钢筋承担的那部分剪力 V_{sb2}、…、V_{sbi}。

根据上述规定及弯筋的构造要求，可以初步确定弯起钢筋的位置、要承担的计算剪力 V_{sbi}，从而由式（4.12）计算得到所需的每排弯起钢筋的截面面积。

2. 斜截面抗剪承载力的复核

（1）斜截面计算位置

原则上应对承受剪力较大或抗剪强度相对薄弱的斜截面进行抗剪承载力验算。《公路桥规》规定，受弯构件斜截面抗剪承载力的验算位置应按下列规定采用(图 4.7)。

简支梁和连续梁近边支点梁段：

1）距支点中心 $h/2$ 处截面 [图 4.7(a)截面 1—1]。

2）受拉区弯起钢筋弯起点处截面 [图 4.7(a)截面 2—2、截面 3—3]。

3）锚于受拉区的纵向钢筋开始不受力处的截面 [图 4.7(a)截面 4—4]。

4) 箍筋数量或间距改变处的截面 [图 4.7(a)截面 5—5]。

5) 构件腹板宽度变化处的截面 [图 4.7(b)截面 8—8]。

连续梁近中间支点梁段和悬臂梁：

1) 支点横隔梁边缘处截面 [图 4.7(c)截面 6—6]。

2) 变高度梁高度突变处截面 [图 4.7(c)截面 7—7]。

3) 参照简支梁的要求，需要进行验算的截面。

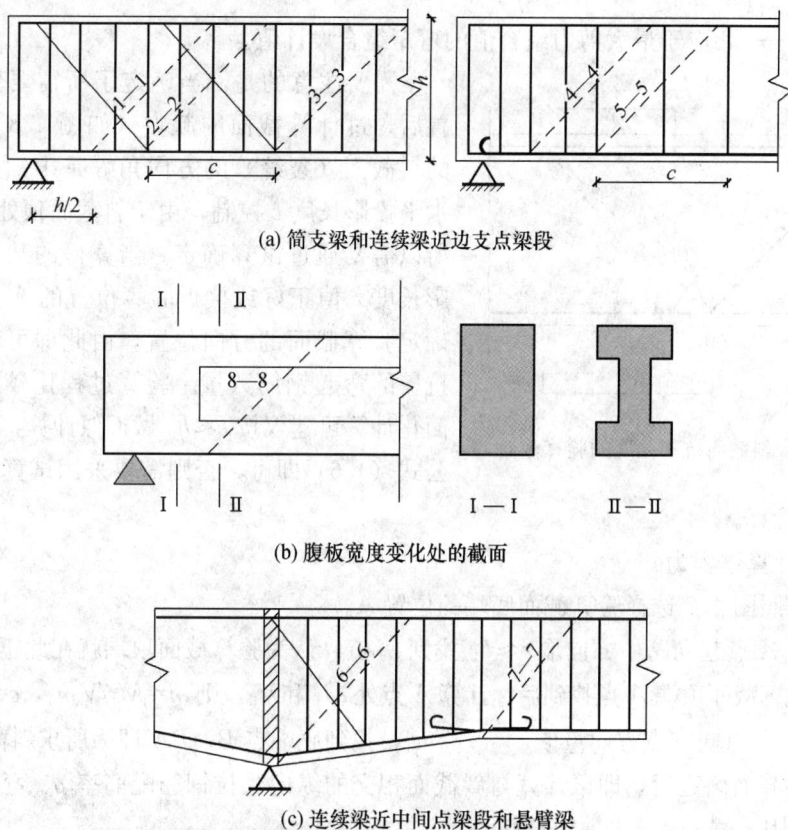

(a) 简支梁和连续梁近边支点梁段

(b) 腹板宽度变化处的截面

(c) 连续梁近中间点梁段和悬臂梁

图 4.7 斜截面抗剪承载能力验算位置示意图

以上这些斜截面都是受剪承载力较薄弱之处，计算时应取这些斜截面范围内的最大剪力，即取斜截面起始端处的剪力作为计算的处剪力。

(2) 斜截面抗剪承载力的复核

按公式 (4.6) 进行斜截面抗剪承载能力复核时，式中的剪力组合设计值 V_d，b，h_0 应取验算斜截面顶端的数值。但图 4.7 仅指明了斜截面底端位置，而此时通过计算底端的斜截面方向角 β 是未知的，它受到斜截面投影长度 c 的控制；同时，式 (4.6) 中计入斜截面抗剪强度计算的箍筋和弯起钢筋（斜筋）的数量显然也受到斜截面投影长度 c 的控制。

斜截面投影长度 c 是自纵向钢筋与斜裂缝底端相交点至斜裂缝顶端距离的水平投影长度，其大小与有效高度 h_0 和剪跨比 m 有关。根据国内外的试验资料，得到斜截面投影长度 c 的计算式为

$$c = 0.6mh_0 \qquad\qquad (4.13)$$

式中，m——斜截面受压端正截面处的广义剪跨比，$m = \dfrac{M_d}{V_d h_0}$，当 $m > 3.0$ 时取

$\qquad\quad m = 3.0$；

$\qquad M_d$——相应于最大剪力组合值的弯矩组合设计值。

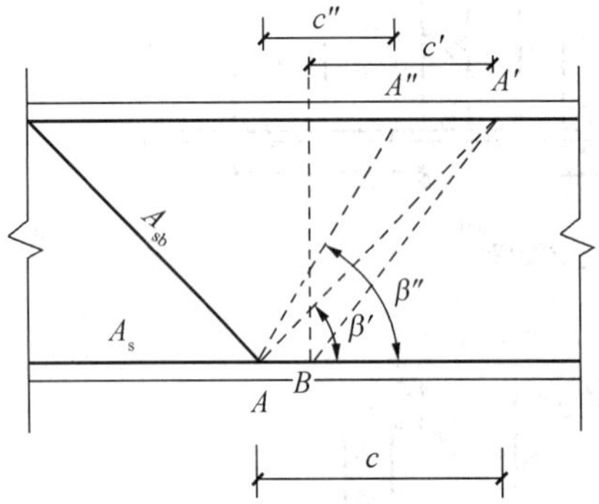

图 4.8　斜截面抗剪强度的验算截面

需要注意的是，当确定了所需要验算的位置后，过计算截面的起点（如图 4.8 中 A 点）的斜截面（裂缝）的方向角 β 是未知的，它受水平投影长度 c 控制，由于斜截面顶处 m 未知，所以需要通过试算确定。当算得的某一水平投影长度 c 值正好或接近验算位置的 A 点，即能确定验算截面的方向位置，由此即可确定参与抗剪的弯起钢筋数量。验算过程比较麻烦，为简化计算可建议按 $c \approx h_0$ 做近似计算，如能满足公式（4.6）即可，否则需要采用试算的方法作进一步的验算。

近似计算过程为：

1）按照图 4.7 选择验算截面底端的位置 A。

2）由 A 点起向跨中方向取 $c \approx h_0$ 找到 A' 点，认为验算截面顶端就在此正截面上。

3）验算截面顶端 A' 点找到后，计算 A' 点处 M_d 和 V_d，则 $m = M_d / V_d h_0$，$c = 0.6mh_0$。

4）由 A' 点向支点方向量取 $c = 0.6mh_0$，找到底端点 B，BA' 即为所求斜截面。

5）斜截面确定后，即可计算与斜截面相交的纵向受拉钢筋配筋率 ρ、弯起钢筋数量 A_{sb}，利用公式（4.6）进行验算。

4.3　受弯构件斜截面抗弯承载力

钢筋混凝土梁斜截面工作性能试验研究表明，斜裂缝的发生和发展除了可能引起斜截面的受剪破坏外，还可能引起斜截面的受弯破坏。特别是当梁内纵向受拉钢筋配置不足时，由于斜裂缝的开展，与斜裂缝相交的箍筋和纵向钢筋的应力达到屈服强度。梁被斜裂缝分开的两部分将绕位于受压区的混凝土的合力点而转动，最后混凝土产生法向裂缝，导致压碎破坏。

在极限状态下，与斜裂缝相交的纵向钢筋、箍筋和弯起钢筋的应力均达到其抗拉

强度设计值，受压区混凝土的应力达到抗压强度设计值。斜截面抗弯承载力计算的基本公式可由所有的力对受压区混凝土合力作用点取矩的平衡条件求得（参见图 4.5），即

$$\gamma_0 M_d \leqslant f_{sd}A_s Z_s + f_{sd}A_{sb}Z_{sb} + \sum f_{sv}A_{sv}Z_{sv} \tag{4.14}$$

式中，M_d——斜截面受压顶端正截面的最大弯矩组合设计值；

A_s，A_{sb}，A_{sv}——与斜截面相交的纵向钢筋、弯起钢筋和箍筋的截面面积；

Z_s，Z_{sb}，Z_{sv}——与斜截面相交的纵向钢筋、弯起钢筋和箍筋合力对受压区混凝土合力点的力臂。

斜截面受压区高度可由所有的力对构件纵轴的投影之和为零的平衡条件求得。

在实际设计中，钢筋混凝土受弯构件多不进行斜截面抗弯承载力计算。设计配置纵向钢筋时，正截面抗弯承载力已得到保证，在斜截面范围内若无纵向钢筋弯起，与斜截面相交的钢筋所能承受的弯矩与正截面相同，因而无需进行斜截面抗弯承载力计算。在斜截面范围内若有部分纵向钢筋弯起，与斜截面相交的纵向钢筋少于斜截面受压端正截面的纵向钢筋，但若采取一定的构造措施，亦可不必进行斜截面抗弯承载力计算，这些构造措施包括钢筋的最小锚固长度（表 1.7）、钢筋截断和钢筋弯起等。

4.4 全梁承载力校核及构造要求

4.4.1 全梁承载力校核

全梁承载力校核的目的是，使所设计的钢筋混凝土受弯构件沿长度任一截面都要保证在最不利荷载作用下，不会出现正截面和斜截面承载力破坏。

如前所述，受弯构件的斜截面抗剪钢筋设计中，在任一截面上都可保证 $\gamma_0 V_d \leqslant V_{cs} + V_{sb}$ 的条件。然而对受弯构件的正截面承载力计算，只是对发生最大荷载效应的一个控制截面进行的，对其他截面都未曾涉及。由于受弯构件的弯矩值是沿跨长而变化的，实际上随着弯矩的变化梁内纵向受拉钢筋常在跨径间不同位置弯起或截断，以满足斜截面抗剪承载力要求。如果弯起或截断的位置不合适（过早），可能会引起某些位置处的正截面抗弯或斜截面抗弯破坏，因此纵向钢筋的弯起或截断既要满足正截面抗弯承载力的要求，同时又要适应斜截面抗剪、抗弯承载力的要求。

在实际工程中，钢筋混凝土受弯构件正截面承载力通常只需对若干控制截面进行承载力计算，至于其他截面的承载能力能否满足要求，可通过图解法来校核，即用弯矩包络图与抵抗弯矩图进行校核。斜截面抗弯破坏则用构造要求来保证。

1. 设计弯矩包络图

设计弯矩包络图是指桥梁上的作用沿梁跨径，在各截面产生的弯矩组合设计值 M_{dr}

的变化图形。简支梁的设计弯矩包络图一般为一条二次抛物线，即

$$M_{dx} = M_{d\frac{L}{2}}(1 - \frac{4x^2}{L^2}) \tag{4.15}$$

2. 抵抗弯矩图

抵抗弯矩图（又称材料图）就是沿梁长各个正截面按实际配置的纵向受拉钢筋面积能产生的抵抗弯矩图形，抵抗弯矩图中竖标表示的正截面受弯承载力设计值 M_u 称为抵抗弯矩。抵抗弯矩图必须完全覆盖设计弯矩包络图。抵抗弯矩图与设计弯矩包络图越接近，说明设计越经济。下面较具体地讨论钢筋混凝土梁的抵抗弯矩图的绘制方法。

设一简支梁计算跨径为 L，跨中截面经设计有 6 根纵向受拉钢筋（$2N_1 + 2N_2 + 2N_3$），其正截面抗弯承载力为 $M_u > M_d$（图 4.9）。

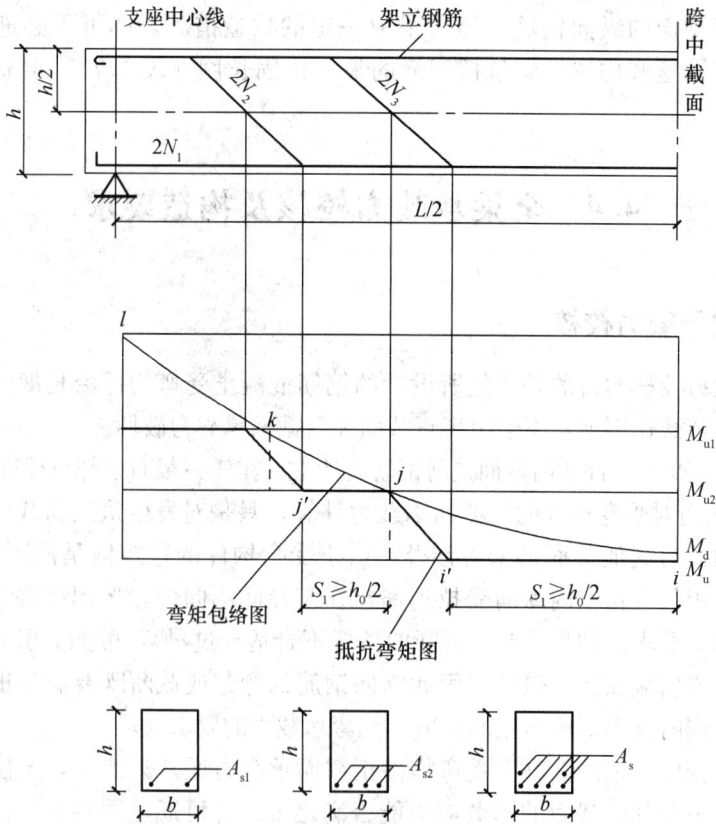

图 4.9　简支梁的弯矩包络图抵抗弯矩图（对称半跨）

假定 $2N_1$ 钢筋的面积 A_{s1} 大于 20% 的全部纵向受拉钢筋面积 A_s，按照《公路桥规》规定，它们必须伸过支座中心线，不得在梁跨间弯起，而 $2N_2$ 和 $2N_3$ 钢筋可以考虑在

梁间弯起。由于部分纵向受拉钢筋弯起，正截面抗弯承载力发生变化。在跨中截面，设全部钢筋提供的抵抗弯矩为 M_u；弯起 $2N_3$ 钢筋后，剩余 $2N_1+2N_2$ 钢筋面积为 A_{s2}，提供的抵抗弯矩为 M_{u2}；弯起 $2N_2$ 钢筋后，剩余 $2N_1$ 钢筋面积为 A_{s1}，提供的抵抗弯矩为 M_{u1}。钢筋抵抗弯矩的计算公式为

$$M_{ui} = f_{sd}A_{si}\left(h_0 - \frac{x}{2}\right) \tag{4.16}$$

取与设计弯筋图相同的比例绘制抵抗弯矩图。首先在跨中截面将全部钢筋提供抵抗弯矩 M_u 根据纵向主筋数量改变处截面的实有抵抗弯矩 M_{u1}、M_{u2} 分段，然后过各分点作平行于横轴的水平线，水平线与弯矩设计值包络图相交于 j、k、l 点（图4.9），这些交点称为"理论截断点"和"理论弯起点"，也可称为"充分利用点"和"不需要点"。通常可以把 i、j、k 三个点分别称为 N_3、N_2、N_1 钢筋的"充分利用点"，而把 j、k、l 三个点分别称为 N_3、N_2、N_1 钢筋的"不需要点"。

由图4.9可见，第二排弯筋 $2N_3$ 弯起后，从弯起点开始逐渐退出工作，水平线终止，直到它过与梁中轴线相交点基本上进入受压区后，才认为完全退出工作，故过钢筋的弯起点和钢筋与梁中轴线交点作垂线，与抵抗弯矩图中 $2N_3$ 钢筋的水平线相交于 i' 和 j 点，并用斜线相连，得到第二排弯筋 $2N_3$ 的抵抗弯矩图。同理可作出第一排弯筋 $2N_2$ 的抵抗弯矩图。$2N_1$ 钢筋直筋通过支点，其抵抗弯矩图为贯穿全跨的水平线。

3. 全梁承载力校核

弯矩包络图和抵抗弯矩图绘制完成后，应进一步检查梁截面的正截面承载力、斜截面抗剪和抗弯承载力是否满足要求。

钢筋混凝土梁在设计中，进行梁斜截面抗剪承载力计算时已初步确定了各弯起钢筋的弯起位置，此时可按弯矩包络图和抵抗弯矩图来检查已定的弯筋初步弯起位置。例如，为满足斜截面抗弯要求，N_3 钢筋必须在距其充分利用点 i 的距离 $S_1 \geq h_0/2$ 处 i' 点弯起，同时 N_3 钢筋与梁中轴线的交点必须在其不需要点 j 以外，保证不发生正截面抗弯破坏。弯筋若能满足前述构造要求，则认为设计弯起位置合理，否则要进行调整，必要时可加设斜筋或附加弯起钢筋，最终使得梁中各弯筋（斜筋）的水平投影能相互有重叠部分，至少相接。

设计时只要绘出的抵抗弯矩图外包弯矩包络图，并且使弯筋弯起位置符合规范规定的构造要求，就能保证梁段内任何截面都不会发生正截面破坏和斜截面抗弯破坏。

4.4.2　构造要求的补充

1. 箍筋构造要求

1）箍筋直径不小于8mm或1/4主钢筋直径。

2）箍筋的间距：箍筋的间距不大于梁高的1/2和400mm；当所箍钢筋为按受力需

要的纵向受压钢筋时,不大于受压钢筋直径的 15 倍,且不应大于 400mm。在钢筋绑扎搭接接头范围内的箍筋间距,当绑扎搭接钢筋受拉钢筋时,不应大于主钢筋直径的 5 倍,且不应大于 100mm;当绑扎搭接受压钢筋时,不应大于主钢筋直径的 10 倍,且不应大于 200mm。在支座中心向跨径方向相当于不小于一倍梁高范围内,箍筋间距不大 100mm。

近梁端第一根箍筋应设置在距端面一个保护层的距离处。梁与梁或梁与柱的交叉范围内不设梁的箍筋,靠近交接面的箍筋,其与交接面的距离不宜大于 50mm。

2. 弯筋构造要求

1)钢筋混凝土梁的弯起钢筋一般与梁纵轴成 45°角,弯起钢筋以圆弧弯折,圆弧半径不宜小于 10 倍钢筋直径。

2)靠近支点的第一排弯起钢筋顶部的弯折点,简支梁或连续梁边支点应位于支座中心截面处,悬臂梁或连续梁中间支点应位于横隔梁(板)靠跨径一侧的边缘处,以后各排(跨中方向)弯起钢筋的梁顶部弯折点应落在前一排(支点方向)弯起钢筋的梁底部弯折点处或弯折点以内,见图 4.6。

3)为了保证弯起钢筋的斜截面抗弯承载力满足要求,受拉区弯起钢筋的起弯点应设在按正截面抗弯承载力计算充分利用该钢筋强度的截面(称为充分利用点)以外不小于 $h_0/2$ 处,且弯起钢筋与梁中线的交点应位于按计算不需要该钢筋的截面(称为不需要点)之外,见图 4.9。

4)弯起钢筋的末端(弯终点以外)应留有锚固长度:受拉区不应小于 20d,受压区不应小于 10d,环氧树脂涂层钢筋增加 25%,此处 d 为钢筋直径;R235(Q235)钢筋尚应设置半圆弯钩,如图 4.10 所示。

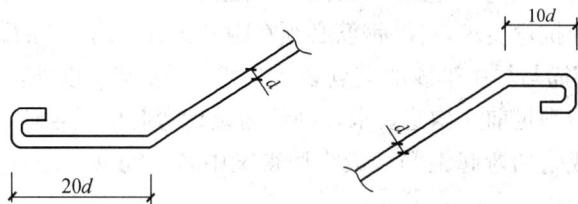

图 4.10　弯筋锚固长度

5)弯起钢筋不得采用浮筋。

3. 纵向钢筋在梁跨间的截断

纵向受拉钢筋不宜在受拉区截断,因为截断处钢筋截面面积突然减小,混凝土拉应力骤增,致使截面处往往会过早地出现弯剪斜裂缝,甚至可能降低构件的承载能力。因此,对于梁底部承受正弯矩的纵向受拉钢筋,通常将计算上不需要的钢筋弯起,作为抗剪钢筋或作为支座截面承受负弯矩的钢筋，而不采用截断钢筋的配筋方式。但是对于悬臂梁或连续梁、框架梁等构件，为了合理配筋，通常需将支座处承受负弯矩的纵向受拉钢筋按弯矩图形的变化，将计算上不需要的上部纵向受拉钢筋在跨间分批截断。截断纵向受拉钢筋时应满足以下的构造要求。

（1）保证截断钢筋强度的充分利用

考虑到在截断钢筋的区段内，由于纵向受拉钢筋的销栓剪切作用常撕裂混凝土保护层而降低粘结作用，使延伸段内钢筋的粘结受力状态比较不利，特别是在弯矩和剪力均较大、截断钢筋较多时，将更为明显。因此，为了保证受拉钢筋截断时能充分利用其强度，就必须将钢筋从其强度充分利用截面向外延伸一定的长度 $l_a + h_0$（图 4.11），此处 l_a 为受拉钢筋的最小锚固长度（表 1.7），h_0 为梁的有效高度，依靠这段长度与混凝土的粘结锚固作用维持钢筋有足够的拉力。

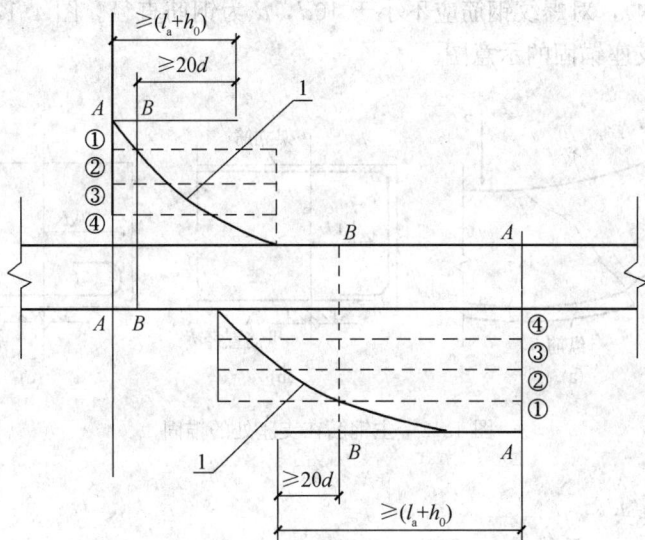

图 4.11 纵向受拉钢筋截断时的延伸长度
A—A. 钢筋①、②、③、④强度充分利用截面；B—B. 按计算不需要钢筋①的截面；
①、②、③、④. 钢筋批号；1. 弯矩图

（2）保证梁的斜截面抗弯承载力

图 4.11 中，B—B 截面是①号钢筋的理论截断点，则在正截面 B 上，正截面受弯承载力与弯矩设计值相等，即 $M_{ub} = M_{dB}$，满足了正截面抗弯承载力的要求。但是经过 B 点的斜裂缝截面，其弯矩设计值 $M_{dB} > M_{ub}$，因此不满足斜截面抗弯承载力的要求。为保证受拉纵筋截断时梁的斜截面抗弯承载力满足要求，应考虑从正截面抗弯承载力计算不需要该钢筋的截面至少延伸 20d（环氧树脂涂层钢筋 25d），此处 d 为钢筋直径。纵向受压钢筋如在跨间截面时，应延伸至按计算不需要该钢筋的截面以外至少 15d（环氧树脂涂层钢筋 20d）。

4. 纵向钢筋在支座处的锚固

在简支梁近支座处出现斜裂缝时，斜裂缝处纵向钢筋应力增大，支座边缘附近纵筋应力的大小与伸入支座纵筋的数量有关，这时梁的承载力取决于纵向钢筋在支座处的锚固。若锚固长度不足，钢筋与混凝土的相对滑移将导致斜裂缝宽度显著增大[图 4.12（a）]，甚至会发生粘结锚固破坏。为了防止钢筋被拔出而破坏，《公路桥规》规定：

1）在钢筋混凝土梁的支点处，至少应有两根并不少于 20％的主筋通过。

2）梁底两侧的受拉主钢筋应伸出端支点截面以外，并弯成直角，且顺梁高延伸至顶部，与架立筋相连。图 4.12（b）为焊接钢筋骨架常采用的形式。

3）两侧之间不向上弯曲的受拉主钢筋伸出支点截面的长度，对光圆钢筋应不小于 $10d$（并带半圆钩），对螺纹钢筋应不小于 $10d$，d 为钢筋直径。图 4.12（c）为绑扎骨架 R235 钢筋在支座锚固的示意图。

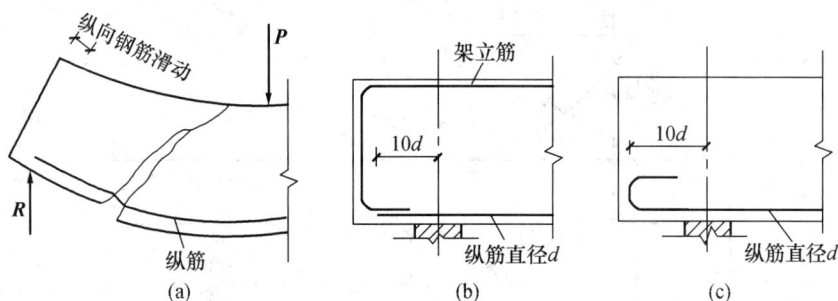

图 4.12　主钢筋在支座处的锚固

5. 钢筋的接头

梁内钢筋的接长宜采用焊接接头和钢筋机械连接接头（套筒挤压接头、镦粗直螺纹钢筋），当施工或构造条件有困难时也可采用绑扎搭接接头。当受拉钢筋直径大于 28mm、受压钢筋直径大于 32mm 及轴心受拉、小偏心受拉构件不应采用绑扎接头。

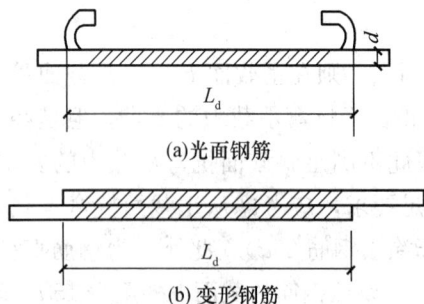

图 4.13　钢筋的绑扎搭接接头

受拉钢筋的绑扎搭接接头（图 4.13），其拉力由一根钢筋通过混凝土的粘结应力再传递给另一根钢筋，破坏是沿钢筋方向上混凝土被相对剪切而发生劈裂，导致纵筋的滑移甚至被拔出。对于受拉钢筋绑扎接头的搭接长度 L_d，《公路桥规》规定：当钢筋直径不大于 25mm 时，应不小于表 4.1 所规定的长度。对受压钢筋绑扎接头的搭接长度，取受拉钢筋绑扎接头搭接长度的 0.7 倍。

为了保证构件安全，受力钢筋接头应设置在内力较小处，并错开布置。在任一绑扎接头中心至搭接 1.3 搭接长度的区段内，同一根钢筋不得有两个接头，在该区段内有接头的受力钢筋截面面积占总截面面积的百分率应符合表 4.2 的要求。

表 4.1　受拉钢筋绑扎接头搭接长度

钢筋种类	混凝土强度等级		
	C20	C25	>C25
R235	35d	30d	25d
HRB335	45d	40d	35d
HRB400、KL400	—	50d	45d

注：1）当带肋钢筋直径 d 大于 25mm 时，其受拉钢筋的搭接长度应按表值增加 5d 采用；当带肋钢筋直径小于 25mm 时，搭接长度可按表值减少 5d 采用。

　　2）当混凝土在凝固过程中受力钢筋易受扰动时，其搭接长度应增加 5d。

　　3）在任何情况下，受拉钢筋的搭接长度不应小于 300mm，受压钢筋的搭接长度不应小于 200mm。

　　4）环氧树脂涂层钢筋的绑扎接头搭接长度，受拉钢筋按表值的 1.5 倍采用。

　　5）受拉区段内，R235 钢筋绑扎接头的末端应做成弯钩，HRB335、HRB400、KL400 钢筋的末端可不做成弯钩。

表 4.2　搭接长度区段内受力钢筋接头面积的最大百分率

接头形式	接头面积的最大百分率	
	受拉区	受压区
主钢筋绑扎接头	25	50
主钢筋焊接接头	50	不限制
预应力钢筋对焊接头	25	不限制

注：1）在同一根钢筋上应尽量少设接头；

　　2）装配式构件连接处的受力钢筋焊接接头和预应力混凝土构件的螺丝端杆接头可不受本表限制。

钢筋的焊接接头宜采用闪光接触对焊，当闪光接触对焊条件不具备时也可以采用电弧焊、电渣压力焊和气焊。采用焊接接头时，也要满足相应的构造要求。例如，采用夹杆式电弧焊接时 ［图 4.14（b）］，夹杆的总面积应不小于被焊钢筋的截面积。夹杆长度，若用双面焊缝时应不小于 5d，用单面焊缝时应不小于 10d（d 为钢筋的直径）。又例如，采用搭接式电弧焊时 ［图 4.14（c）］，钢筋端段应预先折向一侧，使两根接长的钢筋轴线一致。搭接时，双面焊缝的长度不小于 5d，用单面焊缝时应不小于 10d（d 为钢筋的直径）。

在任一焊接接头中心至长度为钢筋直径 35 倍，且不小于 500mm 的区段内，同一根钢筋不得有两个接头，在该区段内有接头的受力钢筋截面面积占总截面面积的百分率应符合表 4.2 的要求。

(a) 接触对焊　　　　　(b) 夹杆式电弧焊

(c) 搭接电弧焊

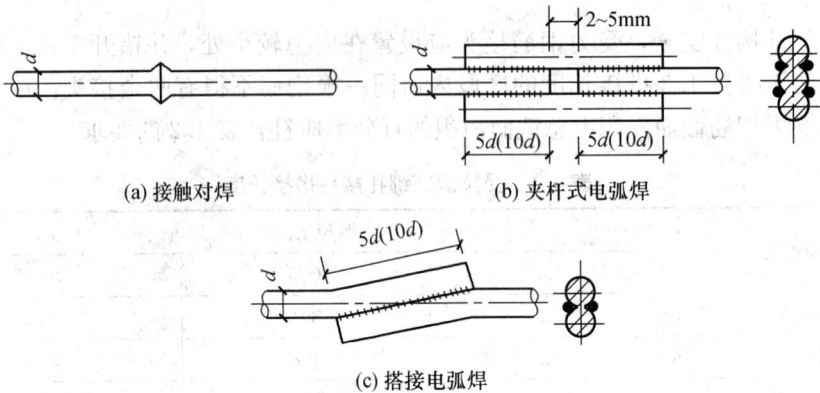

图 4.14　钢筋的焊接接头

4.4.3　设计实例

【例 4.1】　　某钢筋混凝土 T 形截面简支梁，标准跨径 $L_b=1300cm$，计算跨径 $L=1260cm$，按正截面承载能力计算所确定的跨中截面尺寸与钢筋布置见图 4.15，主筋为 HRB335 钢筋，$4\Phi32+4\Phi16$，$A_s=4021mm^2$，架立筋为 HRB335 钢筋，$2\Phi22$，箍筋采用 R235 钢筋，焊接成多层钢筋骨架，混凝土等级为 C25。该梁承受支点剪力 $V_d^0=310kN$，跨中剪力 $V_d^{l/2}=65kN$，支点弯矩 $M_d^0=0$，跨中弯矩 $M_d^{l/2}=1000kN\cdot m$，结构重要性系数 $\gamma_0=1$，试设计该梁的箍筋和弯起钢筋。

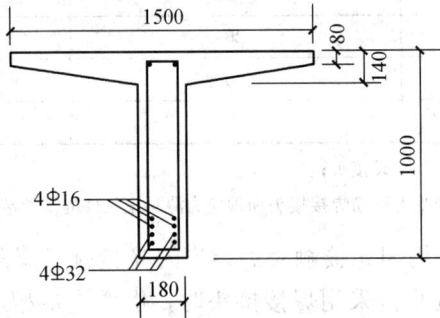

图 4.15　例 4.1 图（尺寸单位为 mm）

【解】　　1) 计算各截面的有效高度。

跨中截面：主筋为 $4\Phi32+4\Phi16$，主筋合力作用点至梁截面下边缘的距离为

$$a_s=\frac{(30+34.5)\times3217+(30+34.5\times2+18)\times804}{3217+804}=75mm$$

跨中截面的有效高度

$$h_0=h-a_s=1000-75=925mm$$

其他各截面的有效高度见表 4.3。

表 4.3　各截面有效高度

主筋数量	主筋合力作用点至梁下边缘距离 a_s/mm	有效高度 h_0/mm
4 Φ 32+4 Φ 16	75	925
4 Φ 32+2 Φ 16	69	931
4 Φ 32	64.5	935
2 Φ 32	47.2	953

2）复核梁的截面尺寸（支点截面）。

上限：

$$0.51 \times 10^{-3} \sqrt{f_{cu,k}} bh_0 = 0.51 \times 10^{-3} \times \sqrt{25} \times 180 \times 953$$
$$= 437.4 \text{kN} > \gamma_0 V_d^0 = 310 \text{kN}$$

故按正截面承载能力计算所确定的截面尺寸满足抗剪方面的构造要求。

下限：

$$0.50 \times 10^{-3} f_{td} bh_0 = 0.5 \times 10^{-3} \times 1.23 \times 180 \times 953 = 105.5 \text{kN} < \gamma_0 V_d^0 = 310 \text{kN}$$

故梁内需要按计算配置剪力钢筋。

3）确定计算剪力。

① 绘制梁的半跨剪力包络图（图 4.16），并计算不需要设置受剪钢筋的区段长度。

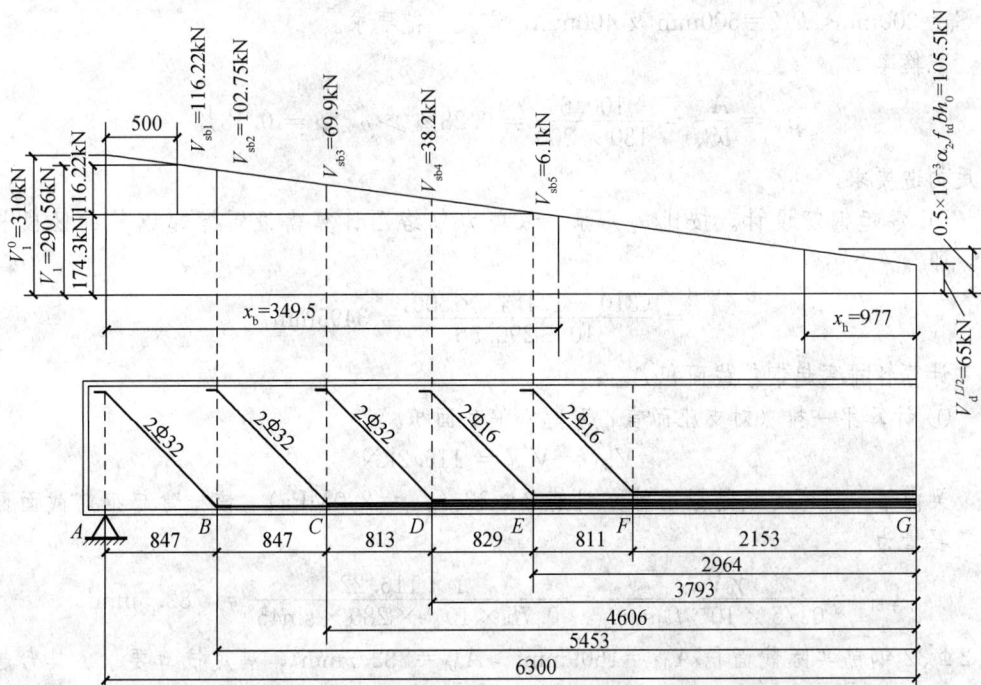

图 4.16　按抗剪承载力要求计算各排弯起钢筋的用量

对于跨中截面：

$$0.50 \times 10^{-3} f_{td} b h_0 = 0.5 \times 10^{-3} \times 1.23 \times 180 \times 927 = 103 \text{kN} > \gamma_0 V_d^{L/2} = 65 \text{kN}$$

不需要设置剪力钢筋的区段长度为

$$x_h = \frac{(103 - 65) \times 6300}{310 - 65} = 977 \text{mm}$$

② 按比例关系，依剪力包络图求距支座中心 $h/2$ 处截面的最大剪力值。

$$V'_d = 65 + \frac{(301 - 65) \times (630 - 50)}{630} = 290.56 \text{kN}$$

③ 最大剪力的分配。由混凝土与箍筋共同承担最大剪力 V'_d 的不少于 60%，即

$$V'_{cs} = 0.6 V'_d = 0.6 \times 290.56 = 174.34 \text{kN}$$

由弯起钢筋承担最大剪力 V'_d 的 40%，即

$$V'_{sb} = 0.4 V'_d = 0.4 \times 290.56 = 116.22 \text{kN}$$

4）箍筋设计。本设计采用直径为 $\phi 8$ 的封闭式双肢箍筋，R235 钢筋（$f_{sv} = 195 \text{MPa}$），$n = 2$，则

$$A_{sv} = n A_{sv1} = 2 \times 50.3 = 100.6 \text{mm}^2$$

简支梁 $\alpha_1 = 1.0$，T 形截面 $\alpha_3 = 1.1$，$\xi \gamma_0 V'_d = 0.6 \times 1 \times 290.56 = 174.34 \text{kN}$。将上述有关数据代入公式（4.11），可求得箍筋间距，见表 4.4。

根据构造要求，由支座中心向跨中一倍梁高（1000mm）范围内，取箍筋直径为 $\phi 8$，间距 $S_v = 100 \text{mm}$，其余至跨中截面的范围内取箍筋直径为 $\phi 8$，间距 $S_v = 200 \text{mm}$，且 $S_v = 200 \text{mm} < h/2 = 500 \text{mm}$ 及 400mm，满足规范要求。

配箍率

$$\rho_{sv} = \frac{A_{sv}}{b S_v} = \frac{100.6}{180 \times 200} = 0.28\% > \rho_{sv,min} = 0.18\%$$

满足构造要求。

5）弯起钢筋设计。按比例关系，依剪力包络图计算需设置弯起钢筋的区段长度，即

$$x_b = \frac{(310 - 174.4) \times 500}{310 - 290.56} = 3495 \text{mm}$$

计算各排弯起钢筋截面积 A_{sb1}：

① 计算第一排（对支座而言）弯起钢筋截面积。

$$V_{sb1} = V'_{sb} = 116.2 \text{kN}$$

梁内第一排弯起钢筋拟用补充斜筋 $2 \Phi 32$（$f_{sd} = 280 \text{MPa}$），该排弯起钢筋截面面积需要量为

$$A_{sb1} = \frac{\gamma_0 V_{sb1}}{0.75 \times 10^{-3} f_{sd} \sin \theta_s} = \frac{1 \times 116.22}{0.75 \times 10^{-3} \times 280 \times \sin 45°} = 782.5 \text{mm}^2$$

而 $2 \Phi 32$ 钢筋实际截面积 $A_{sb1} = 1609 \text{mm}^2 > A_{sb1} = 782.5 \text{mm}^2$，满足抗剪要求。其弯起点为 B，弯终点落在支座中心 A 截面处，弯起钢筋与主钢筋的夹角 $\theta_s = 45°$，弯起点 B 至点 A 的距离为

表 4.4　箍筋间距计算

梁段符号	主筋截面积 A_s/mm^2	截面有效高度 h_0/mm	主筋配筋率 $\rho = 100 \times \dfrac{A_s}{bh_0}$	箍筋最大间距 $S_v = \dfrac{\alpha_1^2 \alpha_3^2 \times 0.2 \times 10^{-6}(2+0.6\rho)\sqrt{f_{cu,k}}\,A_{sv} f_{sv} bh_0^2}{(\xi\gamma_0 V_d)^2}/\text{mm}$
FG	$4\,\Phi\,32+4\,\Phi\,16$ $A_{s(\frac{L}{2})}=4021$	925	$\rho = \dfrac{100\times4021}{150\times925}$ $=0.289$	$S_v = \dfrac{1^2\times1.1^2\times0.2\times10^{-6}\times(2+0.6\times0.289)\times\sqrt{25}\times100.6\times195\times180\times925^2}{174.34^2}=277\text{mm}$
EF	$4\,\Phi\,32+2\,\Phi\,16$ $A_{s(EF)}=3619$	931	$\rho = \dfrac{100\times3619}{150\times931}$ $=0.259$	$S_v = \dfrac{1^2\times1.1^2\times0.2\times10^{-6}\times(2+0.6\times0.259)\times\sqrt{25}\times100.6\times195\times180\times931^2}{174.34^2}=276\text{mm}$
CE	$4\,\Phi\,32$ $A_{s(CE)}=3217$	935	$\rho = \dfrac{100\times3217}{150\times935}$ $=0.229$	$S_v = \dfrac{1^2\times1.1^2\times0.2\times10^{-6}\times(2+0.6\times0.229)\times\sqrt{25}\times100.6\times195\times180\times935^2}{174.34^2}=276\text{mm}$
AC	$2\,\Phi\,32$ $A_{s(AC)}=1609$	953	$\rho = \dfrac{100\times1609}{150\times953}$ $=0.113$	$S_v = \dfrac{1^2\times1.1^2\times0.2\times10^{-6}\times(2+0.6\times0.113)\times\sqrt{25}\times100.6\times195\times180\times953^2}{174.34^2}=277\text{mm}$

$$AB = 1000 - \left(30 + 24 + \frac{34.5}{2} + 30 + 34.5 + \frac{34.5}{2}\right) = 847\text{mm}$$

② 计算第二排弯起钢筋截面积 A_{sb2}。按比例关系，依剪力包络图计算第一排弯起钢筋弯起点 B 处由第二排弯起钢筋承担的剪力值

$$V_{sb2} = \frac{(349.5 - 84.7) \times 116.22}{349.5 - 50} = 102.75\text{kN}$$

第二排弯起钢筋拟由主筋 $2 \Phi 32$（$f_{sd} = 280\text{MPa}$），该排弯起钢筋截面面积需要量为

$$A_{sb2} = \frac{\gamma_0 V_{sb2}}{0.75 \times 10^{-3} f_{sd} \sin\theta_s} = \frac{1 \times 102.75}{0.75 \times 10^{-3} \times 280 \times \sin45°} = 691.9\text{mm}^2$$

而 $2 \Phi 32$ 钢筋实际截面积 $A_{sb2} = 1609\text{mm}^2 > A_{sb2} = 691.9\text{mm}^2$，满足抗剪要求。其弯起点为 C，弯终点落在第一排弯起钢筋弯起点 B 截面处，弯起钢筋与主钢筋的夹角 $\theta_s = 45°$，弯起 C 至点 B 的距离为

$$BC = AB = 847\text{mm}$$

③ 计算第三排弯起钢筋截面积 A_{sb3}。按比例关系，依剪力包络图计算第二排弯起钢筋弯起点 C 处由第三排弯起钢筋承担的剪力值

$$V_{sb3} = \frac{(349.5 - 84.7 - 84.7) \times 116.22}{349.5 - 50} = 69.9\text{kN}$$

第三排弯起钢筋拟用补充斜筋 $2 \Phi 32$（$f_{sd} = 280\text{MPa}$），该排弯起钢筋截面面积需要量为

$$A_{sb3} = \frac{\gamma_0 V_{sb3}}{0.75 \times 10^{-3} f_{sd} \sin\theta_s} = \frac{1 \times 69.9}{0.75 \times 10^{-3} \times 280 \times \sin45°} = 470.7\text{mm}^2$$

而 $2 \Phi 32$ 钢筋实际截面积 $A_{sb3} = 1609\text{mm}^2 > A_{sb3} = 470.7\text{mm}^2$，满足抗剪要求。其弯起点为 D，弯终点落在第二排弯起钢筋弯起点 C 截面处，弯起钢筋与主钢筋的夹角 $\theta_s = 45°$，弯起 D 至点 C 的距离为

$$CD = 1000 - \left(30 + 24 + \frac{34.5}{2} + 30 + 34.5 + 34.5 + \frac{34.5}{2}\right) = 813\text{mm}$$

④ 计算第四排弯起钢筋截面积 A_{sb4}。按比例关系，依剪力包络图计算第三排弯起钢筋弯起点 D 处由第四排弯起钢筋承担的剪力值，即

$$V_{sb4} = \frac{(349.5 - 84.7 - 84.7 - 81.3) \times 116.22}{349.5 - 50} = 38.2\text{kN}$$

第四排弯起钢筋拟用主筋 $2 \Phi 16$（$f_{sd} = 280\text{MPa}$），该排弯起钢筋截面面积需要量为

$$A_{sb4} = \frac{\gamma_0 V_{sb4}}{0.75 \times 10^{-3} f_{sd} \sin\theta_s} = \frac{1 \times 38.2}{0.75 \times 10^{-3} \times 280 \times \sin45°} = 259.9\text{mm}^2$$

而 $2 \Phi 16$ 钢筋实际截面积 $A_{sb4} = 402\text{mm}^2 > A_{sb4} = 259.9\text{mm}^2$，满足抗剪要求。其弯起点为 E，弯终点落在第三排弯起钢筋弯起点 D 截面处，弯起钢筋与主钢筋的夹角 $\theta_s =$

45°，弯起 E 至点 D 的距离为

$$DE = 1000 - (30 + 24 + \frac{18}{2} + 30 + 34.5 + 34.5 + \frac{18}{2}) = 829\text{mm}$$

⑤ 计算第五排弯起钢筋截面积 A_{sb5}。按比例关系，依剪力包络图计算第四排弯起钢筋弯起点 E 处由第五排弯起钢筋承担的剪力值，即

$$V_{sb5} = \frac{(349.5 - 84.7 - 84.7 - 81.3 - 82.9) \times 116.22}{349.5 - 50} = 6.1\text{kN}$$

第五排弯起钢筋拟用主筋 $2\Phi16$（$f_{sd} = 280\text{MPa}$），该排弯起钢筋截面面积需要量为

$$A_{sb5} = \frac{\gamma_0 V_{sb5}}{0.75 \times 10^{-3} f_{sd} \sin\theta_s} = \frac{1 \times 6.1}{0.75 \times 10^{-3} \times 280 \times \sin 45°} = 41.2\text{mm}^2$$

而 $2\Phi16$ 钢筋实际截面积 $A_{sb5} = 402\text{mm}^2 > A_{sb5} = 41.2\text{mm}^2$，满足抗剪要求。其弯起点为 F，弯终点落在第四排弯起钢筋弯起点 E 截面处，弯起钢筋与主钢筋的夹角 $\theta_s = 45°$，弯起点 F 至点 E 的距离为

$$EF = 1000 - (30 + 24 + \frac{18}{2} + 30 + 34.5 + 34.5 + 18 + \frac{18}{2}) = 811\text{mm}$$

第五排弯起钢筋弯起点 F 至支座中心 A 的距离为

$$AF = AB + BC + CD + DE + EF = 847 + 847 + 813 + 829 + 811$$
$$= 4147\text{mm} > x_b = 3495\text{mm}$$

这说明第五排弯起钢筋弯起点 F 已超过需设置弯起钢筋的区段长 x_b 以外 652mm，弯起钢筋数量已满足抗剪强度要求。

各排弯起钢筋弯起点至跨中截面 G 的距离见图 4.16。

$$x_B = BG = L/2 - AB = 6300 - 847 = 5453\text{mm}$$
$$x_C = CG = BG - BC = 5453 - 847 = 4606\text{mm}$$
$$x_D = DG = CG - CD = 4606 - 813 = 3793\text{mm}$$
$$x_E = EG = DG - DE = 3793 - 829 = 2964\text{mm}$$
$$x_F = FG = EG - EF = 2964 - 811 = 2153\text{mm}$$

6）检验各排弯起钢筋的弯起点是否符合构造要求。

① 保证斜截面抗剪强度方面。从图 4.16 可以看出，对支座而言，梁内第一排弯起钢筋的弯终点已落在支座中心截面处，以后各排弯起钢筋的弯终点均落在前一排弯起钢筋的弯起点截面上，能满足斜截面抗剪承载力方面的构造要求。

② 保证正截面抗弯承载力方面。

a. 支点弯矩 $M_d^0 = 0$，跨中弯矩 $M_d^{l/2} = 1000\text{kN} \cdot \text{m}$，其他截面的设计弯矩可按二次抛物线公式 $M_x = \gamma_0 M_d^{l/2} (1 - \frac{4x^2}{L^2})$ 计算，如表 4.5 所示。

表 4.5 各排弯起钢筋弯起点的设计弯矩计算

弯起钢筋序号	弯起点符号	弯起点至跨中截面距离 x_i/mm	各弯起点的设计弯矩 $M_x=\gamma_0 M_d^{l/2}\left(1-\dfrac{4x^2}{L^2}\right)$/(kN·m)
跨中截面			$M_G=\gamma_0 M_d^{l/2}=1000$
5	F	$x_F=2153$	$M_F=1000\times\left(1-\dfrac{4\times215.3^2}{1260^2}\right)=883.2$
4	E	$x_E=2964$	$M_E=1000\times\left(1-\dfrac{4\times296.4^2}{1260^2}\right)=778.6$
3	D	$x_D=3793$	$M_D=1000\times\left(1-\dfrac{4\times379.3^2}{1260^2}\right)=637.5$
2	C	$x_C=4606$	$M_C=1000\times\left(1-\dfrac{4\times460.6^2}{1260^2}\right)=465.5$
1	B	$x_B=5453$	$M_B=1000\times\left(1-\dfrac{4\times545.3^2}{1260^2}\right)=250.8$

b. 根据表 4.5 计算的 M_x 值绘制设计弯矩图（图 4.16）。

c. 计算各排弯起钢筋弯起点和跨中截面的抵抗弯矩。

首先判别 T 形截面类型：

$$f_{sd}A_s=280\times4021=11\,259\text{N}$$
$$f_{cd}b'_f h'_f=11.5\times1500\times110=1\,897\,500\text{N}$$

$f_{cd}b'_f h'_f > f_{sd}A_s$，说明跨中截面的中性轴在翼缘内，属于第一种 T 形截面，即可按单筋矩形截面 $b'_f\times h$ 计算。其他截面的主筋截面面积均小于跨中截面的主筋截面面积，故各截面均属第一种 T 形截面，均可按单筋矩形截面 $b'_f\times h$ 计算。

随后计算各梁段抵抗弯矩，如表 4.6 中所列。

表 4.6 各梁段抵抗弯矩

梁段符号	主筋截面积 A_s/mm²	截面有效高度 h_0/mm	混凝土受压区高度 $x=\dfrac{f_{sd}A_s}{f_{cd}b'_f}$/mm	各梁段抵抗弯矩 $M_{u(i)}=A_s f_{sd}(h_0-0.5x)$/(kN·m)
FG	4Φ32+4Φ16 $A_{s(\frac{L}{2})}=4021$	925	$x=\dfrac{280\times4021}{11.5\times1500}=65.3$	$M_{u(i)}=4021\times280\times(925-0.5\times65.3)$ $\times10^{-6}=1005$
EF	4Φ32+2Φ16 $A_{s(EF)}=3619$	931	$x=\dfrac{280\times3619}{11.5\times1500}=58.7$	$M_{u(i)}=3619\times280\times(931-0.5\times58.7)$ $\times10^{-6}=914$
CE	4Φ32 $A_{s(CE)}=3217$	935	$x=\dfrac{280\times3217}{11.5\times1500}=52.2$	$M_{u(i)}=3217\times280\times(935-0.5\times52.2)$ $\times10^{-6}=819$
AC	2Φ32 $A_{s(AC)}=1609$	953	$x=\dfrac{280\times1609}{11.5\times1500}=26.1$	$M_{u(i)}=1609\times280\times(953-0.5\times26.1)$ $\times10^{-6}=423$

根据 M_{ui} 值绘制抵抗弯矩图（图 4.17）。可以看出设计弯矩图完全被包含在抵抗弯矩图之内，即每一截面满足 $M_d < M_u$，这表明正截面抗弯承载力能得到保证。

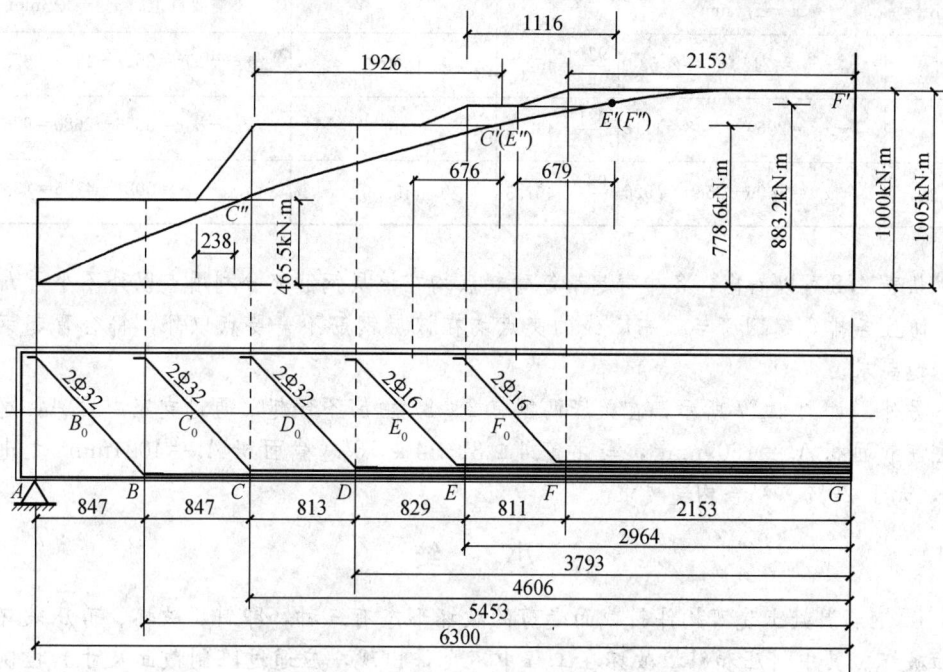

图 4.17　按抗弯承载力要求检查各排弯起钢筋弯起点的位置

③ 保证斜截面抗弯强度方面。各层纵向钢筋的充分利用点和不需要点位置计算，如表 4.7 所示。

表 4.7　各层纵向钢筋的充分利用点和不需要点位置计算

各层纵向钢筋序号	对应充分利用点号	各充分利用点至跨中截面距离 $x_i' = \dfrac{L}{2}\sqrt{1-\dfrac{M_{u(i)}}{M_f'^2}}$ /mm	对应不需要点号	各不需要点至跨中截面距离 x_i /mm
4	F'	$\chi_{F'} = 0$	F''	$x_{F''} = x_E = 1848$
3	E'	$x_{E'} = 6300 \times \sqrt{1-\dfrac{914}{1000}} = 1848$	E''	$\chi_{E''} = \chi_{C'} = 2680$
2	C'	$x_{C'} = 6300 \times \sqrt{1-\dfrac{819}{1000}} = 2680$	C''	$\chi_{C''} = 6300 \times \sqrt{1-\dfrac{423}{1000}} = 4786$

计算各排弯起钢筋与梁中心线的交点 C_0、E_0、F_0 的位置。

$$x_{C_0} = 4606 + [500 - (30 + 34.5 + 34.5/2)] = 5024 \text{mm}$$
$$x_{E_0} = 2964 + [500 - (30 + 2 \times 34.5 + 18/2)] = 3356 \text{mm}$$
$$x_{F_0} = 2153 + [500 - (30 + 2 \times 34.5 + 18 + 18/2)] = 2527 \text{mm}$$

计算各排弯起钢筋弯起点至对应的充分利用点的距离、各排弯起钢筋与梁中心线交点至对应不需点的距离，如表 4.8 所示。

表 4.8 各排弯起钢筋弯起点至对应的充分利用点的距离

各排纵向钢筋序号	弯起点至充分利用点距离 $x_i - x_{i'}$/mm	$\dfrac{h_0}{2}$/mm	$(x_i - x_{i'}) - \dfrac{h_0}{2}$/mm	弯起钢筋与梁中心线交点至不需要点距离 $x_{i_0} - x_{i''}$/mm
5	$x_F - x_{F'} = 2153 - 0 = 2153$	$\dfrac{925}{2} = 462.5$	1690.5	$x_{F_0} - x_{F''} = 2527 - 1848 = 679$
4	$x_E - x_{E'} = 2964 - 1848 = 1116$	$\dfrac{931}{2} = 465.5$	650.5	$x_{E_0} - x_{E''} = 3356 - 2680 = 676$
2	$x_C - x_{C'} = 4606 - 2680 = 1926$	$\dfrac{935}{2} = 467.5$	145.85	$x_{C_0} - x_{C''} = 5024 - 4786 = 238$

从表 4.8 可以看出，各排弯起钢筋弯起点均在该层钢筋充分利用点以外不小于 $h_0/2$ 处，而且各排弯起钢筋与梁中心线的交点均在该层钢筋不需要点以外，符合弯起钢筋的构造要求。

另外，如图 4.17 所示，在梁底两侧有 2Φ32 主筋不弯起，通过支座中心 A，这两根主筋截面积 $A_s = 1609\text{mm}^2$，与主筋 4Φ32 + 4Φ16 总截面积 $A_s = 4021\text{mm}^2$ 之比为 0.4，大于 20%，符合构造要求。

小　结

1. 钢筋混凝土受弯构件斜截面受剪的破坏形态有三种，即斜压破坏、剪压破坏和斜拉破坏。其中斜压和斜拉破坏在工程中不允许出现，应通过限制截面尺寸和控制箍筋的最小配筋率来防止这两种破坏，而对剪压破坏则是通过计算来防止的。《公路桥规》给出的钢筋混凝土梁斜截面抗剪强度计算公式就是以剪压破坏形态的受力特征为基础而建立的。

2. 斜截面抗剪承载力验算位置：

(1) 距支点中心 $h/2$ 处截面；

(2) 受拉区弯起钢筋弯起点处截面；

(3) 锚于受拉区的纵向钢筋开始不受力处的截面；

(4) 箍筋数量或间距改变处的截面；

(5) 构件腹板宽度变化处的截面。

3. 斜截面承载力计算包括斜截面受剪承载力和斜截面受弯承载力两个方面，斜截面受剪承载力是经过计算在梁中配置足够的腹筋来保证的，而斜截面受弯承载力则是通过构造措施来保证的。这些构造措施包括钢筋截断、钢筋弯起和锚固长度等要求。

4. 全梁承载力校核的目的是，使所设计的钢筋混凝土受弯构件沿长度任一截面都要保证在最不利荷载作用下不会出现正截面和斜截面承载力破坏。

5. 抵抗弯矩图是实际配置的钢筋在梁的各正截面所承受的弯矩图。通过抵抗弯矩图可以确定钢筋弯起和截断的位置。抵抗弯矩图必须包住设计弯矩图，抵抗弯矩图与设计图弯矩越贴近，钢筋利用越充分。同一根梁、同一个设计弯矩图可以有不同的纵筋布置方案、不同的抵抗弯矩图。

相关链接

1. 同济大学桥梁工程系 http：//bridge. tongji. edu. cn/bridge.
2. 网易结构 http：//co. 163. com/index _ jg. htm.
3. 叶见曙. 2005. 结构设计原理. 第二版. 北京：人民交通出版社.
4. 赵志蒙. 2007. 结构设计原理计算示例. 北京：人民交通出版社.
5. 黄平，毛瑞祥. 1999. 结构设计原理. 北京：人民交通出版社.

思考与练习

1. 钢筋混凝土梁在荷载作用下为什么会产生斜裂缝？
2. 什么是剪跨比？它对斜截面破坏形态有何影响？
3. 梁的斜截面破坏形式有哪几种？它们分别具有什么破坏特征？
4. 影响梁斜截面承载力的主要因素是什么？
5. 斜截面抗剪承载力计算公式的适用范围是什么？分别具有什么含义？
6. 斜截面抗剪承载力计算时其位置应取哪些部位？
7. 梁的最大剪力如何取值？《公路桥规》中对弯起钢筋的位置有何规定？
8. 梁的斜截面受弯承载力是怎样保证的？
9. 何谓设计弯矩图？何谓抵抗弯矩图？
10. 全梁承载力校核的目的是什么？都包括哪些内容？应该满足哪些构造要求？
11. 纵向钢筋的弯起应满足哪些构造要求？纵向钢筋的截断应满足哪些构造要求？
12. 梁内箍筋的主要构造要求有哪些？
13. 纵向钢筋的接头有哪几种？什么情况下不得采用绑扎接头？
14. 某钢筋混凝土简支 T 形截面梁，截面尺寸 $b=180mm$, $h=1000mm$, $b'_f=1500mm$, $h'_f=110mm$，采用 C25 混凝土，HRB335 钢筋，若跨中 $a_s=70mm$，支点 $a_s=47.25mm$，支点剪力 $V^0_d=310kN$，跨中剪力 $V^{L/2}_d=65kN$，试核算梁的截面尺寸是否符合要求及此梁是否需配置剪力钢筋。

15. 某等高度矩形截面简支梁，截面尺寸 $b=200mm$, $h=600mm$，混凝土为 C30，钢筋为 R235，$A_s=672mm^2$, $a_s=40mm$, $\rho=0.5\%$；支点处剪力组合设计值 $V_d=121kN$，据支点 $h/2$ 处的剪力设计值为 $V_d=110kN$，拟采用双肢箍筋 $\phi8$，结构重要性系数 1.0。假设只配置箍筋抗剪，求该处斜截面处仅配置箍筋的箍筋间距 S_v。

5

钢筋混凝土受弯构件的
应力、裂缝宽度、变形计算

教学目标

1. 掌握换算截面的概念及其运用。
2. 掌握钢筋混凝土受弯构件施工阶段的应力计算方法。
3. 了解钢筋混凝土受弯构件的裂缝类型，掌握钢筋混凝土受弯构件的裂缝宽度的计算方法。
4. 了解钢筋混凝土受弯构件的变形组成，掌握钢筋混凝土受弯构件的变形验算方法。

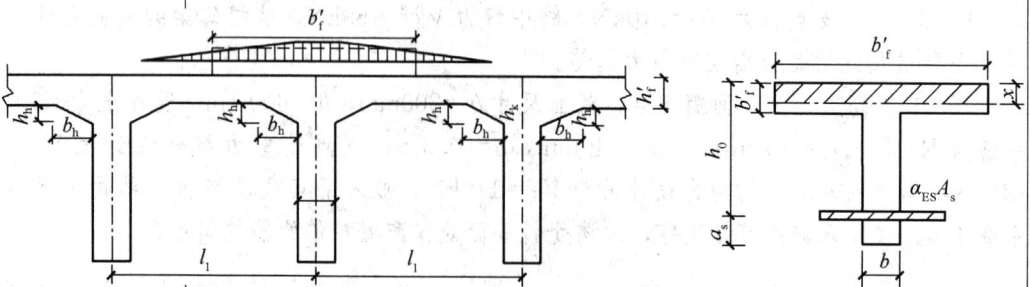

5.1 受弯构件短暂状况的应力计算

前面已经讲述了承载能力和正常使用两种极限状态的概念。从结构的可靠性角度来看，除了应对结构进行持久状况承载能力极限状态的计算，以满足结构安全问题的要求外，还应该按照正常使用极限状态的要求，对构件进行变形和裂缝宽度的验算，以及施工阶段混凝土和钢筋的应力计算，从而满足结构构件的适用性和耐久性。这里首先介绍钢筋混凝土受弯构件短暂状况的应力计算。

5.1.1 换算截面

1. 换算截面的概念

钢筋混凝土受弯构件在施工阶段的应力计算要根据材料力学的方法进行，而材料力学的公式仅适用于匀质弹性材料的计算，对由钢筋和混凝土两种力学性能不同的材料所构成的受弯构件，需要通过换算截面的手段把钢筋混凝土转换成匀质弹性材料，这样就可以借助材料力学的公式进行截面计算。

换算截面即将钢筋和受压区混凝土两种材料组成的实际截面利用等效转换原理换算成一种拉压性能相同的假想材料组成的均质截面，通常是将钢筋截面积换算成假想的受拉混凝土面积，这种将受压区的混凝土面积和受拉区的钢筋换算截面积所组成的截面称为钢筋混凝土受弯构件开裂截面的换算截面，而将受压区混凝土截面积和受拉区的钢筋换算截面积、受拉区混凝土的截面面积所组成的截面称为钢筋混凝土受弯构件的全截面换算截面。开裂截面换算截面一般在施工阶段的应力计算中要用到，全截面换算截面主要用于钢筋混凝土受弯构件的变形验算。

2. 换算截面的基本假定

钢筋混凝土受弯构件的承载能力极限状态是取构件的第Ⅲ阶段——破坏阶段，而正常使用极限状态是取构件的第Ⅱ受力阶段——带裂缝工作阶段，此时弯曲竖向裂缝已经形成并发展，中性轴以下大部分混凝土已经退出工作，由钢筋全部承受拉力，但此时钢筋应力还远小于钢筋的屈服强度，受压区混凝土的压应力图形大致是抛物线图形，受弯构件的荷载-挠度曲线是一条接近于直线的曲线，因此钢筋混凝土受弯构件的第Ⅱ工作阶段又称为开裂后弹性阶段，有如下基本假定：

1) 平截面假定——受弯构件的正截面发生弯曲变形以后仍保持为平面。

2) 弹性体假定——在带裂缝工作阶段，混凝土受压区的应力分布图形呈不丰满的曲线形，近似为直线分布，即受压区混凝土的应力与平均应变成正比例关系。

3) 受拉区的混凝土不承受拉力，拉应力全部由受拉钢筋来承担。

3. 换算截面的等效转换原理

在钢筋混凝土结构中，通常是将钢筋截面 A_s 用等效的假想具有抗拉性能的混凝土截面 A_t 来代替。设钢筋的应力为 σ_s，应变为 ε_s，钢筋承受的总拉力为 $\sigma_s A_s$；设等效的假想混凝土的应力为 σ_t，应变为 ε_t，等效的假想混凝土承受的总拉力为 $\sigma_t A_t$。根据变形协调条件，钢筋与粘结在一起等效的假想混凝土具有相同的应变，即 $\varepsilon_t = \varepsilon_s$。

所谓等效换算，就是必须保持换算前后钢筋所承受的总拉力的大小和作用点位置不变，这样即有下列关系，即

$$\sigma_s A_s = \sigma_t A_t \tag{5.1}$$

$$\varepsilon_t = \varepsilon_s \tag{5.2}$$

若将应力改为应变表达形式 $\varepsilon_s = \dfrac{\sigma_s}{E_s}$、$\varepsilon_t = \dfrac{\sigma_t}{E_c}$ 代入上式，则可求等效的假想混凝土截面面积 A_t 为

$$A_t = \frac{\sigma_s}{\sigma_t} A_s = \frac{E_s}{E_c} A_s = \alpha_{ES} A_s \tag{5.3}$$

式中，E_s——普通钢筋的弹性模量；

E_c——混凝土的弹性模量；

α_{ES}——钢筋的弹性模量与混凝土的弹性模量比；

ε_t——等效混凝土块的应变；

ε_s——钢筋的应变；

σ_s，A_s——钢筋的应力及截面面积；

σ_t，A_t——等效混凝土块的应力及面积。

公式（5.3）的物理意义是，截面面积为 A_s 的钢筋可用位于钢筋截面重心处、截面面积为 $\alpha_{ES} A_s$ 的假想能抗拉的混凝土面积来代替。换句话说，只要我们将钢筋用位于其截面重心处的截面面积为 α_{ES} 倍钢筋截面面积，代替为能抗拉的混凝土面积，整个截面就换算为单一弹性模量的混凝土截面。

4. 换算截面的几何特征表达式

（1）单筋矩形截面

1）开裂截面换算截面的几何特征表达式。

换算截面面积 A_{cr}：

$$A_{cr} = b x_{cr} + \alpha_{ES} A_s \tag{5.4}$$

换算截面对中性轴的静矩 S_{cr}：

受压区

$$S_{cra} = \frac{1}{2} b x_{cr}^2 \tag{5.5}$$

受拉区

$$S_{crl} = \alpha_{ES} A_s (h_0 - x_{cr}) \tag{5.6}$$

换算截面对混凝土受压区上边缘的静矩

$$S'_{cra} = \frac{1}{2} b x_{cr}^2 + \alpha_{ES} A_s h_0 \tag{5.7}$$

换算截面惯性矩 I_{cr}：

$$I_{cr} = \frac{1}{3} b x_{cr}^3 + \alpha_{ES} A_s (h_0 - x_{cr})^2 \tag{5.8}$$

换算截面受压区高度 x_{cr}：由受压区中性轴的静矩与受拉区中性轴的静矩之代数和等于零，即 $S_{cra} - S_{crl} = 0$，或者可以按照静矩的定义即 $x_{cr} = \dfrac{S'_{cra}}{A_{cr}}$ 求得。

$$x_{cr} = \frac{\alpha_{ES} A_s}{b} \left\{ \sqrt{1 + \frac{2bh_0}{\alpha_{ES} A_s}} - 1 \right\} \tag{5.9}$$

换算截面的抵抗矩 W_{cr}：

对混凝土受压区边缘

$$W_{cra} = \frac{I_{cr}}{x_{cr}} \tag{5.10}$$

对受拉钢筋重心处

$$W_{crl} = \frac{I_{cr}}{h_0 - x_{cr}} \tag{5.11}$$

2）全截面换算截面的几何特征表达式。

全截面换算截面面积 A_0：

$$A_0 = bh + (\alpha_{ES} - 1) A_s \tag{5.12}$$

全截面换算截面对中性轴的静矩 S_0：

受压区

$$S_{0a} = \frac{1}{2} b x_0^2 \tag{5.13}$$

受拉区

$$S_{0l} = \frac{1}{2} b(h - x_0)^2 + (\alpha_{ES} - 1) A_s (h_0 - x_0) \tag{5.14}$$

全截面换算截面对混凝土受压区上边缘的静矩

$$S'_{0a} = \frac{1}{2} bh^2 + (\alpha_{ES} - 1) A_s h_0 \tag{5.15}$$

全截面换算截面惯性矩

$$I_0 = \frac{1}{12} bh^3 + (\alpha_{ES} - 1) A_s (h_0 - x_0)^2 + bh \left(\frac{h}{2} - x_0 \right)^2 \tag{5.16}$$

全截面换算截面的受压区高度

$$x_0 = \frac{S'_{0a}}{A_0} \tag{5.17}$$

换算截面的抵抗矩 W_0：

对混凝土受压区边缘

$$W_{0a} = \frac{I_0}{x_0} \tag{5.18}$$

对受拉钢筋重心处

$$W_{0l} = \frac{I_0}{h_0 - x_0} \tag{5.19}$$

（2）双筋矩形截面

双筋矩形截面与单筋矩形截面的不同之处，仅仅是受压区配置了受压钢筋，截面变换的方法是将受拉钢筋的截面 A_s 和受压钢筋的截面 A'_s 分别用两个假想的混凝土块代替，形成换算截面。双筋矩形截面换算截面几何特征的表达式在单筋矩形截面的基础上计入受压钢筋换算截面 $\alpha_{ES}A'_s$ 即可。

（3）单筋 T 形截面

单筋 T 形截面开裂状态下截面换算图式如图 5.1 所示。

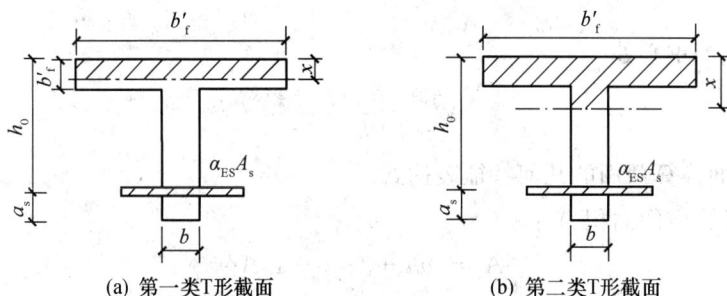

(a) 第一类T形截面   (b) 第二类T形截面

图 5.1　开裂状态下 T 形截面换算图式

1）第一类 T 形截面——$x \leqslant h'_f$，按 $b'_f \times h$ 得单筋矩形截面计算。

第一类 T 形截面开裂截面换算截面的几何特征表达式，只要将单筋矩形开裂截面换算截面的几何特征表达式式（5.4）～式（5.11）中的 b 换成 b'_f 即可。

全截面换算截面的几何特征表达式如下。

换算截面面积

$$A_0 = bh + (b'_f - b)h'_f + (\alpha_{ES} - 1)A_s \tag{5.20}$$

换算截面静矩 S_0：

受压区

$$S_{0a} = \frac{1}{2}b'_f x_0^2 \tag{5.21}$$

受拉区

$$S_{01} = \frac{1}{2}b(h-x_0)^2 + \frac{1}{2}(b'_f-b)(h'_f-x_0)^2 + (\alpha_{ES}-1)A_s(h_0-x_0)^2 \quad (5.22)$$

换算截面对混凝土受压区上边缘的静矩

$$S'_{0a} = \frac{1}{2}bh^2 + \frac{1}{2}(b'_f-b)h'^2_f + (\alpha_{ES}-1)A_sh_0 \quad (5.23)$$

换算截面惯性矩

$$I_0 = \frac{1}{12}bh^3 + bh(\frac{h}{2}-x_0)^2 + \frac{(b'_f-b)h'^3_f}{12}$$
$$+ (b'_f-b)h'_f(\frac{h'_f}{2}-x_0)^2 + (\alpha_{ES}-1)A_s(h_0-x_0)^2 \quad (5.24)$$

换算截面的受压区高度

$$x_0 = \frac{S'_{0a}}{A_0} \quad (5.25)$$

换算截面的抵抗矩 W_0：

对混凝土受压区边缘

$$W_{0a} = \frac{I_0}{x_0} \quad (5.26)$$

对受拉钢筋重心处

$$W_{01} = \frac{I_0}{h_0-x_0} \quad (5.27)$$

2）第二类 T 形截面——$x > h'_f$，按单筋 T 形截面计算。

① 开裂截面换算截面的几何特征表达式。

换算截面面积

$$A_{cr} = bx_{cr} + (b'_f-b)h'_f + \alpha_{ES}A_s \quad (5.28)$$

换算截面静矩 S_{cr}：

受压区

$$S_{cra} = \frac{1}{2}bx^2_{cr} + (b'_f-b)h'_f(x_{cr}-\frac{h'_f}{2}) \quad (5.29)$$

受拉区

$$S_{crl} = \alpha_{ES}A_s(h_0-x_{cr}) \quad (5.30)$$

换算截面对混凝土受压区上边缘的静矩

$$S'_{cra} = \frac{1}{2}bx^2_{cr} + \frac{1}{2}(b'_f-b)h'^2_f + \alpha_{ES}A_sh_0 \quad (5.31)$$

换算截面惯性矩

$$I_{cr} = \frac{1}{3}b'_fx^3_{cr} - \frac{1}{3}(b'_f-b)(x_{cr}-h'_f)^3 + \alpha_{ES}A_s(h_0-x_{cr})^2 \quad (5.32)$$

换算截面受压区高度

$$x_{cr} = \frac{S'_{cra}}{A_{cr}}$$

$$= \sqrt{\left(\frac{\alpha_{ES}A_s + (b'_f - b)h'_f}{b}\right)^2 + \frac{2\alpha_{ES}A_s h_0 + (b'_f - b)h'^2_f}{b}} - \frac{\alpha_{ES}A_s + (b'_f - b)h'_f}{b}$$

可简化为

$$x_{cr} = \sqrt{A^2 + B} - A \tag{5.33}$$

其中

$$A = \frac{\alpha_{ES}A_s + (b'_f - b)h'_f}{b} \tag{5.34}$$

$$B = \frac{2\alpha_{ES}A_s h_0 + (b'_f - b)h'^2_f}{b} \tag{5.35}$$

换算截面的抵抗矩 W_{cr}：

对混凝土受压区边缘

$$W_{cra} = \frac{I_{cr}}{x_{cr}} \tag{5.36}$$

对受拉钢筋重心处

$$W_{crl} = \frac{I_{cr}}{h_0 - x_{cr}} \tag{5.37}$$

② 全截面换算截面的几何特征表达式。

换算截面面积

$$A_0 = bh + (b'_f - b)h'_f + (\alpha_{ES} - 1)A_s \tag{5.38}$$

换算截面的静矩 S_0：

受压区

$$S_{0a} = \frac{1}{2}bx_0^2 + (b'_f - b)h'_f\left(x_0 - \frac{h'_f}{2}\right) \tag{5.39}$$

受拉区

$$S_{0l} = \frac{1}{2}b(h - x_0)^2 + (\alpha_{ES} - 1)A_s(h_0 - x_0) \tag{5.40}$$

换算截面对混凝土受压区上边缘的静矩

$$S'_{0a} = \frac{1}{2}bh^2 + \frac{1}{2}(b'_f - b)h'^2_f + (\alpha_{ES} - 1)A_s h_0 \tag{5.41}$$

换算截面惯性矩

$$I_0 = \frac{1}{12}bh^3 + bh\left(\frac{h}{2} - x_0\right)^2 + \frac{(b'_f - b)h'^3_f}{12}$$

$$+ (b'_f - b)h'_f\left(x_0 - \frac{h'_f}{2}\right)^2 + (\alpha_{ES} - 1)A_s(h_0 - x_0)^2 \tag{5.42}$$

换算截面的受压区高度

$$x_0 = \frac{S'_{0a}}{A_0} \tag{5.43}$$

换算截面的抵抗矩 W_0：

对混凝土受压区边缘

$$W_{0a} = \frac{I_0}{x_0} \tag{5.44}$$

对受拉钢筋重心处

$$W_{0l} = \frac{I_0}{h_0 - x_0} \tag{5.45}$$

【例 5.1】 已知钢筋混凝土单筋矩形截面梁，截面尺寸 $h=1500\text{mm}$，$b=600\text{mm}$，采用 C30 混凝土，$E_c=3.0\times10^4\text{MPa}$，HRB335 钢筋（8$\Phi$28），外径为 31.6mm，$A_s=4926\text{mm}^2$，$E_s=2.0\times10^5\text{MPa}$，求开裂截面换算截面的几何特性。

【解】 1）$\alpha_{ES} = \dfrac{E_s}{E_c} = \dfrac{2.0\times10^5}{3.0\times10^4} = 6.67$。

2）计算钢筋间距：按单排布置，其钢筋间距

$$S_n = (600 - 2\times30 - 8\times31.6)/7 = 41\text{mm} > 30\text{mm}$$

符合构造要求。

3）计算钢筋重心的保护层厚度。

$$a_s = 30 + \frac{31.6}{2} = 30 + 15.8 = 45.8\text{mm}, \text{取} 46\text{mm}$$

$$h_0 = h - a_s = 1500 - 46 = 1454\text{mm}$$

4）计算混凝土受压区高度。

$$x_{cr} = \frac{\alpha_{ES}A_s}{b}\left(\sqrt{1 + \frac{2bh_0}{\alpha_{ES}A_s}} - 1\right)$$

$$= \frac{6.67\times4926}{600}\times\left(\sqrt{1 + \frac{2\times600\times1454}{6.67\times4926}} - 1\right) = 348\text{mm}$$

5）计算开裂截面换算截面面积。

$$A_{cr} = bx_0 + \alpha_{ES}A_s = 600\times348 + 6.67\times4926 = 241\ 656\text{mm}^2$$

6）计算开裂截面换算截面惯性矩。

$$I_{cr} = \frac{1}{3}bx_{cr}^3 + \alpha_{ES}A_s(h_0 - x_{cr})^2$$

$$= \frac{600\times348^3}{3} + 6.67\times4926\times(1454-348)^2 = 4.87\times10^{10}\text{mm}^4$$

7）计算开裂截面换算截面抵抗矩。

对混凝土受压区边缘

$$W_{cra} = \frac{I_{cr}}{x_{cr}} = \frac{4.87\times10^{10}}{348} = 1.40\times10^8\text{mm}^3$$

对受拉钢筋重心处

$$W_{crl} = \frac{I_{cr}}{h_0 - x_{cr}} = \frac{4.87 \times 10^{10}}{1454 - 348} = 4.40 \times 10^7 \, \text{mm}^3$$

【例5.2】 已知钢筋混凝土装配式简支 T 形梁，计算跨径 $L = 19.5\text{m}$，相邻两主梁轴间距 $S = 2400\text{mm}$，截面尺寸 $h = 1200\text{mm}$，$b = 200\text{mm}$，$b'_f = 1520\text{mm}$，$h'_f = 110\text{mm}$，采用 C30 混凝土，$f_{cd} = 13.8\text{MPa}$，$f'_{ck} = 20.1\text{MPa}$，$E_c = 3.0 \times 10^4\text{MPa}$，HRB335 钢筋（$8 \Phi 28 + 8 \Phi 18$），外径分别为 31.6mm、20.5mm，$A_s = A_{s1} + A_{s2} = 4926 + 2036 = 6962\text{mm}^2$，$E_s = 2.0 \times 10^5\text{MPa}$，$f_{sd} = 280\text{MPa}$，$f_{sk} = 335\text{MPa}$，求 T 形截面换算截面的几何特性。

【解】 1) $\alpha_{ES} = \frac{E_s}{E_c} = \frac{2.0 \times 10^5}{3.0 \times 10^4} = 6.67$。

2) 计算钢筋间距：按两列入层焊接钢筋骨架布置，其钢筋间距

$$S_n = 200 - 2 \times 31.6 - 2 \times 35 = 66.8\text{mm} > 1.25d = 39.5\text{mm}$$

且大于 40mm，符合构造要求。

3) 计算钢筋重心的保护层厚度。

$$a_s = \frac{4926 \times (35 + 2 \times 31.6) + 2036 \times (35 + 4 \times 31.6 + 20.5 \times 2)}{4926 + 2036} = 128\text{mm}$$

$$h_0 = h - a_s = 1200 - 128 = 1072\text{mm}$$

4) 计算换算截面混凝土受压区高度。

① 开裂截面换算截面的受压区高度。假定为第一种 T 形截面，根据 $S_{cra} = S_{crl}$，有

$$\frac{1}{2} b'_f x_{cr}^2 = \alpha_{ES} A_s (h_0 - x_{cr})$$

$$\frac{1520 x_{cr}^2}{2} = 6.67 \times 6962 \times (1072 - x_{cr})$$

得

$$x_{cr} = 227.8 \approx 228\text{mm} > h'_f = 110\text{mm}$$

故为第二种 T 形截面。

由第二种 T 形截面公式重新计算混凝土的受压区高度。

$$A = \frac{\alpha_{ES} A_s + (b'_f - b)h'_f}{b} = \frac{6.67 \times 6962 + (1520 - 200) \times 110}{200} = 958.18$$

$$B = \frac{2\alpha_{ES} A_s h_0 + (b'_f - b)h'^2_f}{b} = \frac{2 \times 6.67 \times 6962 \times 1072 + (1520 - 200) \times 110^2}{200}$$

$$= 577\,659.7$$

$$x_{cr} = \sqrt{A^2 + B} - A = \sqrt{958.18^2 + 577\,659.7} - 958.18$$

$$= 265.8\text{mm} > h'_f = 110\text{mm}$$

确定为第二种 T 形截面。

② 全截面换算截面的受压区高度。

$$x_0 = \frac{S'_{0a}}{A_0} = \frac{\frac{bh^2}{2} + \frac{(b'_f - b)(h'_f)^2}{2} + (\alpha_{ES} - 1)A_s h_0}{bh + (b'_f - b)h'_f + (\alpha_{ES} - 1)A_s}$$

$$= \frac{\frac{200 \times 1200^2}{2} + \frac{(1520 - 200) \times 110^2}{2} + (6.67 - 1) \times 6962 \times 1072}{200 \times 1200 + (1520 - 200) \times 110 + (6.67 - 1) \times 6962}$$

$$= 458\text{mm}$$

注意：开裂截面和全截面换算截面的混凝土受压区高度是完全没有联系、不一样的，有的同学会把两者混用，特别注意。

5）计算换算截面面积。

① 开裂截面换算截面面积。

$$A_{cr} = bx_{cr} + (b'_f - b)h'_f + \alpha_{ES}A_s$$

$$= 200 \times 265.8 + (1520 - 200) \times 110 + 6.67 \times 6962$$

$$= 244\ 796.54\text{mm}^2$$

② 全截面换算截面面积。

$$A_0 = bh + (b'_f - b)h'_f + (\alpha_{ES} - 1)A_s$$

$$= 200 \times 1200 + (1520 - 200) \times 110 + (6.67 - 1) \times 6962$$

$$= 424\ 674.54\text{mm}^2$$

6）计算换算截面静矩。

① 开裂截面换算截面的静矩。

受压区：

$$S_{cra} = \frac{1}{2}bx_{cr}^2 + (b'_f - b)h'_f\left(x_{cr} - \frac{h'_f}{2}\right)$$

$$= \frac{200 \times 265.8^2}{2} + (1520 - 200) \times 110 \times \left(265.8 - \frac{110}{2}\right) = 37\ 673\ 124\text{mm}^3$$

受拉区：

$$S_{crl} = \alpha_{ES}A_s(h_0 - x_{cr})$$

$$= 6.67 \times 6962 \times (1072 - 265.8) = 37\ 437\ 138\text{mm}^3$$

换算截面对混凝土受压区上边缘的静矩

$$S'_{cra} = \frac{1}{2}bx_{cr}^2 + \frac{1}{2}(b_f' - b)h_f'^2 + \alpha_{ES}A_s h_0$$

$$= \frac{200 \times 265.8^2}{2} + (1520 - 200) \times \frac{110^2}{2} + 6.67 \times 6962 \times 1072$$

$$= 64\ 830\ 934\text{mm}^3$$

② 全截面换算截面的静矩 S_0。

受压区：

$$S_{0a} = \frac{1}{2}bx_0^2 + (b'_f - b)\ h'_f\ \left(x_0 - \frac{h'_f}{2}\right)$$

$$= \frac{200 \times 458^2}{2} + (1520-200) \times 110 \times (458 - \frac{110}{2}) = 79\,492\,000 \text{mm}^3$$

受拉区：

$$S_{01} = \frac{1}{2}b(h-x_0)^2 + (\alpha_{ES}-1)A_s(h_0-x_0)$$

$$= \frac{200 \times (1200-458)^2}{2} + (6.67-1) \times 6962 \times (1072-458)$$

$$= 79\,293\,767 \text{mm}^3$$

换算截面对混凝土受压区上边缘的静矩

$$S'_{0a} = \frac{1}{2}bh^2 + \frac{1}{2}(b_f'-b)h_f'^2 + (\alpha_{ES}-1)A_s h_0$$

$$= \frac{200 \times 1200^2}{2} + \frac{(1520-200)110^2}{2} + (6.67-1) \times 6962 \times 1072$$

$$= 194\,302\,706 \text{mm}^3$$

7）计算开裂截面换算截面惯性矩。

① 开裂截面换算截面惯性矩 I_{cr}。

$$I_{cr} = \frac{1}{3}b_f' x_{cr}^3 - \frac{1}{3}(b_f'-b)(x_{cr}-h_f')^3 + \alpha_{ES}A_s(h_0-x_{cr})^2$$

$$= \frac{1520 \times 265.8^3}{3} - \frac{(1520-200) \times (265.8-110)^3}{3} + 6.67 \times 6962 \times (1072-265.8)^2$$

$$= 3.8 \times 10^{10} \text{mm}^4$$

② 全截面换算截面惯性矩 I_0。

$$I_0 = \frac{1}{12}bh^3 + bh(\frac{h}{2}-x_0)^2 + \frac{(b_f'-b)h_f'^3}{12} + (b_f'-b)h_f'(x_0-\frac{h_f'}{2})^2$$

$$\quad + (\alpha_{ES}-1)A_s(h_0-x_0)^2$$

$$= \frac{200 \times 1200^3}{3} + 200 \times 1200 \times (\frac{1200}{2}-458)^2 + \frac{(1520-200) \times 110^3}{12}$$

$$\quad + (1520-200) \times 110 \times (458-\frac{110}{2})^2 + (6.67-1) \times 6962 \times (1072-458)^2$$

$$= 15.86 \times 10^{10} \text{mm}^4$$

8）计算换算截面抵抗矩。

① 开裂截面换算截面的抵抗矩。

对混凝土受压区边缘：

$$W_{cra} = \frac{I_{cr}}{x_{cr}} = \frac{3.8 \times 10^{10}}{265.8} = 1.43 \times 10^8 \text{mm}^3$$

对受拉钢筋重心处：

$$W_{crl} = \frac{I_{cr}}{h_0-x_{cr}} = \frac{3.8 \times 10^{10}}{1072-265.8} = 4.71 \times 10^7 \text{mm}^3$$

② 全截面换算截面的抵抗矩。

对混凝土受压区边缘：

$$W_{0a} = \frac{I_0}{x_0} = \frac{15.86 \times 10^{10}}{458} = 34.63 \times 10^7 \, \text{mm}^3$$

对受拉钢筋重心处：

$$W_{0l} = \frac{I_0}{h_0 - x_0} = \frac{15.86 \times 10^{10}}{1072 - 458} = 25.83 \times 10^7 \, \text{mm}^3$$

5.1.2　受弯构件在施工阶段的应力计算

对于钢筋混凝土受弯构件，《公路桥规》要求进行施工阶段的应力计算。特别是在运输、安装过程中，梁的支承条件、受力图式都会变化，像简支梁的吊装，吊点的位置并不在梁设计的支座截面，当吊点位置距梁端较远时，将会在吊点截面处产生较大的负弯矩，所以应该根据受弯构件在施工中的实际受力体系进行应力计算。

《公路桥规》规定，构件在吊装、运输时，构件重力应乘以动力系数 1.2 或 0.85，并可视构件具体情况作适当增减。

钢筋混凝土受弯构件施工阶段的应力计算按照第 Ⅱ 工作阶段进行，利用《材料力学》的方法进行计算。

1. 正截面应力计算公式

《公路桥规》规定，钢筋混凝土受弯构件按短暂状况设计，正截面应力按下列公式进行计算，并符合下列规定：

1）受压区混凝土边缘的压应力

$$\sigma_{cc}^t = \frac{M_k^t x_{cr}}{I_{cr}} \leqslant 0.80 f_{ck}' \tag{5.46}$$

2）受拉区受拉钢筋的应力

$$\sigma_{si}^t = \alpha_{ES} \frac{M_k^t (h_{0i} - x_{cr})}{I_{cr}} \leqslant 0.75 f_{sk} \tag{5.47}$$

式中，M_k^t——由临时的施工荷载标准值产生的弯矩值；

x_{cr}——开裂截面换算截面的受压区高度；

I_{cr}——开裂截面换算截面的惯性矩；

σ_{si}^t——按短暂状况计算时受拉区第 i 层钢筋的应力；

h_{0i}——受压区边缘至受拉区第 i 层钢筋截面重心的距离；

f_{ck}'——施工阶段混凝土的抗压强度标准值；

f_{sk}——普通钢筋抗拉强度标准值。

注意：对于多层焊接骨架配筋的构件，应验算最外排钢筋的应力；若内排钢筋与外排钢筋强度不一样时，要分别进行计算。

2. 斜截面应力计算公式

（1）钢筋混凝土受弯构件中性轴处的主拉应力（剪应力）σ_{tp}^t

$$\sigma_{tp}^t = \frac{V_k^t}{bz_0} \leqslant f'_{tk} \tag{5.48}$$

式中，V_k^t——由施工荷载标准值产生的剪力；

　　　　z_0——受压区混凝土合力点至受拉钢筋合力点的距离（内力臂），通常在初步计

　　　　算时可近似取下列数值，单筋矩形梁 $z_0 = \frac{7}{8}h_0$，双筋矩形梁 $z_0 = 0.9h_0$，

　　　　T 形截面梁 $z_0 = 0.92h_0$ 或 $z_0 = h_0 - \frac{h'_f}{2}$；

　　　　f'_{tk}——施工阶段混凝土轴心抗拉强度标准值。

（2）钢筋混凝土受弯构件箍筋和弯起钢筋（斜筋）的布置

1）当钢筋混凝土受弯构件中性轴处的主拉应力满足下列条件时，该区段的主拉应力可全部由混凝土承担，此时抗剪钢筋仅按构造要求配置即可（图 5.2）。

$$\sigma_{tp}^t \leqslant 0.25f'_{tk} \tag{5.49}$$

2）中性轴处的主拉应力不符合上式的区段，则主拉应力（剪应力）全部由箍筋和弯起钢筋（斜筋）承担，箍筋和弯起钢筋（斜筋）可按剪应力图形分配进行设置，并按下列公式计算。

箍筋：

$$\tau_v^t = \frac{nA_{sv1}[\sigma_{sv}^t]}{bS_v} \tag{5.50}$$

$$A_{sv} \geqslant nA_{sv1} = \frac{\tau_v^t bS_v}{[\sigma_{sv}^t]} \tag{5.51}$$

弯起钢筋（斜筋）：

$$A_{sb} \geqslant \frac{b\Omega_b}{\sqrt{2}[\sigma_{sb}^t]} \tag{5.52}$$

式中，τ_v^t——由箍筋承担的主拉应力（剪应力）值；

　　　　$[\sigma_{sv}^t]$——按短暂状况设计时箍筋应力限值，取 $[\sigma_{sv}^t] = 0.75f_{sk,v}$；

　　　　$[\sigma_{sb}^t]$——按短暂状况设计时弯起钢筋（斜筋）的应力限值，取 $[\sigma_{sb}^t] = 0.75f_{sk,b}$；

　　　　Ω_b——相应于由弯起钢筋所承受的剪应力图的面积。

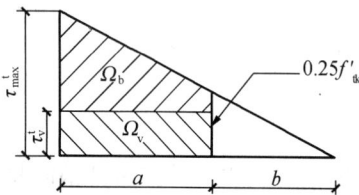

图 5.2　钢筋混凝土受弯构件剪
应力沿梁长方向分布图
a. 箍筋、弯起钢筋承受剪应力的区段；
b. 混凝土承受剪应力的区段

【例 5.3】　　钢筋混凝土装配式简支 T 形梁，由主梁自重和施工荷载标准值产生的弯矩值 $M_k^t = 710$kN·m，其余条件同例 5.2，试验算该梁截面的正应力。

【解】　1）由例 5.2 计算 T 形截面换算截面的几何特性。

$$h_0 = 1072\text{mm}, \quad x_{cr} = 265.8\text{mm}$$
$$I_{cr} = 3.8 \times 10^{10}\text{mm}^4$$

2）受压区混凝土边缘的压应力为

$$\sigma_{cc}^{t} = \frac{M_{k}^{t} x_{cr}}{I_{cr}} = \frac{265.8 \times 710 \times 10^{6}}{3.8 \times 10^{10}} = 4.97\text{MPa} \leqslant 0.8 f_{ck}' = 0.8 \times 20.1 = 16.08\text{MPa}$$

3）受拉钢筋的应力。

① 受拉钢筋重心的应力。

$$\sigma_{s}^{t} = \alpha_{ES} \frac{M_{k}^{t}(h_{0} - x_{cr})}{I_{cr}} = 6.67 \times \frac{710 \times (1072 - 265.8) \times 10^{6}}{3.8 \times 10^{10}} = 100.47\text{MPa}$$

$$\leqslant 0.75 f_{sk} = 0.75 \times 335 = 251.25\text{MPa}$$

② 最外层钢筋的应力。最外层钢筋的有效高度为

$$h_{01} = h - a_{s1} = 1200 - (30 + \frac{31.6}{2}) = 1154.4\text{mm}（保护层厚度按 30mm 计算）$$

$$\sigma_{s1}^{t} = \alpha_{ES} \frac{M_{k}^{t}(h_{01} - x_{cr})}{I_{cr}} = 6.67 \times \frac{710 \times (1154.4 - 265.8) \times 10^{6}}{3.8 \times 10^{10}}$$

$$= 110.74\text{MPa} \leqslant 0.75 f_{sk} = 0.75 \times 335 = 251.25\text{MPa}$$

主梁在施工阶段混凝土的正应力和钢筋的拉应力均小于规范限值，故安全。

从计算结果看出，对于多层焊接骨架配筋（所有钢筋的强度相同）的钢筋混凝土构件，一般只需计算具有代表性的最外排钢筋的应力即可。

5.2 受弯构件持久状况的裂缝宽度计算

《公路桥规》规定：钢筋混凝土受弯构件的持久状况设计应按正常使用极限状态的要求，采用作用的短期作用效应组合、长期效应组合或短期荷载效应组合并考虑长期效应的影响，对构件的裂缝宽度和挠度进行计算，并使各项计算值不超过《公路桥规》的各相应限值。

5.2.1 裂缝产生的原因及其分类

钢筋混凝土受弯构件的裂缝分为正常裂缝和非正常裂缝。

1. 正常裂缝——由荷载效应（弯矩、剪力、扭矩及拉力、压力等）引起的裂缝

正常裂缝的形式有两种：
1）与受力钢筋成一定角度相交的横向裂缝。
2）由局部粘结应力过大引起的沿钢筋长度方向出现的针脚状及劈裂裂缝。

2. 非正常裂缝——由非受力原因引起的裂缝

非正常裂缝的形式有两种：
1）由外加变形或约束变形（地基不均匀沉降、混凝土的收缩、温度差）引起的

裂缝。

2) 钢筋锈蚀引起的沿钢筋长度方向劈裂的纵向裂缝。

过多的裂缝和过大的裂缝宽度会影响结构的外观，造成使用者的情绪不安，影响使用的舒适度和安全性，而且有些裂缝的发展会影响到结构的使用寿命。为了保证钢筋混凝土受弯构件的耐久性和适用性，必须在设计、施工等方面控制裂缝。对于非正常裂缝，应在设计、施工中采取相应的措施；而对于正常裂缝，要进行裂缝宽度的验算。

5.2.2 影响裂缝宽度的因素

1. 受拉钢筋的应力 σ_{ss}

受拉钢筋的应力是影响裂缝宽度的最主要因素，并且二者成线性关系。

2. 受拉钢筋的直径 d

在受拉钢筋配筋率和钢筋应力大致相同的情况下，裂缝宽度随钢筋直径的增大而增大。

3. 受拉钢筋的配筋率 ρ

当钢筋直径相同、钢筋应力大致相同的情况下，裂缝宽度随钢筋配筋率的增加而减小，当达到某一值时，裂缝宽度基本是一个定值，不会发生过大的变化。

4. 混凝土的保护层厚度 c

保护层厚度会影响裂缝间距和裂缝宽度，即保护层越厚，裂缝宽度越大；但从另一方面讲，容许裂缝宽度如规定为使用年限内钢筋不至于锈蚀的宽度，则保护层厚度与钢筋锈蚀密切相关，保护层越厚，钢筋锈蚀的可能性就越小，而且一般构件保护层厚度与截面有效高度之比变异范围不大。所以，在裂缝宽度计算中，暂时不用考虑保护层厚度的影响。

5. 受拉钢筋的外形影响系数 C_1

受拉钢筋的形状对钢筋混凝土间的粘结力影响颇大，而粘结力又会影响到裂缝开展，一般采用带肋钢筋比采用光圆钢筋构件的裂缝宽度要小一些。

6. 荷载作用性质的影响系数 C_2

构件的最大裂缝会随着承受作用时间的延续及作用（荷载）反复作用次数的增加而以逐渐降低的比率增加。

7. 构件形式的影响 C_3

不同受力形式的不同截面的构件的裂缝宽度都是不一样的。

5.2.3 裂缝宽度的计算公式

裂缝宽度的计算方法是以数理统计为基础的经验计算方法，从大量试验资料中分析影响裂缝宽度的各种因素，保留主要因素，舍去次要因素，从而总结出简单适用又有一定可靠性的经验计算公式。《公路桥规》规定：对于矩形、T形、和工字形截面的钢筋混凝土受弯构件，其最大裂缝宽度按下式进行验算，即

$$W_{fk} = C_1 C_2 C_3 \frac{\sigma_{ss}}{E_s}\left(\frac{30+d}{0.28+10\rho}\right) \quad (\text{mm}) \tag{5.53}$$

式中，C_1——钢筋表面形状的系数，对于带肋钢筋 $C_1=1.0$，对于光圆钢筋 $C_1=1.4$；

C_2——作用（或荷载）长期效应影响系数，$C_2=1+0.5\dfrac{S_l}{S_s}$，其中短期效应组合时

$$S_s = S_{Gk} + 0.7 S_{Q1k}/(1+\mu) + S_{Q2k} \tag{5.54}$$

长期效应组合时

$$S_l = S_{Gk} + 0.4[S_{Q1k}/(1+\mu) + S_{Q2k}] \tag{5.55}$$

上两式中，S_{Gk} 为永久作用效应标准值，S_{Q1k} 为车辆荷载效应标准值，S_{Q2k} 为人群荷载效应标准值，$(1+\mu)$ 为车辆的冲击系数；

C_3——与构件的受力性质有关的系数，对于钢筋混凝土板式受弯构件 $C_3=1.15$，钢筋混凝土其他形式受弯构件 $C_3=1.0$，钢筋混凝土偏心受压构件 $C_3=0.9$，钢筋混凝土偏心受拉构件 $C_3=1.1$，钢筋混凝土轴心受拉构件 $C_3=1.2$；

σ_{ss}——开裂截面受拉钢筋的应力，对受弯构件按下式计算，即

$$\sigma_{ss} = \frac{M_s}{0.87 A_s h_0} \tag{5.56}$$

M_s——按作用（荷载）效应组合计算的弯矩值；

E_s——普通钢筋的弹性模量；

d——纵向受拉钢筋直径，当采用不同直径的钢筋时 d 改用换算直径 d_e，$d_e = \dfrac{\sum n_i d_i^2}{\sum n_i d_i}$，对钢筋混凝土构件 n_i 为受拉区第 i 种普通钢筋的根数，d_i 为受拉区第 i 种普通钢筋的公称直径，当采用焊接钢筋骨架时 d 或者 d_e 应乘以 1.3 的系数；

ρ——纵向受拉钢筋配筋率，对矩形及 T 形截面 $\rho=\dfrac{A_s}{bh_0}$，带有受拉翼缘的 T 形截

面 $\rho=\dfrac{A_s}{bh_0+(b_f-b)h_f}$，当 $\rho>0.02$ 时取 $\rho=0.02$，当 $\rho<0.006$ 时取 $\rho=0.006$，其中 b_f 为构件受拉翼缘宽度，h_f 为构件受拉翼缘厚度。

5.2.4 裂缝宽度限值

《公路桥规》规定：对于钢筋混凝土构件，其计算的最大裂缝宽度不应超过下列规定的限值：Ⅰ类和Ⅱ类环境，0.2mm；Ⅲ类和Ⅳ类环境，0.15mm。

【例5.4】 已知钢筋混凝土装配式简支T形梁，使用阶段跨中截面承受恒载标准值产生的弯矩值 $M_{Gk}=816$kN·m，汽车荷载标准值产生的弯矩值 $M_{Q1k}=710$kN·m，冲击系数 $1+\mu=1.19$，人群荷载标准值产生的弯矩值 $M_{Q2k}=95.5$kN·m，Ⅱ类环境条件，其余条件同例5.2，试验算该T形梁跨中截面的裂缝宽度。

【解】 计算持久状况正常使用状态的裂缝宽度，采用荷载短期效应组合并考虑长期效应的影响。

1) 计算荷载效应组合设计值。

① 荷载短期效应组合：

$$M_s=M_{Gk}+0.7M_{Q1k}/(1+\mu)+M_{Q2k}$$
$$=816+0.7\times710/1.19+95.5=1329.15\text{kN·m}$$

② 荷载长期效应组合：

$$M_l=M_{Gk}+0.4[M_{Q1k}/(1+\mu)+M_{Q2k}]$$
$$=816+0.4\times[710/1.19+95.5]=1092.86\text{kN·m}$$

2) 计算简支T形梁跨中截面裂缝宽度。

① 相关数据的计算。钢筋表面形状系数：HRB335螺纹（带肋）钢筋，$C_1=1.0$。

荷载长期效应影响系数：$C_2=1+0.5\dfrac{S_l}{S_s}=1+0.5\times\dfrac{1092.86}{1329.15}=1.411$。

与构件的受力性质有关的系数：T形截面受弯构件，$C_3=1.0$。

采用焊接钢筋骨架，纵向受拉钢筋的直径

$$d_e=1.3\frac{\sum n_id_i^2}{\sum n_id_i}=1.3\times\frac{8\times28^2+8\times18^2}{8\times28+8\times18}=31.31\text{mm}$$

纵向受拉钢筋的应力

$$\sigma_{ss}=\frac{M_s}{0.87A_sh_0}=\frac{1329.15\times10^6}{0.87\times6962\times1072}=204\text{MPa}$$

截面配筋率

$$\rho=\frac{A_s}{bh_0}=\frac{6962}{200\times1072}=0.032>0.02$$

故 ρ 取0.02。

② 裂缝宽度计算。将上列数据代入公式，得

$$W_{\text{fk}} = C_1 C_2 C_3 \frac{\sigma_{\text{ss}}}{E_{\text{s}}} \left(\frac{30+d}{0.28+10\rho}\right) = 1.0 \times 1.411 \times 1.0 \times \frac{204}{2 \times 10^5} \times \left(\frac{30+31.31}{0.28+10 \times 0.02}\right)$$

$$= 0.1838\text{mm} < 0.2\text{mm}$$

满足规范要求。

5.3　受弯构件持久状况的变形计算

钢筋混凝土受弯构件在使用荷载作用下将产生挠曲变形，变形过大将影响结构的正常使用，为了确保桥梁的正常使用，应使受弯构件的弯曲变形控制在规范规定的容许限值以内，即进行刚度计算。《公路桥规》规定：钢筋混凝土受弯构件在正常使用极限状态下的变形可根据给定的构件刚度用结构力学的方法进行计算。

《材料力学》中已给出普通匀质弹性梁在承受不同作用时的变形（挠度）计算公式：

1）均布荷载作用下，简支梁的最大挠度为

$$f = \frac{5ML^2}{48EI} \text{ 或 } f = \frac{5qL^4}{384EI} \tag{5.57}$$

2）当集中荷载作用在简支梁跨中时梁的最大挠度为

$$f = \frac{ML^2}{12EI} \text{ 或 } f = \frac{PL^3}{48EI} \tag{5.58}$$

EI 值反映了梁的抵抗弯曲变形的能力，称为受弯构件的抗弯刚度，它只适用于匀质弹性材料的挠度计算。由于钢筋混凝土是由钢筋和混凝土两种不同性质的材料所组成的整体，而且在承受作用产生裂缝时受拉区处于非弹性受力阶段，钢筋混凝土受弯构件的挠度计算公式中不能直接引用此刚度 EI，下面专门介绍钢筋混凝土受弯构件的刚度计算。

5.3.1　钢筋混凝土受弯构件的刚度计算

《公路桥规》规定：钢筋混凝土受弯构件的刚度按下式计算，即

$$B = \frac{B_0}{\left(\frac{M_{\text{cr}}}{M_{\text{s}}}\right)^2 + \left(1 - \left(\frac{M_{\text{cr}}}{M_{\text{s}}}\right)^2\right)\frac{B_0}{B_{\text{cr}}}} \tag{5.59}$$

式中，B_0——全截面换算截面抗弯刚度，$B_0 = 0.95 E_{\text{c}} I_0$；

E_{c}——混凝土的弹性模量；

I_0——全截面换算截面的惯性矩；

B_{cr}——开裂截面换算截面抗弯刚度，$B_{\text{cr}} = E_{\text{c}} I_{\text{cr}}$；

I_{cr}——开裂截面换算截面的惯性矩；

M_{cr}——受弯构件的开裂弯矩，$M_{cr}=\gamma f_{tk}W_0$；

γ——构件受拉区混凝土塑性影响系数，$\gamma=\dfrac{2S_0}{W_0}$；

S_0——全截面换算截面重心轴以上（或以下）部分面积对换算截面重心轴的静矩；

f_{tk}——混凝土轴心抗拉强度标准值；

W_0——全截面换算截面面积对受拉边缘的弹性抵抗矩；

M_s——按作用（或荷载）短期效应组合计算的弯矩值。

5.3.2　钢筋混凝土受弯构件的挠度计算

1. 受弯构件在使用阶段按短期效应组合的挠度计算公式

1）在均布荷载作用下，简支梁的最大挠度为

$$f_s=\frac{5M_sL^2}{48B} \text{ 或 } f=\frac{5qL^4}{384B} \tag{5.60}$$

2）当集中荷载作用在简支梁跨中时梁的最大挠度为

$$f_s=\frac{M_sL^2}{12B} \text{ 或 } f=\frac{PL^3}{48B} \tag{5.61}$$

2. 受弯构件在使用阶段按短期效应组合并考虑长期效应影响的挠度

《公路桥规》规定，钢筋混凝土受弯构件的挠度要考虑作用长期效应的影响，即随着时间的增长，构件的刚度要降低，挠度会增大，所以引入了挠度长期增长系数 η_θ，可按下列规定取值：当采用 C40 以下混凝土时，$\eta_\theta=1.60$；当采用 C40～C80 混凝土时，$\eta_\theta=1.45\sim1.35$；中间强度等级可按直线内插取用。

受弯构件在使用阶段的长期挠度的公式为

$$f_1=\eta_\theta f_s \tag{5.62}$$

《公路桥规》规定，钢筋混凝土受弯构件的长期挠度计算值在消除结构自重产生的长期挠度后不应超过下列规定的限值：

梁式桥主梁的最大挠度限值——$L/600$；

梁式桥主梁的悬臂端挠度限值——$L_c/300$。

其中，L 为受弯构件的计算跨径；L_c 为悬臂长度。

5.3.3　预拱度的设置

受弯构件在使用阶段变形（挠度）由永久作用产生的挠度和基本可变作用产生的

挠度组成。永久作用产生的挠度可以认为是在长期荷载作用下所引起的构件变形，它可以通过在施工中设置预拱度的办法来消除，而基本可变作用产生的挠度则需要通过验算来分析是否符合要求。

1. 预拱度概念

为抵消钢筋混凝土受弯构件在永久作用下产生的挠度，而在施工或制造时所预留的与位移方向相反的校正量称为预拱度，来保证桥梁竣工后尺寸的准确性。

2. 预拱度的设置

1）当作用短期效应组合并考虑长期效应影响产生的长期挠度不超过计算跨径的1/1600时，可以不设置预拱度。

2）当不符合上述规定时应设置预拱度，且其值应按结构自重产生的长期挠度和1/2可变作用频遇值计算的长期挠度值之和采用。汽车荷载频遇值为汽车荷载标准值的0.7倍，人群荷载频遇值为其标准值。

【例5.5】　已知钢筋混凝土装配式简支T形梁，使用阶段跨中截面承受恒载标准值产生的弯矩值 $M_{Gk}=816kN\cdot m$，汽车荷载标准值产生的弯矩值 $M_{Q1k}=710kN\cdot m$，冲击系数 $1+\mu=1.19$，人群荷载标准值产生的弯矩值 $M_{Q2k}=95.5kN\cdot m$，II 类环境条件，其余条件同例5.2，试计算该T形梁的跨中挠度。

【解】　1）计算截面的几何特性：详见例5.2。

开裂截面换算截面的惯性矩 $I_{cr}=3.8\times10^{10}mm^4$；

全截面换算截面面积 $A_0=424\,674.54mm^2$；

全截面换算截面重心轴以上部分面积对重心轴的面积矩 $S_0=79\,492\,000mm^3$；

全截面换算截面的惯性矩 $I_0=15.86\times10^{10}mm^4$；

全截面换算截面对受拉边缘的弹性抵抗矩 $W_0=\dfrac{15.86\times10^{10}}{1200-458}=21.37\times10^7$。

2）计算构件的刚度。

作用短期效应组合：

$$M_s=M_{Gk}+0.7M_{Q1k}/(1+\mu)+M_{Q2k}=816+0.7\times710/1.19+95.5$$
$$=1329.15kN\cdot m$$

全截面的抗弯刚度

$$B_0=0.95E_cI_0=0.95\times3.0\times10^4\times15.86\times10^{10}=4520\times10^{12}N\cdot mm^2$$

开裂截面的抗弯刚度

$$B_{cr}=E_cI_{cr}=3\times10^4\times3.8\times10^{10}=1140\times10^{12}N\cdot mm^2$$

构件受拉区混凝土塑性影响系数

$$\gamma = \frac{2S_0}{W_0} = 0.744$$

开裂弯矩

$$M_{cr} = \gamma f_{tk} W_0 = 0.744 \times 2.01 \times 21.37 \times 10^7 = 31.95 \times 10^7 \, \text{N} \cdot \text{mm}$$

受弯构件的刚度

$$B = \frac{B_0}{\left(\frac{M_{cr}}{M_s}\right)^2 + \left(1 - \left(\frac{M_{cr}}{M_s}\right)^2\right)\frac{B_0}{B_{cr}}}$$

$$= \frac{4520 \times 10^{12}}{\left(\frac{31.95 \times 10^7}{1329.15 \times 10^6}\right)^2 + \left[1 - \left(\frac{31.95 \times 10^7}{1329.15 \times 10^6}\right)^2\right] \times \frac{4520}{11\,400}} = 1191 \times 10^{12} \, \text{N} \cdot \text{mm}^2$$

3）计算跨中截面的挠度。

① 作用短期效应组合下跨中截面挠度为

$$f_s = \frac{5 M_s L^2}{48B} = \frac{5 \times 1329.15 \times 10^6 \times 19\,500^2}{48 \times 1191 \times 10^{12}} = 44.2 \, \text{mm}$$

② 考虑长期效应影响产生的长期挠度为

$$f_l = \eta_\theta f_s = 1.60 \times 44.2 = 70.73 \, \text{mm} > L/1600 = 12.2 \, \text{mm}$$

应设置预拱度。

③ 计算永久作用下产生的长期挠度值为

$$f_{LG} = \eta_\theta \frac{5 M_{Gk} L^2}{48B} = 1.6 \times \frac{5 \times 816 \times 10^6 \times 19\,500^2}{48 \times 1191 \times 10^{12}} = 43.42 \, \text{mm}$$

④ 计算基本可变作用下产生的长期挠度值为

$$f_{LQ} = \eta_\theta \frac{5(M_s - M_{Gk})L^2}{48B}$$

$$= 1.6 \times \frac{5 \times (1329.15 - 816) \times 10^6 \times 19\,500^2}{48 \times 1191 \times 10^{12}} = 27 \, \text{mm} < L/600 = 32.5 \, \text{mm}$$

满足规范要求。

⑤ 计算预拱度为

$$f'_p = f_{LG} + \frac{f_{LQ}}{2} = 43.42 + \frac{27}{2} = 56.92 \, \text{mm}$$

小　结

1. 钢筋混凝土受弯构件在施工阶段的应力要根据材料力学的方法进行计算，而材料力学的公式仅适用于匀质弹性材料的计算，因此须将钢筋和混凝土两种力学性能不同材料所构成的受弯构件的截面换算成相当于单一材料组成的截面，然后就可以借助材料力学的公式进行计算。

2. 钢筋混凝土受弯构件的裂缝分为正常裂缝和非正常裂缝。为了保证钢筋混凝土受弯构件的耐久性和适用性，必须在设计、施工等方面控制裂缝。对于正常裂缝，应通过进行裂缝宽度的验算加以控制；对于非正常裂缝，则应通过优化混凝土配合比、合理施工、加强养护和构造措施等综合处理方法加以控制。

3. 钢筋混凝土受弯构件的变形计算可用材料力学的公式计算，但必须将刚度 EI 用 B 代替。钢筋混凝土受弯构件的刚度沿梁长度是变化的，计算时按"最小刚度原则"处理。

随着时间的增长，构件的刚度要降低，挠度会增大，因此钢筋混凝土受弯构件的挠度要考虑作用长期效应的影响。

4. 当作用短期效应组合并考虑长期效应影响产生的长期挠度超过计算跨径的 1/1600 时，应设置预拱度；其值应按结构自重产生的长期挠度和 1/2 可变作用频遇值计算的长期挠度值之和采用。

相关链接

1. 长安大学《结构设计原理》精品课程网站 http：//202.117.64.98/ec/C75/zjjs-1.htm.

2. 叶见曙．2005．结构设计原理．第二版．北京：人民交通出版社．

3. 罗向荣．2009．结构设计原理．北京：高等教育出版社．

思考与练习

1. 为什么要进行钢筋混凝土构件的截面换算？如何换算？

2. 如何验算钢筋混凝土受弯构件在施工阶段的应力？

3. 简述钢筋混凝土构件裂缝的分类和产生原因。

4. 有一初步设计好的钢筋混凝土 T 形梁，其正截面承载力已经满足要求，但变形过大，不满足要求规范要求，设计应如何修改？

5. 何为预拱度？预拱度如何设置？

6. 已知钢筋混凝土装配式简支 T 形梁，计算跨径 $L=19.5\text{m}$，截面尺寸 $h=1400\text{mm}$，$b=200\text{mm}$，$b'_f=1650\text{mm}$，$h'_f=120\text{mm}$，支点截面尺寸和跨中相同，C30 混凝土，$f_{cd}=13.8\text{MPa}$，$f'_{ck}=20.1\text{MPa}$，$E_c=3.0\times10^4\text{MPa}$，HRB335 钢筋（8⏀32+4⏀20），外径分别为 35.8mm、22.7mm，$A_s=A_{s1}+A_{s2}=6434+1256=7690\text{mm}^2$，

$E_s = 2.0 \times 10^5 \text{MPa}$，$f_{sd} = 280 \text{MPa}$，$f_{sk} = 335 \text{MPa}$，施工安装时跨中截面处由主梁自重和施工荷载标准值产生的弯矩值 $M_k = 1245.6 \text{kN} \cdot \text{m}$，试验算该截面的正应力。

7. 已知钢筋混凝土装配式简支 T 形梁，计算跨径 $L = 19.5 \text{m}$，截面尺寸 $h = 1000 \text{mm}$，$b = 240 \text{mm}$，$b'_f = 1780 \text{mm}$，$h'_f = 140 \text{mm}$，采用 C30 混凝土，$f_{cd} = 13.8 \text{MPa}$，$E_c = 3.0 \times 10^4 \text{MPa}$，HRB335 钢筋（12 Φ 32），外径为 35.8mm，$A_s = 9650 \text{mm}^2$，$E_s = 2.0 \times 10^5 \text{MPa}$，$f_{sd} = 280 \text{MPa}$，使用阶段跨中截面承受恒载标准值产生的弯矩值 $M_{Gk} = 856 \text{kN} \cdot \text{m}$，汽车荷载标准值产生的弯矩值 $M_{Q1k} = 650 \text{kN} \cdot \text{m}$，冲击系数 $1 + \mu = 1.19$，人群荷载标准值产生的弯矩值 $M_{Q2k} = 105 \text{kN} \cdot \text{m}$，II 类环境条件，试计算：

（1）T 形梁的跨中挠度；

（2）该 T 形梁跨中截面的裂缝宽度。

6

钢筋混凝土受扭构件承载力计算

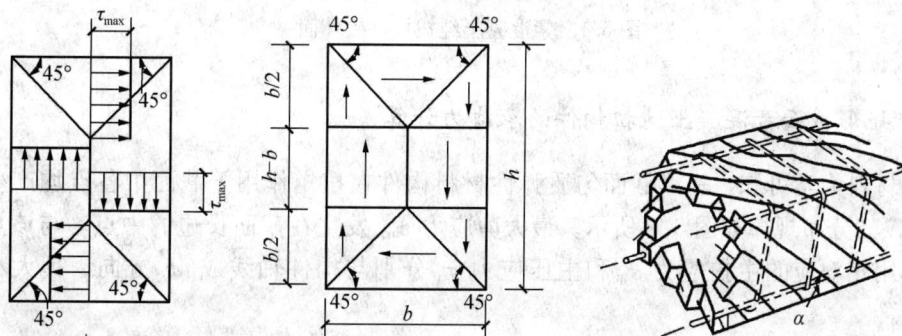

6.1 矩形截面受扭构件承载力计算

受扭构件指承受扭矩作用的受力构件,公路和城市道路中常用的弯梁桥和斜梁(板)桥就是典型的受扭构件。在实际工程中,纯扭构件并不常见,较多出现的是承受扭矩、弯矩、剪力共同作用的构件。因此,受扭构件承载力计算实质上是一个弯、剪、扭的复合受力计算问题。为便于分析,本章首先介绍纯扭构件的承载力计算,然后介绍弯、剪、扭作用下的承载力计算。

6.1.1 矩形截面素混凝土纯扭构件的承载力计算

1. 矩形截面素混凝土纯扭构件的受力性能

矩形截面素混凝土构件在扭矩作用下,首先在一个长边侧面的中点 m 附近出现斜裂缝,如图 6.1(a)所示,该裂缝沿着与构件轴线约成 $45°$ 的方向迅速延伸,到达该侧面的上、下边缘 b、a 两点后,在顶面和底面大致沿 $45°$ 方向继续延伸到 c、d 两点,构成三面开裂一面受压的受力状态。最后,cd 连线受压面上的混凝土被压碎,构件断裂破坏。破坏面为一个空间扭曲面,如图 6.1(b)所示,构件破坏具有突然性,属脆性破坏。

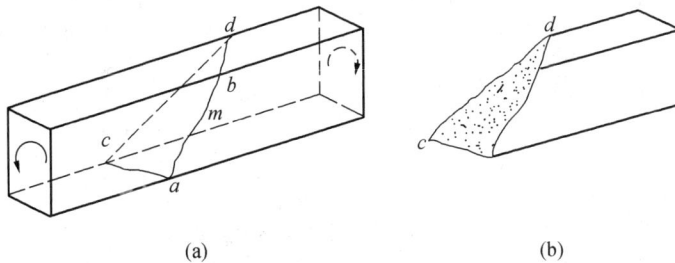

(a)   (b)

图 6.1 素混凝土纯扭构件破坏面

2. 矩形截面素混凝土纯扭构件的承载力计算

由材料力学可知,矩形截面匀质弹性材料构件在扭矩作用下截面中各点均产生剪应力 τ,其分布规律如图 6.2 所示。最大剪应力 τ_{max} 发生在截面长边的中点,与该点剪应力作用相对应的主拉应力 σ_{tp} 和主压应力 σ_{cp} 分别与构件轴线成 $45°$ 方向,其大小均为 τ_{max}。

由于混凝土的抗拉强度比抗压强度低得多,在扭矩的作用下,构件长边侧面中点附近的某一薄弱处垂直于主拉应力的方向首先被拉裂,并发展成螺旋形裂缝。

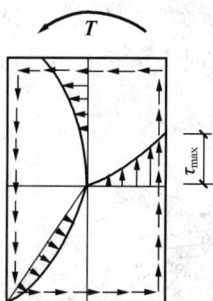

图 6.2　矩形截面弹性状态的剪应力分布　　　　图 6.3　矩形截面塑性状态的剪应力分布

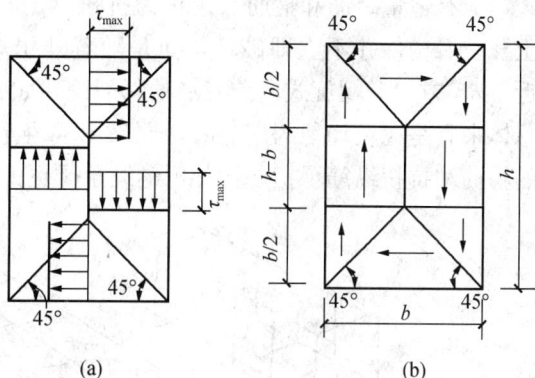

按照弹性理论，当 $\tau = \sigma_{tp} = f_{td}$ 时的扭矩即为开裂扭矩 T_{cr}。因为混凝土不是理想的弹性材料，故按照弹性理论计算的混凝土纯扭构件的开裂扭矩是偏低的。

按照塑性理论，当截面某一点的应力到达极限强度时，构件进入塑性状态。该点应力保持不变，而应变可继续增长，荷载仍可增加，直到截面上的应力全部到达材料的极限强度，构件才到达极限承载力。图 6.3（a）为矩形截面纯扭构件在完全塑性状态时的剪应力分布。图 6.3（b）中截面上的剪应力分为四个区域，分别计算其合力及所组成的力偶，取 $\tau = f_{td}$，可求得按照塑性理论计算的开裂扭矩 T_{cr}。由于混凝土既非弹性材料又非理想塑性材料，而是介于两者之间的弹塑性材料，为了实用，只能近似地采用完全塑性状态的截面应力分布计算，并通过试验加以校正，乘以折减系数 0.7，于是矩形截面纯扭构件的开裂扭矩的计算式为

$$T_{cr} = 0.7 f_{td} W_t \tag{6.1}$$

式中，f_{td}——混凝土轴心抗拉强度设计值（MPa）；

W_t——矩形截面的抗扭塑性抵抗矩（mm³），$W_t = \dfrac{b^2}{6}(3h - b)$；

b、h——矩形截面的短边和长边尺寸（mm）。

6.1.2　矩形截面钢筋混凝土纯扭构件的承载力计算

1. 矩形截面钢筋混凝土纯扭构件的受力性能

受扭构件的开裂破坏为螺旋形斜裂缝，因此从理论上讲，纯扭构件中最合理的抗扭配筋方式是在构件靠近表面处设置呈 45°走向的螺旋形箍筋，但这种配筋不仅不便于施工，而且当扭矩反向后完全失效。因此，实际工程中，一般是采用由靠近构件表面设置的横向箍筋和沿构件周边均匀对称布置的纵向钢筋共同组成抗扭钢筋骨架来承担扭矩，如图 6.4（a）所示，它恰好与构件中抗弯钢筋和抗剪钢筋的配置方式相协调。

配有适量纵筋和箍筋（统称为抗扭钢筋）的矩形截面构件在扭矩作用下，当混凝土开裂后构件并不立即破坏，而是随着外扭矩的增加，构件表面逐渐形成大体连续、近于 45°方向呈螺旋式向前发展的斜裂缝，如图 6.4（b）所示，而且裂缝之间的距离从总体来看是比较均匀的。此时，原来由混凝土承担的主拉应力大部分由与斜裂缝相交的箍筋和抗扭纵筋承担，构件可继续承受更大的扭矩。

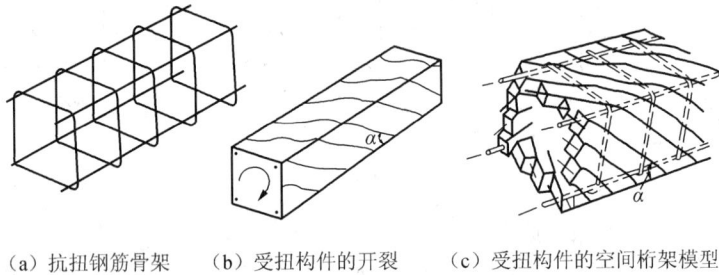

（a）抗扭钢筋骨架　　　（b）受扭构件的开裂　　　（c）受扭构件的空间桁架模型

图 6.4　钢筋混凝土纯扭构件的受力性能

2. 钢筋混凝土受扭构件的破坏形态

钢筋混凝土受扭构件的破坏形态与受扭纵筋和受扭箍筋配筋率的大小有关。根据各自配筋率的大小及其相互的比例关系，其破坏形态可分为如下四种。

（1）少筋破坏

斜裂缝一旦出现，钢筋不能承受混凝土开裂后卸载的拉力，钢筋很快发生屈服，甚至进入强化阶段，构件最终脆断，最大承载力与素混凝土构件基本相同，且破坏形态与素混凝土构件的破坏形态非常相近。这种受扭破坏形态设计中应尽量避免，可用最小配筋率分别对受扭纵筋和受扭箍筋的用量加以限定。

（2）适筋破坏

斜裂缝出现后，受扭纵筋和受扭箍筋中的拉应力明显增加，但不会立即屈服，还能继续承受增大的扭矩。随着扭矩的增大，受扭纵筋和受扭箍筋相继进入屈服，受压区混凝土最终达到极限压应变，构件破坏。受扭构件应尽可能设计成这种具有适筋破坏特征的构件。

（3）部分超筋破坏

抗扭钢筋中的受扭纵筋和受扭箍筋的配筋量相差较为悬殊，一部分配筋适量，另外一部分配筋超量。在破坏时，配置适量的钢筋首先达到屈服，继而混凝土压碎破坏，而配筋超量的钢筋仍不屈服，强度没有得到充分利用。这种构件工程中可以采用。

（4）完全超筋破坏

完全超筋是指抗扭钢筋配置过量或混凝土的强度等级偏低，或截面尺寸过小，在极限状态时，抗扭钢筋（纵筋和箍筋）均不会屈服，而混凝土被压碎，构件破坏，抗扭钢筋没有得到充分利用，构件的塑性性能较差。设计中尽量避免这种破坏。

为了使箍筋和纵筋相互匹配，共同发挥抗扭作用，应将两种钢筋的用量比控制在合理的范围内，采用纵向钢筋与箍筋的配筋强度比值 ζ 进行控制。

$$\zeta = \frac{f_{sd}A_{st}S_v}{f_{sv}A_{sv1}U_{cor}} \tag{6.2}$$

式中，A_{st}，f_{sd}——对称布置的全部纵筋截面面积和纵筋的抗拉强度设计值；

A_{sv1}，f_{sv}——箍筋单肢截面面积和箍筋抗拉强度设计值；

S_v——受扭箍筋间距（mm）；

U_{cor}——截面核心部分的周长（mm），$U_{cor}=2(b_{cor}+h_{cor})$；

b_{cor}——箍筋内表面范围内截面核心部分的短边尺寸（mm）；

h_{cor}——箍筋内表面范围内截面核心部分的长边尺寸（mm）。

配筋强度比 ζ 反映了受扭纵筋与封闭箍筋抵抗构件受扭时发挥作用的相对大小。试验表明，当 $0.5 \leqslant \zeta \leqslant 2.0$ 时，受扭破坏时纵筋和箍筋基本上都能达到屈服强度。建议取 $0.6 \leqslant \zeta \leqslant 1.7$，当 $\zeta > 1.7$ 时取 $\zeta = 1.7$。通常设计中取 $\zeta = 1.0 \sim 1.2$。

3. 矩形截面钢筋混凝土纯扭构件的承载力

钢筋混凝土矩形截面纯扭构件的极限扭矩与挖去部分核芯混凝土的空心截面构件的极限扭矩基本相同，因此可忽略中间部分混凝土的抗扭作用，按箱形截面构件来分析。存在螺旋形斜裂缝的混凝土管壁通过纵筋和箍筋的联系形成空间桁架作用，抵抗外扭矩。如图 6.4（c）所示，斜裂缝间的混凝土可设想为斜压杆，纵筋为受拉弦杆，箍筋为受拉腹杆。假定桁架节点为铰接，在每个节点处斜向压力由纵筋和箍筋的拉力平衡。不考虑裂缝面上的骨料咬合力及钢筋的销栓作用，由于混凝土斜压杆与构件轴线的倾斜角 φ 不一定等于 $45°$，而是与配筋强度比 ζ 有关，故称为变角空间桁架模型。

矩形截面钢筋混凝土受扭构件的承载力计算公式是建立在变角空间桁架模型基础上，并通过试验加以修正得到的。《公路桥规》给出的矩形截面钢筋混凝土纯扭构件的承载力表达式为

$$\gamma_0 T_d \leqslant 0.35 f_{td} W_t + 1.2 \sqrt{\zeta} \frac{f_{sv}A_{sv1}}{S_v} A_{cor} \tag{6.3}$$

式中，T_d——扭矩组合设计值（N·mm）；

A_{cor}——截面核心部分的面积（mm²），$A_{cor}=b_{cor}h_{cor}$；

ζ——抗扭纵筋与箍筋的配筋强度比。

钢筋混凝土纯扭构件的抗扭承载力由混凝土的抗扭承载力 T_c 和钢筋（纵筋和箍筋）的抗扭承载力 T_s 两部分组成，式（6.3）中第一项为混凝土的抗扭承载力，第二项为钢筋（纵筋和箍筋）的抗扭承载力。

应用公式（6.3）进行矩形截面抗扭承载力计算时，必须满足下列两个条件。

（1）抗扭配筋的上限值

当抗扭钢筋配置过多时，受扭构件可能在抗扭钢筋屈服以前便由于混凝土被压碎而破坏，即发生脆性破坏。这时，即使增加抗扭钢筋数量，其构件的抗扭承载力也不会增加，构件的抗扭承载力取决于混凝土的强度和截面尺寸。《公路桥规》采用限制截面尺寸不得过小的办法控制截面抗扭钢筋的配筋不过大。钢筋混凝土构件的截面尺寸应符合下式要求，即

$$\frac{\gamma_0 T_d}{W_t} \leqslant 0.51 \times 10^{-3} \sqrt{f_{cu,k}} \qquad (6.4)$$

式中，T_d——扭矩组合设计值（kN·mm）；

$f_{cu,k}$——混凝土立方体抗压强度标准值（MPa）。

（2）抗扭配筋的下限值

当受扭构件钢筋配置过少时，配筋将无助于开裂后构件的抗扭能力提高，发生"一裂即坏"的少筋破坏。为防止该破坏发生，应使配筋受扭构件所承担的扭矩不小于其开裂扭矩。《公路桥规》规定：钢筋混凝土纯扭构件满足式（6.5）要求时，可不进行抗扭承载力计算，但必须按构造要求配置抗扭钢筋：

$$\frac{\gamma_0 T_d}{W_t} \leqslant 0.50 \times 10^{-3} f_{td} \qquad (6.5)$$

纯扭构件的箍筋配筋率应满足

$$\rho_{sv} = \frac{A_{sv}}{S_v b} \geqslant 0.055 \frac{f_{cd}}{f_{sv}} \qquad (6.6)$$

纵向钢筋配筋率应满足

$$\rho_{st} = \frac{A_{st}}{bh} \geqslant 0.08 \frac{f_{cd}}{f_{sd}} \qquad (6.7)$$

钢筋混凝土矩形截面纯扭构件的配筋计算方法：首先按公式（6.4）和式（6.5）进行截面适用条件检查，当满足条件 $0.5 \times 10^{-3} f_{td} \leqslant \frac{\gamma_0 T_d}{W_t} \leqslant 0.51 \times 10^{-3} \sqrt{f_{cu,k}}$ 时，说明截面尺寸符合要求，但需要通过计算配置抗扭钢筋。然后假定 $\zeta = 1.0 - 1.2$，按式（6.3）和式（6.2）分别求得抗扭箍筋和抗扭纵筋用量。

6.1.3 矩形截面弯剪扭构件的承载力计算

弯矩、剪力、扭矩共同作用下的钢筋混凝土构件，其受力状态十分复杂，很难提出符合实际而又便于设计应用的理论计算公式，故对弯剪扭共同作用构件的承载力计算，目前多采用简化计算方法。

1. 剪扭构件的承载力计算

弯矩作用下的配筋计算方法如前所述，对于剪力和扭矩共同作用构件的承载力计算应考虑剪、扭相关性。试验表明：构件在剪、扭共同作用下，其截面的某一受压区

内将承受剪切和受扭应力的双重作用，这势必降低构件内混凝土的抗剪和抗扭能力，因此剪扭构件承载力总是小于剪力和扭矩单独作用时的承载力。

由于剪扭构件的受力性能比较复杂，目前钢筋所承担的承载力采取简单叠加的方法，而混凝土的抗扭和抗剪承载力应考虑其相互影响，也称相关性，因此在混凝土的抗扭承载力计算公式中引入剪扭构件混凝土抗扭承载力的降低系数 β_t。

《公路桥规》在试验研究的基础上给出了矩形截面剪扭构件抗剪和抗扭承载力计算公式。

(1) 剪扭构件的抗剪承载力

$$\gamma_0 V_d \leqslant \alpha_1 \alpha_3 \frac{(10-2\beta_t)}{20} bh_0 \sqrt{(2+0.6P)} \sqrt{f_{cu,k} \rho_{sv} f_{sv}} \tag{6.8}$$

$$\beta_t = \frac{1.5}{1+0.5 \dfrac{V_d}{T_d} \dfrac{W_t}{bh_0}} \tag{6.9}$$

式中，V_d——剪扭构件剪力组合设计值（N）；

　　　β_t——剪扭构件混凝土抗扭承载力的降低系数，当 $\beta_t<0.5$ 时取 $\beta_t=0.5$，当 $\beta_t>1$ 时取 $\beta_t=1$；

　　　T_d——剪扭构件扭矩组合设计值（N·mm）。

其他符号参见斜截面抗剪承载力计算公式式（4.4）。

(2) 剪扭构件的抗扭承载力

$$\gamma_0 T_d \leqslant 0.35\beta_t f_{td} W_t + 1.2\sqrt{\zeta} \frac{f_{sv} A_{sv1}}{S_v} A_{cor} \tag{6.10}$$

(3) 剪扭构件配筋的上下限

1) 抗剪扭配筋的上限值。当抗扭钢筋配置过多时，构件将由于混凝土首先被压碎而破坏，为防止该破坏的发生，《公路桥规》规定钢筋混凝土矩形截面弯剪扭构件的截面尺寸应符合下式要求，即

$$\frac{\gamma_0 V_d}{bh_0} + \frac{\gamma_0 T_d}{W_t} \leqslant 0.51 \times 10^{-3} \sqrt{f_{cu,k}} \tag{6.11}$$

2) 抗剪扭配筋的下限值。《公路桥规》规定：钢筋混凝土矩形截面弯剪扭构件满足式（6.12）要求时，可不进行抗扭承载力计算，但必须按构造要求配置抗扭钢筋。

$$\frac{\gamma_0 V_d}{bh_0} + \frac{\gamma_0 T_d}{W_t} \leqslant 0.50 \times 10^{-3} f_{td} \tag{6.12}$$

剪扭构件的箍筋配筋率应满足

$$\rho_{sv} = \frac{A_{sv}}{S_v b} \geqslant \rho_{sv,min} = \left[(2\beta_t-1)(0.055\frac{f_{cd}}{f_{sv}}-c)+c\right] \tag{6.13}$$

式中 β_t 按公式（6.9）计算。对于式中 c 值，当箍筋采用 R235 钢筋时取 0.0018，当箍筋采用 HRB335 钢筋时取 0.0012。

受扭纵向钢筋配筋率应满足

$$\rho_{st} \geqslant \rho_{st,min} = \frac{A_{st,min}}{bh} = 0.08 \times (2\beta_t - 1)\frac{f_{cd}}{f_{sd}} \tag{6.14}$$

2. 弯剪扭构件的承载力计算

对弯矩、剪力、扭矩共同作用的构件，其纵向钢筋和箍筋应按下列规定计算，并分别进行配置：

1）抗弯纵向钢筋应按受弯构件的正截面承载力公式进行计算。

2）按剪扭构件的计算公式计算抗扭纵向钢筋和箍筋。

3）构件纵筋截面面积由受弯承载力和受扭承载力所需的纵筋截面面积相叠加；构件箍筋截面面积由受剪承载力和受扭承载力所需的箍筋截面面积相叠加。

抗弯纵向钢筋应布置在截面的受拉区边缘。抗扭纵筋应均匀对称布置在矩形截面的周边，其间距不应大于300mm。在矩形截面的四角必须配置纵向钢筋，数量至少为4根。箍筋应按受剪承载力和受扭承载力所需的箍筋截面之和进行布置。

弯剪扭构件纵向钢筋配筋率不应小于受弯构件纵向受力钢筋的最小配筋率与受扭钢筋件纵向受力钢筋的最小配筋率之和。

6.2　T形截面受扭构件承载力计算及构造要求

6.2.1　T形截面受扭构件承载力计算

1. T形截面弯剪扭构件承载力的计算原则

T形截面弯剪扭构件承载力的计算原则是：

1）不考虑弯矩与剪力、扭矩的相关性，构件在弯矩的作用下按抗弯承载力方法计算。

2）剪力全部由腹板承受。

3）扭矩由腹板和受压翼缘共同承受，各部分分担的扭矩设计值按下列各式计算。

腹板：

$$T_{wd} = \frac{W_{tw}}{W_t}T_d \tag{6.15}$$

受压翼缘：

$$T'_{fd} = \frac{W'_{tf}}{W_t}T_d \tag{6.16}$$

式中，T_{wd}、T'_{fd}——腹板、受压翼缘的扭矩设计值；

　　　W_{tw}、W'_{tf}——腹板、受压翼缘的截面抗扭塑性抵抗矩；

　　　T_d——整个截面所承受的扭矩组合设计值；

W_t——整个截面的抗扭塑性抵抗矩，$W_t =$ $W_{tw} + W'_{tf}$。

T 形截面可以看作是由简单矩形所组成的复杂截面，在进行其受扭承载力计算时，可将截面划分为几个矩形截面计算。T 形截面划分的方法是：要满足腹板矩形截面的完整性，然后再划分受压翼缘，如图 6.5 所示。腹板和受压翼缘截面抗扭塑性抵抗矩分别按下列各式计算。

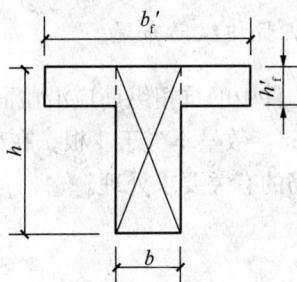

图 6.5　T 形截面划分矩形截面的方法

腹板：

$$W_{tw} = \frac{b^2}{6}(3h - b) \tag{6.17}$$

受压翼缘：

$$W'_{tf} = \frac{h'^2_f}{2}(b'_f - b) \tag{6.18}$$

2. T 形截面弯剪扭构件承载力计算方法

1）按受弯构件的正截面承载力计算公式，计算所需的抗弯纵向钢筋截面面积。

2）按剪、扭共同作用的承载力计算公式，计算抗剪所需的箍筋截面面积和抗扭所需的抗扭纵筋截面面积、抗扭箍筋截面面积。对于腹板，考虑承受全部剪力和相应分配的扭矩，按公式（6.8）～公式（6.14）计算，但应将公式中的 T_d 和 W_t 分别改为 T_{wd} 和 W_{tw}。对于翼缘不考虑剪力，按承受相应扭矩的纯扭构件进行计算，但应将公式中的 T_d 和 W_t 分别改为 T'_{fd} 和 W'_{tf}，同时箍筋和纵筋抗扭钢筋的配筋率应满足纯扭构件的相应规定。

3）叠加上述二者求得的纵向钢筋和箍筋截面面积，即得到 T 形截面弯剪扭构件的配筋。

6.2.2　受扭构件的构造要求

受扭构件除了要按上述各节规定进行计算以外，还必须满足下面各项构造要求。

1. 箍筋形式与布置

受扭构件中为了保证箍筋在整个周长上都能充分发挥抗拉作用，必须将其做成封闭式，箍筋的端部应做成 135° 的弯钩，弯钩末端的直线长度不应小于 $10d$（d 为箍筋直径）。箍筋应箍牢纵向钢筋，相邻箍筋的弯钩其纵向位置应交替布置。箍筋的直径不应小于 8mm 且不小于 1/4 主钢筋直径，箍筋间距不大于梁高 1/2 且不大于 400mm。

2. 抗扭纵筋布置

构件中的抗扭纵筋应沿截面周边均匀对称布置，间距不应大于 300mm，直径不小于 8mm，数量不少于 4 根。在截面的四角必须设有抗扭纵筋，其接头和锚固均应按受拉钢筋的有关要求处理。

小　结

1. 钢筋混凝土纯扭构件的破坏可归纳为四种类型，即少筋破坏、适筋破坏、部分超筋破坏和完全超筋破坏，其中少筋破坏和完全超筋破坏均为明显脆性破坏，设计中应当避免，并采取限制最小配筋率和限制最小截面尺寸构造措施来防止破坏发生。

2. 抗扭钢筋由抗扭纵筋和抗扭箍筋组成。为了使抗扭纵筋和箍筋相匹配，有效抵抗外扭矩作用，应使两者强度比 $\zeta=0.6\sim1.7$，最佳配比为 1.2 左右。

3. 对于实际工程中常见的钢筋混凝土弯剪扭构件，建议其箍筋数量由考虑剪扭相关性的抗剪和抗扭计算结果叠加，而纵筋的数量则由抗弯和抗扭计算结果进行叠加。

4. T 形截面弯、剪、扭构件可看成是由简单矩形截面（腹板、翼缘）所组成，按矩形截面的计算方法进行计算。

相关链接

1. http：//www. cctr. net. cn/index01_detail. asp? id=1245.
2. http：//jpkc. hnu. cn/hltjgsjyl/Html/Root/index. htm.
3. 叶见曙 . 2007. 结构设计原理 . 第 2 版 . 北京：中国建筑工业出版社 .
4. 胡兴福 . 2005. 结构设计原理 . 北京：机械工业出版社 .

思考与练习

1. 简要说明素混凝土纯扭构件的破坏特征。
2. 钢筋混凝土纯扭构件的破坏形态有哪些？它们的破坏特征是什么？
3. 配筋强度比 ζ 的物理意义是什么？为什么对其取值范围要加以限制？
4. 矩形截面抗扭塑性抵抗矩 W_t 是如何确定的？T 形截面如何计算 W_t？
5. 剪扭构件承载力计算公式中 β_t 的物理意义是什么？
6. 简述弯剪扭构件的设计中箍筋和纵筋的用量分别是如何确定的？
7. 受扭构件中配筋有哪些构造要求？

7

钢筋混凝土受压构件承载力计算

教学目标

1. 掌握受压构件的构造要求。
2. 了解普通箍筋和螺旋箍筋的破坏特征；掌握轴心受压普通箍筋柱和螺旋箍筋柱的正截面承载力计算方法。
3. 了解偏心受压构件正截面受力特点和破坏形态及纵向弯曲对受压构件的影响。
4. 掌握矩形截面对称配筋偏心受压构件的正截面承载力计算方法。

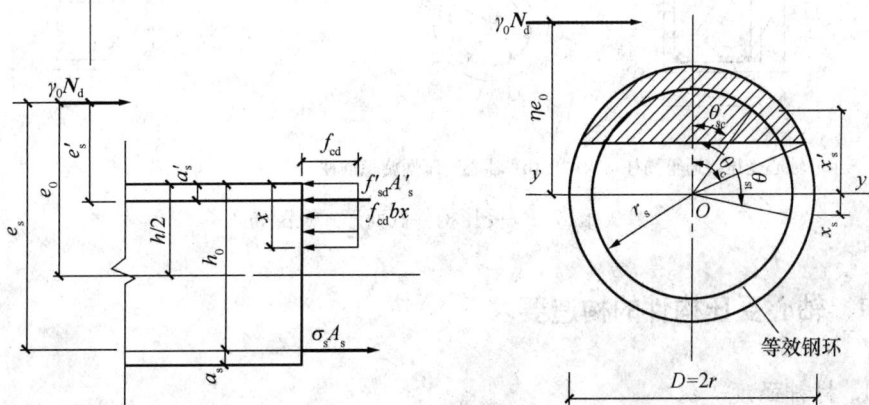

7.1 受压构件的构造要求

钢筋混凝土受压构件可分轴心受压构件和偏心受压构件。当轴向压力作用线与构件轴线重合（截面只有轴向压力）时称为轴心受压构件；当轴向压力作用线与构件轴线不重合（截面上既有压力，又有弯矩）时称为偏心受压构件。

事实上，严格意义上的轴心受压构件是不存在的。实际结构中，由于作用位置的偏差、混凝土材料组成的不均匀性、构件施工误差、安装就位不准等原因，都会导致压力的偏心。但如果偏心距很小，在实际工程设计中可以忽略不计，简化为轴心受压构件计算。偏心受压构件在实际工程中广泛应用，如拱桥中的主拱圈、（上承式）桁架的上弦轩、刚架的立柱、柱式墩（台）的墩（台）柱、桩基础的桩等均属偏心受压构件。

钢筋混凝土轴心受压构件按照箍筋配置方式的不同可分为两种：
1）配有纵向钢筋和普通箍筋的轴心受压构件（普通箍筋柱），如图 7.1（a）所示。
2）配有纵向钢筋和螺旋箍筋的轴心受压构件（螺旋箍筋柱），如图 7.1（b）所示。

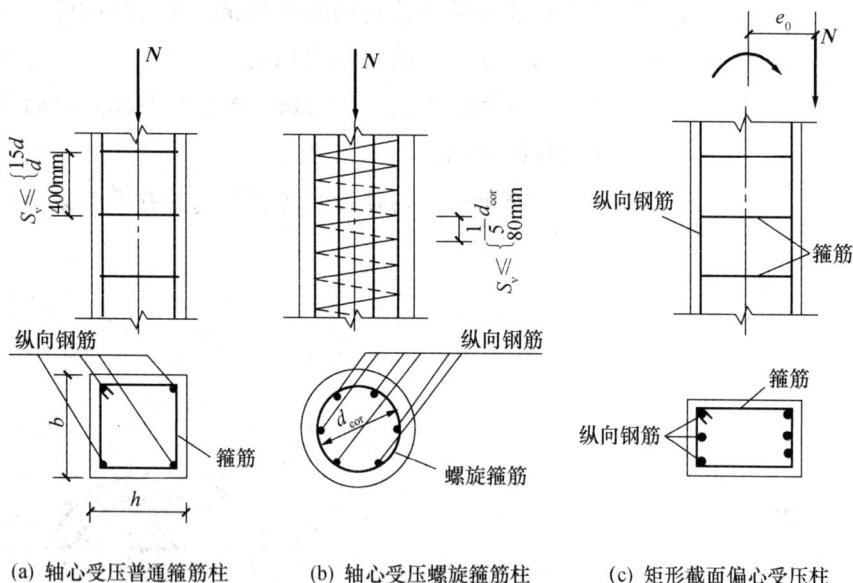

(a) 轴心受压普通箍筋柱　(b) 轴心受压螺旋箍筋柱　(c) 矩形截面偏心受压柱

图 7.1　受压构件截面形式及配筋

7.1.1 轴心受压构件的构造要求

1. 材料强度等级

轴心受压构件的正截面承载力主要由混凝土提供，为了减小构件截面尺寸、节约钢材，在设计中宜采用强度等级较高的 C25～C40 级混凝土，而钢筋通常采用 R235、HRB335、HRB400 等热轧钢筋，这是因为在受压构件中高强度钢筋不能充分发挥作用。

2. 截面形式和尺寸

轴心受压柱的截面形状多为正方形、矩形和圆形等。轴心受压构件截面尺寸不宜过小，因长细比越大，纵向弯曲的影响越大，承载力降低很多，从而不能充分利用材料强度。构件截面尺寸不宜小于 250mm。此外，为了施工支模方便，柱的截面尺寸当 $h \leqslant 800$mm 时以 50 为模数，当 $h > 800$mm 时以 100mm 为模数。

3. 纵向钢筋

纵向钢筋是用来协助混凝土承受压力，并用来增加对意外弯曲的抵抗能力，防止构件的突然脆性破坏。

轴心受压柱的纵向钢筋应沿截面周边均匀、对称布置[图7.1(a)]。为了增加骨架的刚度，纵向钢筋的直径应不小于 12mm。矩形截面柱纵向钢筋的根数不应少于 4 根，并且在截面每一角隅处必须布置一根。圆形截面柱纵向钢筋的根数不应少于 6 根（以不少于 8 根为宜）。

纵向受力钢筋的净距不应小于 50mm，且不应大于 350mm；对水平浇筑混凝土预制构件，其纵向钢筋的最小净距应按受弯构件的有关规定执行。

纵向受力钢筋的最小配筋率限值是针对轴心受压构件中不可避免存在混凝土徐变、可能存在的较小偏心弯矩等非计算因素提出的。《公路桥规》规定，轴心受压构件全部纵向钢筋的配筋百分率不应小于 0.5，当混凝土强度等级 C50 及以上时不应小于 0.6；同时，构件全部纵向钢筋的配筋百分率不宜超过 5%。受压构件的配筋百分率按构件的全截面面积计算。

4. 箍筋

在轴心受压构件中配置箍筋的作用是：保证纵向钢筋的位置正确，与纵向钢筋形成钢筋骨架，防止纵向钢筋压曲，而且对混凝土受压后的侧向膨胀起约束作用。因此，受压构件中的箍筋应做成封闭式。

箍筋直径不应小于纵向钢筋直径的 1/4，且不小于 8mm。

箍筋的间距不应大于纵向受力钢筋直径的 15 倍、不大于构件短边尺寸（圆形截面采用 0.8 倍直径），并不大于 400mm。当纵向钢筋的截面面积大于混凝土截面面积的 3% 时，箍筋间距不应大于纵向钢筋直径的 10 倍，且不大于 200mm。

《公路桥规》将位于箍筋折角处的纵向钢筋定义为角筋。构件内纵向受力钢筋应设置于离角筋中心距离 S 不大于 150mm 或 15 倍箍筋直径（取较大者）范围内，如超出此范围设置纵向受力钢筋，应设复合箍筋（图 7.2）。相邻箍筋的弯钩接头在纵向应错开布置。

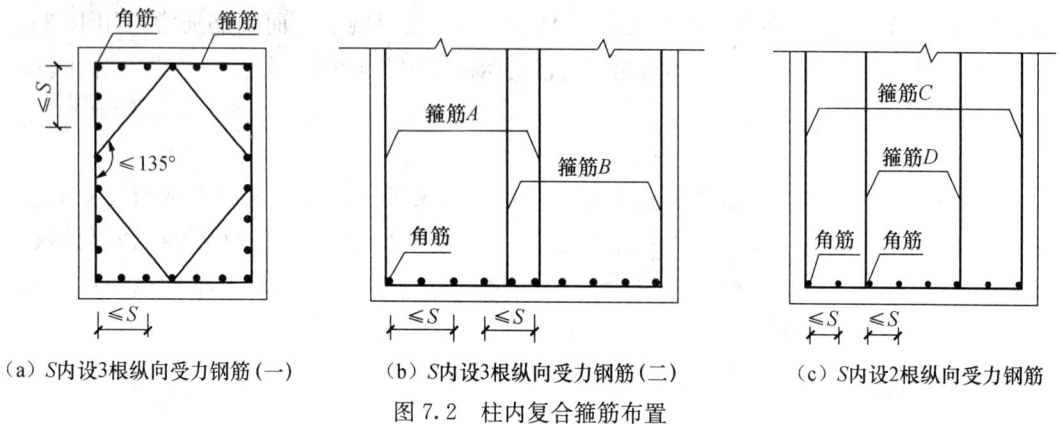

（a）S内设3根纵向受力钢筋（一）　　　（b）S内设3根纵向受力钢筋（二）　　　（c）S内设2根纵向受力钢筋

图 7.2　柱内复合箍筋布置

5. 配有螺旋式间接钢筋的轴心受压构件

其钢筋的设置应符合下列规定：

1）螺旋箍筋柱的纵向受力钢筋应沿圆周均匀布置[图7.1(b)]，其截面面积不应小于箍筋圈内核心截面面积的 0.5%。核芯截面面积不应小于构件整个截面面积的 2/3。

2）间接钢筋的螺距或间距不应大于核心直径的 1/5，亦不应大于 80mm，且不应小于 40mm。

3）纵向受力钢筋应伸入与受压构件连接的上下构件内，其长度不应小于受压构件的直径，且不应小于纵向受力钢筋的锚固长度。

4）箍筋的直径不应小于纵向钢筋直径的 1/4，且不小于 8mm。

7.1.2　偏心受压构件的构造要求

矩形截面偏心受压构件的构造要求与配有纵筋和普通箍筋轴心受压构件的构造要求相似。

偏心受压构件的截面形式常采用矩形，在设计时应该以长边方向的截面为弯矩作用平面。其构件最小截面尺寸不宜小于 300mm，截面高度与宽度的比值一般为 1.5～3。当截面高度大于 600mm 时，偏心受压构件多采用工字形或箱形截面。圆形截面多用于柱式墩台及桩基础中。

偏心受压构件中的纵向受力钢筋通常是在和弯矩作用方向垂直的两个侧边布置[图7.1(c)]。对于圆形截面，则采用沿截面周边均匀布置的配筋方式。当偏心受压构件的截面高度 $h \geqslant 600mm$ 时，在侧面应设置直径为 10～16mm 的纵向构造钢筋，并相应地设置附加箍筋或拉筋（图 7.3）。偏心受压构件全部纵向钢筋的配筋百分率不应小于 0.5，当混凝土强度等级 C50 及以上时不应小于 0.6；同时，一侧钢筋的配筋百分率不应小于 0.2。

偏心受压柱中的箍筋与轴心受压构件中普通箍筋的作用基本相同。此外，偏心受压构件中还存在着一定的剪力，可由箍筋负担，但因剪力的数值一般较小，故一般不予计算。箍筋数量及间距按普通箍筋柱的构造要求确定。

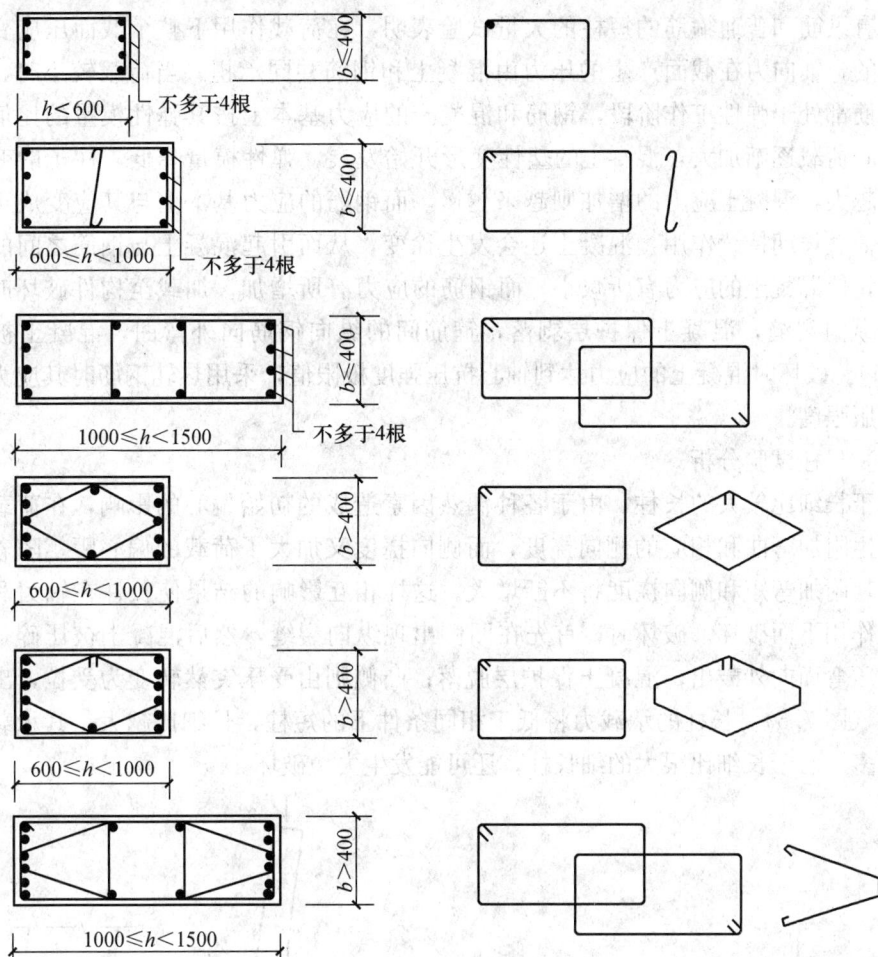

图 7.3 矩形截面偏心受压构件中的箍筋形式（尺寸单位：mm）

7.2 轴心受压构件承载力计算

7.2.1 配有纵向受力钢筋和普通箍筋的轴心受压构件

1. 破坏状态分析

钢筋混凝土轴心受压构件的破坏状态与柱的长细比 l_0/i 有关，通常将 $l_0/i \leqslant 28$（对矩形截面柱 $l_0/b \leqslant 8$、圆形截面柱 $l_0/d \leqslant 7$）的柱称为短柱，$l_0/i > 28$ 的柱称为长柱。其中，l_0 为柱的计算长度，b 为矩形截面的短边尺寸；d 为圆形截面的直径；i 为任意截面的最小回转半径。

（1）短柱试验分析

配有纵筋和普通箍筋的短柱的大量试验表明，在荷载作用下整个截面压应变是均匀分布的，轴向力在截面产生的压力由混凝土和钢筋共同承担。当荷载较小时，混凝土和钢筋都处于弹性工作阶段，钢筋和混凝土的应力基本上按其弹性模量的比值来分配。随着荷载逐渐加大，混凝土的塑性变形开始发展，弹性模量降低，柱子的变形增加越来越大，混凝土应力的增加则越来越慢，而钢筋的应力基本上与其应变成正比增加。若荷载长期持续作用，混凝土还会发生徐变，从而引起混凝土与钢筋之间的应力重分布，使混凝土的应力有所减小，而钢筋的应力有所增加。加载至构件破坏时，柱子出现纵向裂缝，混凝土保护层剥落，箍筋间的纵向钢筋向外弯曲，混凝土被压碎（图7.4）。破坏时混凝土的应力达到轴心抗压强度极限值，采用热轧钢筋时其应力也能达到屈服强度。

（2）长柱试验分析

对于长细比较大的长柱，由于各种偶然因素造成的初始偏心的影响，在荷载作用下将产生附加弯曲和相应的侧向挠度，而侧向挠度又加大了荷载的偏心距。随着荷载的增加，附加弯矩和侧向挠度将不断增大。这样相互影响的结果使长柱在轴力和弯矩的共同作用下而破坏。破坏时，首先在凹侧出现纵向裂缝，然后混凝土被压碎，纵向钢筋被压弯而向外鼓出，混凝土保护层脱落；凸侧则由受压突然转变为受拉，出现横向裂缝（图7.5）。长柱的承载力将低于相同条件下的短柱，长细比越大，其承载力降低也越多。对于长细比很大的细长柱，还可能发生失稳破坏。

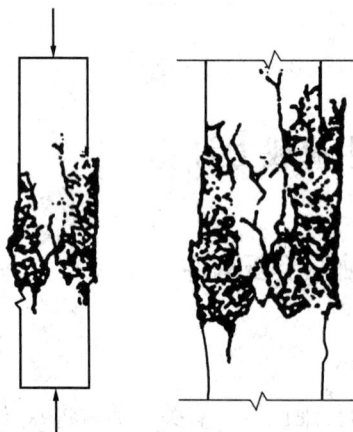

（a）短柱的混凝土破坏　（b）局部放大图
图7.4 轴心受压短柱的破坏形态

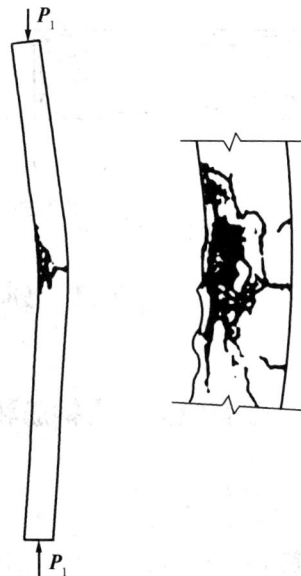

（a）长柱的破坏　（b）局部放大图
图7.5 轴心受压长柱的破坏形态

2. 稳定系数

《公路桥规》把长柱失稳破坏时的临界压力 N_k 与短柱压坏时的轴心压力 $N_{短}$ 的比值称为轴向受压构件的稳定系数 φ，并用稳定系数 φ 来反映长柱承载力降低的程度。由表 7.1 中可以看出，长细比 l_0/b 越大 φ 值越小，而对短柱，可不考虑纵向弯曲的影响，取 $\varphi=1$。

表 7.1 钢筋混凝土轴心受压构件的稳定系数

$\dfrac{l_0}{b}$	≤8	10	12	14	16	18	20	22	24	26	28
$\dfrac{l_0}{d}$	≤7	8.5	10.5	12	14	15.5	17	19	21	22.5	24
$\dfrac{l_0}{i}$	≤28	35	42	48	55	62	69	76	83	90	97
φ	1.0	0.98	0.95	0.92	0.87	0.81	0.75	0.7	0.65	0.6	0.56
$\dfrac{l_0}{b}$	30	32	34	36	38	40	42	44	46	48	50
$\dfrac{l_0}{d}$	26	28	29.5	31	33	34.5	36.5	38	40	41.5	43
$\dfrac{l_0}{i}$	104	111	118	125	132	139	146	153	160	167	174
φ	0.52	0.48	0.44	0.40	0.36	0.32	0.29	0.26	0.23	0.21	0.19

注：1）表中 l_0 为构件计算长度；b 为矩形截面的短边尺寸；d 为圆形截面的直径；i 为截面最小回转半径。

2）构件计算长度 l_0，当构件两端固定时取 $0.5l$，当一段固定一段为不移动的铰时取 $0.7l$，当两端均为不移动的铰时取 l，当一端固定一端自由时取 $2l$，l 为构件支点间长度。

3. 正截面承载力计算

《公路桥规》规定，配有纵向受力钢筋和普通箍筋的轴心受压构件正截面承载力（图 7.6）计算式为

$$\gamma_0 N_d \leqslant 0.9\varphi(f_{cd}A + f'_{sd}A'_s) \tag{7.1}$$

式中，N_d——轴向力组合设计值；

φ——轴心受压构件稳定系数，按表 7.1 取用；

f_{cd}——混凝土轴心抗压强度设计值；

f'_{sd}——纵向普通钢筋抗压强度设计值；

A'_s——全部纵向钢筋截面面积；

A——构件毛截面面积，当纵向钢筋配筋率大于3%时，A 应改 $A_n = A - A'_s$。

在实际设计中，轴心受压构件承载能力计算可分为截面设计和承载能力复核两种情况。

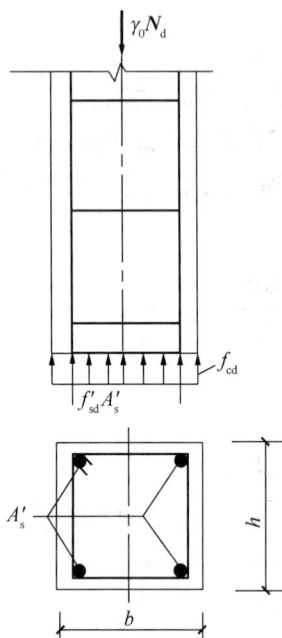

图 7.6　普通箍筋柱正截面承载力计算图式

（1）截面设计

已知轴向压力组合设计值 N_d，结构的重要性系数 γ_0，截面尺寸 $b \times h$，构件计算长度 l_0，钢筋与混凝土强度等级 f_{cd}、f'_{sd}，求纵向钢筋截面面积 A'_s。

解：1）根据构件的长细比 $\dfrac{l_0}{b}$，由表 7.1 查稳定系数 φ。

2）由公式（7.1）计算所需钢筋截面面积。

$$A'_s = \frac{\gamma_0 N_d - 0.9\varphi f_{cd} A}{0.9\varphi f'_{sd}} \tag{7.2}$$

根据 A'_s 计算值及构造要求选择并布置钢筋。

3）截面尺寸未知，可在适宜的配筋率范围（$\rho = 0.8\% \sim 1.5\%$）内选取一个 ρ 值，并暂设 $\varphi = 1$，这时可将 $A'_s = \rho A$ 代入公式（7.1），得

$$\gamma_0 N_d \leqslant 0.90\varphi(f_{cd}A + f'_{sd}\rho A)$$

所以

$$A \geqslant \frac{\gamma_0 N_d}{0.9\varphi(f_{cd} + f'_{sd}\rho)} \tag{7.3}$$

构件的截面面积确定后，应结合构造要求选取截面尺寸，截面的边长应取整数。然后，按构件的实际长细比确定稳定系数，再由公式（7.2）计算所需的钢筋截面面积 A'_s，最后按构造要求选择并布置钢筋。

（2）承载力复核

已知截面尺寸 $b \times h$，构件计算长度 l_0，钢筋与混凝土强度等级 f_{cd}、f'_{sd}，全部纵向钢筋的截面面积 A'_s，求截面所能承受的轴向力设计值 N_{du}（或已知轴向压力组合设计值 $\gamma_0 N_d$，判断其安全程度）。

解：1）首先应检查纵向钢筋及箍筋布置是否符合构造要求。

2）根据构件的长细比，由表 7.1 查得相应的稳定系数 φ。

3）由公式（7.1）计算截面所能承受的轴向力设计值。

$$N_{du} = 0.9\varphi(f_{cd}A + f'_{sd}A'_s)$$

若 $N_{du} \geqslant \gamma_0 N_d$，说明该截面的承载力是足够的，结构是安全的；反之，$N_{du} < \gamma_0 N_d$，说明该截面的承载力不足，结构是不安全的。

【例 7.1】　有一现浇的钢筋混凝土轴心受压柱，柱高 5m，底端固定，顶端铰接。

承受的轴向压力组合设计值 $N_d = 950kN$，结构重要性系数 $\gamma_0 = 1.0$。拟采用 C30 混凝土，$f_{cd} = 13.8MPa$，HRB400 钢筋，$f'_{sd} = 330MPa$，试设计柱的截面尺寸及配筋。

【解】 1）确定截面尺寸。设 $\rho = 0.01$，暂取 $\varphi = 1$，由公式（7.4）求得柱的截面面积为

$$A \geqslant \frac{\gamma_0 N_d}{0.9\varphi(f_{cd} + f'_{sd}\rho)} = \frac{1.0 \times 950 \times 10^3}{0.9 \times 1 \times (13.8 + 330 \times 0.01)} = 61\,728.4mm^2$$

选取正方形截面，$b = \sqrt{61\,728.4} = 248.5mm$，取 $b = 250mm$。

因截面尺寸小于 300mm，混凝土的抗压强度设计值应取 $f_{cd} = 0.8 \times 13.8 = 11.04MPa$。

2）计算纵向钢筋数量。柱的计算长度 $l_0 = 0.7l = 0.7 \times 5000 = 3500mm$，$\frac{l_0}{b} = 3500/250 = 14$，查表 7.1 得 $\varphi = 0.92$。所需钢筋截面面积由公式（7.3）求得，为

$$A'_s = \frac{\gamma_0 N_d - 0.9\varphi f_{cd} A}{0.9\varphi f'_{sd}}$$

$$= \frac{950 \times 10^3 - 0.9 \times 0.92 \times 11.04 \times 250^2}{0.9 \times 0.92 \times 330} = 1385.9mm^2$$

选 8⌀16 钢筋，截面面积 $A'_s = 1608mm^2$，实际的配筋率 $\rho = 1608/(250 \times 250) = 2.57\% > \rho'_{min} = 0.5\%$，且小于 $\rho'_{max} = 5\%$。钢筋布置见图 7.7。

3）确定箍筋。箍筋选用封闭式直径 $\phi 8$，满足直径大于 $d/4 = 16/4 = 4mm$，且不小于 8mm 的要求。

选箍筋间距 $S = 200mm < 15d = 15 \times 16 = 240mm$，且 $< b = 250mm$ 和 $< 400mm$，满足构造要求。

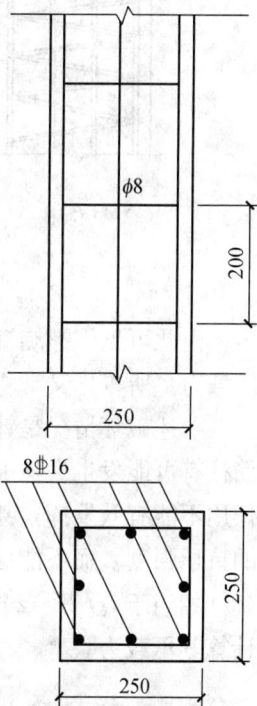

图 7.7 柱的配筋

7.2.2 配有纵向受力钢筋和螺旋箍筋的轴心受压构件

当轴心受压构件承受很大的轴向压力，而截面尺寸受到限制不能加大，或采用普通箍筋柱，即使提高了混凝土强度等级和增加了纵向钢筋用量也不足以承受该轴向压力时，可以考虑采用螺旋箍筋柱或焊接环式间接钢筋柱（图 7.8），以提高构件的承载力。螺旋箍筋柱或焊接环式间接钢筋柱的用钢量较多，施工复杂，造价较高，故一般较少应用。由于螺旋箍筋柱或焊接环式间接钢筋柱的受力性能相同，为叙述方便，以下统称为螺旋箍筋柱。

1. 破坏状态分析

配置有纵向钢筋和螺旋箍筋的短柱承受轴向压力时，包围着核芯混凝土的螺旋形箍筋犹如环筒一样，阻止核芯混凝土的横向变形，使混凝土处于三向受力状态，因而

大大提高了核芯混凝土的抗压强度。当轴向压力增加到一定数值时，混凝土保护层开始剥落。随着轴向压力的进一步增加，螺旋箍筋的应力也逐渐加大。最后，由于螺旋箍筋的应力达到屈服强度，失去了对核芯混凝土的约束作用，使混凝土压碎而破坏。

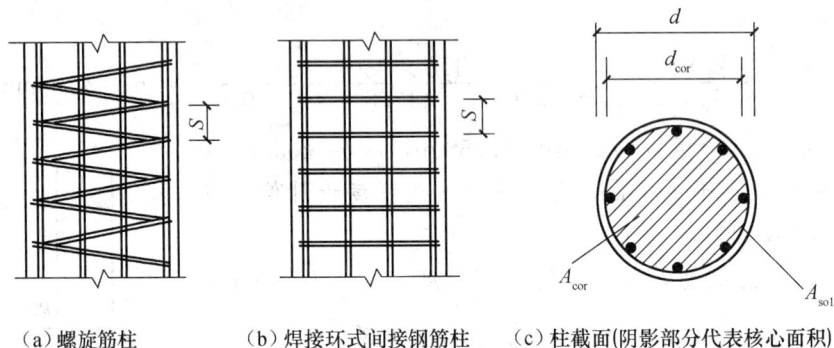

（a）螺旋筋柱　　　（b）焊接环式间接钢筋柱　　（c）柱截面(阴影部分代表核心面积)

图 7.8　配置螺旋式或焊接环式间接钢筋柱

　　由此可见，螺旋箍筋的作用是间接地提高核芯混凝土的抗压强度，从而增加柱的承载力。所以，又常将这种螺旋箍筋柱称为间接配筋柱。

　　上述破坏情况是针对长细比较小的螺旋箍筋柱而言的。对于长细比较大的螺旋箍筋柱有可能发生失稳破坏，构件破坏时核芯混凝土的横向变形不大，螺旋箍筋的约束作用不能有效发挥，甚至不起作用。换句话说，螺旋箍筋的作用只能提高核芯混凝土的抗压强度，而不能增加柱的稳定性。为此，《公路桥规》规定，构件的长细比 $l_0/i>48$（相当于 $l_0/d>12$）时不考虑螺旋箍筋对核芯混凝土的约束作用，应按普通箍筋柱计算其承载力。

2. 正截面承载力计算

　　螺旋箍筋柱的正截面抗压承载力由三部分组成：核芯混凝土承载力取 $f_{cd}A_{cor}$，纵向受力钢筋的承载力取 $f'_{sd}A'_s$，螺旋式或焊接环式箍筋增加的承载力取 $kf_{sd}A_{so}$。因此，螺旋箍筋柱正截面承载力计算的基本公式可写为

$$\gamma_0 N_d \leqslant 0.9(f_{cd}A_{cor}+f'_{sd}A'_s+kf_{sd}A_{so}) \tag{7.4}$$

$$A_{so}=\frac{\pi d_{cor}A_{so1}}{S} \tag{7.5}$$

式中，A_{cor}——构件核芯混凝土截面面积；

　　　　A_{so}——螺旋式或焊接环式间接钢筋的换算截面面积；

　　　　d_{cor}——构件截面的核芯直径；

　　　　k——间接钢筋影响系数，混凝土强度等级 C50 及以下时取 $k=2.0$，C80 时取 $k=1.70$，中间值按直线插入取用；

　　　　A_{so1}——单根间接钢筋的截面面积；

S——沿构件轴线方向间接钢筋的螺距或间距。

f_{sd}——螺旋箍筋的抗拉强度设计值，

其余符号意义同前。

利用上式进行计算时《公路桥规》有如下规定条件：

1）为了保证在使用荷载作用下混凝土保护层不致过早剥落，按螺旋箍筋柱计算的承载力设计值，且不应大于按普通箍筋柱计算的承载力设计值的 1.5 倍，即

$$0.9(f_{cd}A_{cor} + f'_{sd}A'_s + kf_{sd}A_{so}) \leqslant 1.5 \times 0.9\varphi(f_{cd}A + f'_{sd}A'_s)$$

2）当遇到下列任意一种情况时，不考虑间接钢筋的套箍作用，而按式（5.1）计算构件的正截面抗压承载力。

① 当间接钢筋的换算截面面积 A_{so} 小于全部纵向钢筋截面面积的 25%，即 $A_{so} < 0.25A'_s$ 时，由于螺旋箍筋配置的太少，不能起到约束作用。

② 当间接钢筋的间距大于 80mm 或大于核心直径的 1/5 时。

③ 当构件的长细比 $l_0/d > 12$ 时，由于长细比较大有可能因纵向弯曲造成影响，螺旋箍筋不能发挥作用。

④ 当按式（7.4）计算的抗压承载力小于按式（7.1）计算的抗压承载力时，因为式（7.4）中只考虑了混凝土核心面积，当柱截面外围混凝土较厚时核心面积相对较小，会出现上述情况，这时就应该按式（7.1）进行柱的抗压承载力计算。

螺旋箍筋柱的正截面承载力计算包括截面设计与承载力复核两项内容。

【例 7.2】 某现浇钢筋混凝土圆形截面柱，直径 $d = 500$mm，计算长度 $l_0 = 5$m，承受的轴向压力组合设计值 $N_d = 4700$kN，结构重要性系数 $\gamma_0 = 1.0$，拟采用 C30 混凝土（$f_{cd} = 13.8$MPa），纵向钢筋采用 HRB400 钢筋（$f'_{sd} = 330$MPa），箍筋采用 HRB335 钢筋（$f_{sd} = 280$MPa），试按螺旋箍筋柱进行截面设计和复核。

【解】 1）截面设计。由于长细比 $l_0/d = 5000/500 = 10 < 12$，可以按螺旋箍筋柱设计。

① 计算纵向钢筋截面面积。取纵向钢筋的混凝土保护层厚度为 30mm，则可得到：

柱的核芯直径

$$d_{cor} = d - 2 \times 30 = 500 - 2 \times 30 = 440\text{mm}$$

柱截面面积

$$A = \frac{\pi d^2}{4} = \frac{3.14 \times 500^2}{4} = 196\ 250\text{mm}^2$$

核芯截面面积

$$A_{cor} = \frac{\pi d_{cor}^2}{4} = \frac{3.14 \times 440^2}{4} = 151\ 976\text{mm}^2 > 2/3A = 130\ 833\text{mm}^2$$

假设纵向钢筋配筋率 $\rho = 0.025$，纵向钢筋截面面积 $A'_s = \rho A_{cor} = 0.025 \times 151\ 976 = 3799.4$mm²。选择 10$\Phi$22，钢筋截面面积 $A'_s = 3801$mm²。

② 螺旋箍筋计算。螺旋箍筋采用 HRB335 钢筋，其抗拉强度设计值 $f_{sd} = 280$MPa；

对 C30 混凝土取 $k=2$，按公式（7.4）求得所需螺旋箍筋的换算截面面积为

$$A_{so} = \frac{\gamma_0 N_d - 0.9(f_{cd}A_{cor} + f'_{sd}A'_s)}{0.9kf_{sd}}$$

$$= \frac{4700 \times 10^3 - 0.9(13.8 \times 151\ 976 + 330 \times 3801)}{0.9 \times 2 \times 280}$$

$$= 3340\text{mm}^2 > 0.25A'_s = 0.25 \times 4941 = 1235\text{mm}^2$$

满足要求。

螺旋箍筋选取 $\Phi 12$，单肢螺旋箍筋的截面面积 $A_{so1} = 113.1\text{mm}^2$。螺旋箍筋的间距可由公式（7.5）求得，即

$$S = \frac{\pi d_{cor}A_{so1}}{A_{so}} = \frac{3.14 \times 440 \times 113.1}{3340} = 46.7\text{mm}$$

取 $S=45\text{mm}$，满足不大于 $d_{cor}/5 = 88\text{mm}$ 及 $40\text{mm} \leqslant s \leqslant 80\text{mm}$ 的构造要求。

2）截面复核。按实际配筋情况重新计算柱的实际承载力。

$$A_{so} = \frac{\pi d_{cor}A_{so1}}{S} = \frac{3.14 \times 440 \times 113.1}{45} = 3472.4\text{mm}^2$$

$$N_{du} = 0.9(f_{cd}A_{cor} + f'_{sd}A'_s + kf_{sd}A_{so})$$

$$= 0.9 \times (13.8 \times 151\ 976 + 330 \times 3801 + 2 \times 280 \times 3472.4)$$

$$= 4766.5 \times 10^3\ \text{N} = 4766.5\ \text{kN} > \gamma_0 N_d = 4700\text{kN}$$

满足要求。

检查混凝土保护层是否脱落。由 $l_0/d = 10$，查表 7.1 得 $\varphi = 0.96$，代入下式：

$$1.5 \times 0.9\varphi(f_{cd}A + f'_{sd}A'_s) = 1.5 \times 0.9 \times 0.96 \times (13.8 \times 196\ 250 + 330 \times 3801)/10^3$$

$$= 5135.5\text{kN} > N_{du} = 4766.5\text{kN}$$

在使用荷载作用下混凝土保护层不会脱落。

7.3 矩形截面偏心受压构件承载力计算

7.3.1 偏心受压构件正截面破坏形态

1. 偏心受压构件的破坏形态

偏心受压构件是指同时承受轴向压力 N 和弯矩 M 作用（相当于偏心距为 $e_0 = M/N$ 的偏心压力作用）的构件。根据相对偏心距的大小及纵向钢筋配筋情况的不同，钢筋混凝土偏心受压短柱有以下两种主要破坏形态。

（1）大偏心——受拉破坏

当相对偏心距较大，且受拉（远离偏心力一侧）钢筋配置不太多时，构件受力后截面靠近偏心压力一侧的钢筋 A'_s 受压，另一侧的钢筋 A_s 受拉。这种破坏的特点是受

拉区横向裂缝出现较早，随着荷载的增加，裂缝不断伸展，并逐渐形成一条明显的主裂缝。这时，构件的挠曲明显增加，受压区混凝土出现纵向裂缝，随即混凝土局部压碎，导致构件破坏。这种破坏是由于受拉区钢筋的应力先达到屈服强度，钢筋变形急剧增加，受拉区裂缝扩展，受压区高度减小，从而使混凝土的压应力增大而压碎。临近破坏时有明显的预兆，裂缝显著开展，为延性破坏。

通常将这种破坏称为"受拉破坏"，即所谓大偏心受压构件。

（2）小偏心——受压破坏

当相对偏心距较小，或者虽然相对偏心距较大，但配置了较多的受拉钢筋时常发生这种破坏。这种破坏的特点是受拉区横向裂缝出现较晚，裂缝开展宽度不大，并无明显的主裂缝，当受压区混凝土局部"起皮脱落"或出现微小的网状裂缝后，随即引起混凝土的大面积压碎脱落，某些受压钢筋压屈，构件在某一横向裂缝处折断。这种情况下，混凝土本身承担的压力较大，由于压应力增高引起混凝土压碎，构件破坏时受拉边（或受压较小边）钢筋的应力尚小于屈服强度，通常将这种破坏称为"受压破坏"，即所谓小偏心受压构件。

2. 大、小偏心受压的界限

在大偏心受压破坏和小偏心受压破坏之间存在一种界限破坏，即受拉钢筋达到屈服应变 ε_y 的同时，受压混凝土也达到极限压应变 ε_{cu}。根据界限破坏的特征和平截面假定，可知大小偏心受压破坏的界限与受弯构件正截面适筋与超筋的界限是相同的。因此，大小偏压界限破坏时截面的相对受压区高度 ξ_b 仍可按表 3.3 查得。

当 $\xi \leqslant \xi_b$ 或 $x \leqslant \xi_b h_0$ 时，为大偏心受压构件，其正截面承载力取决于受拉钢筋的强度和数量；当 $\xi > \xi_b$ 或 $x > \xi_b h_0$ 时，为小偏心受压构件，其正截面承载力取决于受压区混凝土的强度。

7.3.2 偏心受压构件纵向弯曲的影响

钢筋混凝土受压构件在承受偏心力作用后，将产生纵向弯曲变形，即产生侧向挠度。对长细比较大的长柱，由于侧向挠度的影响，在柱高度中点处截面所受的弯矩不再是 Ne_0，而变成 $N(e_0+f)$（图7.9），f 为柱高度中点的水平侧向最大挠度。一般把偏心受压构件截面弯矩中的 Ne_0 称为初始弯矩或一阶弯矩，将 Nf 称为附加弯矩或二阶弯矩。由于二阶弯矩的影响，柱的承载力降低。

由于构件纵向挠曲而对二阶弯矩的影响，控制截面的实际弯矩应为

$$M = N(e_0 + f) = Ne_0(1+\frac{f}{e_0}) = N\eta e_0 \qquad (7.6)$$

式中，$\eta = 1 + \frac{f}{e_0}$ 为偏心受压构件考虑纵向挠曲影响的轴向力偏心距增大系数。由于偏心受压短柱（矩形截面长细比 $l_0/h \leqslant 5$，圆形截面 $l_0/d \leqslant 4.4$，任意截面 $l_0/i \leqslant 17.5$ 的

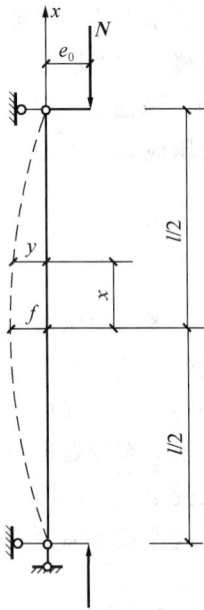

图 7.9 偏心受压构件受力图示

柱）侧向挠度很小，可认为 $\frac{f}{e_0}=0$，纵向挠曲引起的二阶弯矩影响可忽略不计，取 $\eta=1$。《公路桥规》规定，对于长细比 $\frac{l_0}{i}>17.5$ 的构件（相当于矩形截面 $\frac{l_0}{h}>5$ 或圆形截面 $\frac{l_0}{d}>4.4$），应考虑构件在弯矩作用平面内的纵向挠曲对轴向力偏心距的影响，此时应将轴向力对截面重心轴的偏心距 e_0 乘以偏心距增大系数 η。

矩形、T 形、工字形和圆形截面偏心受压构件，其偏心距增大系数应按下列公式计算，即

$$\eta = 1 + \frac{1}{1400(e_0/h_0)}\left(\frac{l_0}{h}\right)^2 \zeta_1 \zeta_2 \tag{7.7}$$

$$\zeta_1 = 0.2 + 2.7\frac{e_0}{h_0} \leqslant 1.0$$

$$\zeta_2 = 1.15 - 0.01\frac{l_0}{h} \leqslant 1.0$$

式中，l_0——构件的计算长度，按表 7.1 注 2）的规定计算；

e_0——轴向力对截面重心轴的偏心距；

h_0——截面的有效高度，对圆形截面取 $h_0=r+r_s$，r 及 r_s 意义详见下节；

h——截面的高度，对圆形截面取 $h=2r$，r 为圆形截面半径；

ζ_1——荷载偏心率对截面曲率的影响系数；

ζ_2——构件长细比对截面曲率的影响系数。

7.3.3 矩形截面对称配筋偏压构件承载力计算

1. 矩形截面偏心受压构件正截面承载力计算基本假设

钢筋混凝土偏心受压构件正截面承载力计算的基本假设与受弯构件正截面承载力计算的基本假设基本相同。

计算时不考虑受拉区混凝土参加工作，拉力全部由钢筋承担。在极限状态下，受压区混凝土应力达到混凝土抗压强度设计值 f_{cd}，混凝土的压应力图形为等效矩形应力图，其受压区高度取 x，受压较大边钢筋的应力取钢筋抗压强度设计值 f'_{sd}；受拉边（或受压较小边）钢筋的应力原则上根据其应变确定：

当 $x \leqslant \xi_b h_0$ 时，构件属大偏心受压破坏，取 $\sigma_s = f_{sd}$；

当 $x > \xi_b h_0$ 时，构件属小偏心受压破坏，钢筋应力按下式计算，即

$$\sigma_{si} = \varepsilon_{cu} E_s \left(\frac{\beta}{x/h_{0i}} - 1\right) \tag{7.8}$$

式中，σ_{si}——第 i 层纵向钢筋的应力，按公式计算为正值表示拉应力，负值表示压应力；

ε_{cu}——混凝土极限压应变，混凝土强度等级为 C50 及以下时取 $\varepsilon_{cu}=0.0033$，C80 时取 $\varepsilon_{cu}=0.003$，中间强度等级用直线插入求得；

E_s——钢筋的弹性模量；

β——截面受压区矩形应力图高度系数，混凝土强度等级为 C50 及以下时取 $\beta=0.8$，C80 时取 $\beta=0.74$，中间强度等级用直线插入求得；

x——截面受压区高度；

h_{0i}——第 i 层纵向钢筋截面面积重心至受压较大边边缘的距离。

2. 矩形截面偏心受压构件正截面承载力计算基本公式

钢筋混凝土偏心受压构件正截面承载力计算公式，可根据上述基本假设给出的计算图式（图 7.10），由内力平衡条件求得。

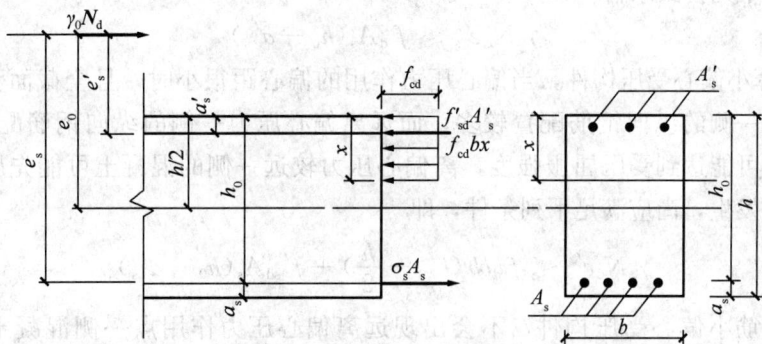

图 7.10　矩形截面偏心受压构件正截面承载能力计算图示

轴向力平衡条件为

$$\sum N = 0, \quad \gamma_0 N_d \leqslant f_{cd}bx + f'_{sd}A'_s - \sigma_s A_s \tag{7.9}$$

截面上所有力对受拉边（或受压较小边）钢筋合力作用点取矩的平衡条件为

$$\sum M_{A_s} = 0, \quad \gamma_0 N_d e_s \leqslant f_{cd}bx\left(h_0 - \frac{x}{2}\right) + f'_{sd}A'_s(h_0 - a'_s) \tag{7.10}$$

截面上所有力对受压较大边钢筋合力作用点取矩的平衡条件为

$$\sum M_{A'_s} = 0, \quad \gamma_0 N_d e'_s \leqslant -f_{cd}bx\left(\frac{x}{2} - a'_s\right) + \sigma_s A_s(h_0 - a'_s) \tag{7.11}$$

截面上所有力对轴向力作用点取矩的平衡条件为

$$\sum M_N = 0, \quad f_{cd}bx\left(e_s - h_0 + \frac{x}{2}\right) = \sigma_s A_s e_s - f'_{sd}A'_s e'_s \tag{7.12}$$

式中，σ_s——受拉边（或受压较小边）钢筋的应力，其取值与受压区高度 x 有关，当 $x \leqslant \xi_b h_0$ 时取 $\sigma_s = f_{sd}$，当 $x > \xi_b h_0$ 时 σ_s 按公式（7.8）计算；

e_s——轴向力作用点至受拉边或受压较小边钢筋合力作用点的距离，$e_s = \eta e_0 + \dfrac{h}{2} - a_s$；

e'_s——轴向力作用点至受压较大边钢筋合力作用点的距离，$e'_s = \eta e_0 - \dfrac{h}{2} + a'_s$，

其中 e_0 为轴向力作用点至混凝土截面重心轴距离，即初始偏心距，$e_0 = M_d / N_d$，η 为偏心距增大系数，按公式（7.7）计算。

应用上述基本方程式时应注意以下两点：

1）计算大偏心受压构件承载力时，为了保证受压钢筋的应力达到其抗压强度设计值，混凝土受压区高度应满足下列条件，即

$$x \geqslant 2a'_s \tag{7.13}$$

若 $x < 2a'_s$，说明受压钢筋离中性轴太近，构件破坏时受压钢筋 A'_s 的应力达不到抗压强度设计值 f'_{sd}。与双筋截面受弯构件类似，这时近似取 $x = 2a'_s$，构件的正截面承载力可按下列公式求得，即

$$\gamma_0 N_d e'_s \leqslant f_{sd} A_s (h_0 - a'_s) \tag{7.14}$$

2）计算小偏心受压构件，当偏心压力作用的偏心距很小时，且全截面受压，若靠近偏心压力一侧的纵向钢筋配置较多，而远离偏心压力一侧的纵向钢筋配置较少时，钢筋的应力可能达到受压屈服强度，离偏心压力较远一侧的混凝土可能先压坏，为防止这种破坏发生，尚应满足下列条件，即

$$\gamma_0 N_d e'_s \leqslant f_{cd} bh \left(h'_0 - \dfrac{h}{2} \right) + f'_{sd} A_s (h_0 - a'_s) \tag{7.15}$$

对称配筋小偏心受压构件，不会出现远离偏心压力作用点一侧混凝土先破坏的情况。

3. 矩形截面对称配筋偏心受压构件计算方法

在桥梁结构中，常由于荷载作用位置不同，在截面中产生方向相反的弯矩，当其绝对值相差不大时，可采用对称配筋方案。装配式柱子为了保证安装不出差错，有时也采用对称配筋。

对称配筋是指截面的两侧配有相同等级和数量的钢筋。

（1）截面设计

已知截面尺寸 $b \times h$，轴向力组合设计值 N_d 和相应的弯矩组合值 M_d（或偏心距 e_0），纵向钢筋和混凝土的强度等级 f_{sd}、f'_{sd}、f_{cd} 及弯矩作用平面内构件的计算长度 l_0，求钢筋截面面积（$A_s = A'_s$）。

解：1）初步判别大、小偏心受压。首先假定是大偏心受压，由于是对称配筋 $f_{sd} A_s = f'_{sd} A'_s$，在公式（7.9）中两者相互抵消，于是得

$$\gamma_0 N_d = f_{cd} bx$$

以 $x = \xi h_0$ 代入上式，整理后得到

$$\xi = \frac{\gamma_0 N_d}{f_{cd} b h_0} \qquad (7.16)$$

当 $\xi \leqslant \xi_b$ 时，按大偏心受压构件计算；当 $\xi > \xi_b$ 时，按小偏心受压构件计算。

2) 大偏心受压构件（$\xi \leqslant \xi_b$）。当 $\dfrac{2a'_s}{h_0} \leqslant \xi \leqslant \xi_b$ 时，将求得的 ξ 值和 $x = \xi h_0$ 代入公式 (7.10)，求得钢筋截面面积

$$A_s = A'_s = \frac{\gamma_0 N_d e_s - f_{cd} b h_0^2 \xi (1 - 0.5\xi)}{f'_{sd}(h_0 - a'_s)} \qquad (7.17)$$

当 $\xi < \dfrac{2a'_s}{h_0}$ 时，按照公式 (7.14) 求得钢筋截面面积

$$A_s = \frac{\gamma_0 N_d e'_s}{f_{sd}(h_0 - a'_s)} \qquad (7.18)$$

3) 小偏心受压构件（$\xi > \xi_b$）。首先应重新计算截面相对受压区高度 ξ。对于小偏心受压构件，钢筋 A_s 的应力为 σ_s，因此将 $x = \xi h_0$ 和 $A_s = A'_s$ 代入式 (7.8)、式 (7.9) 和式 (7.10)，并联立方程求解，可求得 ξ 和 $A_s = A'_s$。

为简化计算，《公路桥规》建议矩形截面对称配筋的钢筋混凝土小偏心受压构件其相对受压区高度 ξ 可按下列公式计算，即

$$\xi = \frac{\gamma_0 N_d - f_{cd} b h_0 \xi_b}{\dfrac{\gamma_0 N_d e_s - 0.43 f_{cd} b h_0^2}{(\beta - \xi_b)(h_0 - a'_s)} + f_{cd} b h_0} + \xi_b \qquad (7.19)$$

求得的 ξ 值后代入式 (7.17) 就可求得钢筋截面面积。

在上述计算中，如所求得总钢筋截面积 $(A_s + A'_s) > 0.05bh$，则说明所选混凝土截面尺寸过小，应加大截面尺寸；如求得的 A'_s 为负值，则说明截面尺寸过大，应按最小配筋率配筋，即取 $A_s = A'_s = 0.02bh$。

(2) 承载能力复核

已知截面尺寸 $b \times h$，钢筋截面面积 $A_s = A'_s$，构件的计算长度 l_0，纵向钢筋和混凝土的强度等级 f_{sd}、f'_{sd}、f_{cd}，轴向力组合设计值 N_d 和相应的弯矩组合值 M_d，复核偏心压杆截面是否安全。

解：偏心受压构件需要进行截面在两个方向上的承载力复核，即弯矩作用平面内和垂直于弯矩作用平面的截面承载力复核。

1) 弯矩作用平面内承载力复核。

① 大小偏心受压的判别。截面承载力复核时，因截面钢筋布置已定，应通过实际的 x 与 x_b（$x_b = \xi_b h_0$）的关系来判别大小偏心受压。一般先假设大偏心受压，这时钢筋 A_s 中的应力 $\sigma_s = f_{sd}$，代入式 (7.12) 中，即

$$f_{cd} b x \left(e_s - h_0 + \frac{x}{2} \right) = f_{sd} A_s e_s - f'_{sd} A'_s e'_s$$

求出受压区高度 x 为

$$x = (h_0 - e_s) + \sqrt{(h_0 - e_s)^2 + \frac{2(f_{sd}A_s e_s - f'_{sd}A'_s e'_s)}{f_{cd}b}} \qquad (7.20)$$

当 $x \leqslant \xi_b h_0$ 时，截面为大偏心受压；当 $x > \xi_b h_0$ 时，截面为小偏心受压。

② 大偏心受压构件（$x \leqslant \xi_b h_0$）。

若 $2a'_s \leqslant x \leqslant \xi_b h_0$，由式（7.20）计算的 x 即为大偏心受压构件截面受压区高度，此时可按式（5.9）求截面的承载力 N_{du} 并进行复核，即

$$N_{du} = f_{cd}bx + f'_{sd}A'_s - f_{sd}A_s \geqslant \gamma_0 N_d \qquad (7.21)$$

若 $x < 2a'_s$，可先由公式（7.14）求得考虑部分受压钢筋作用的承载力 N_{du1}。另外按不考虑受压钢筋作用，取 $A'_s = 0$，按单筋截面，重新求解 x，由此可得到承载力 N_{du2}。截面复核时 N_{du} 取 N_{du1} 和 N_{du2} 中较大者。

③ 小偏心受压构件（$x > \xi_b h_0$）。这时，截面受压区高度 x 不能单独由公式（7.12）来确定，应将式（7.8）代入式（7.12），经展开整理后为以 x 为未知数的三次方程，解三次方程求得 x 值。

若 $\xi_b h_0 < x \leqslant h$，截面部分受拉，部分受压。将计算的 x 值代入式（7.8），可求得钢筋的应力 σ_s，然后按基本计算公式（7.9）求截面的承载力 N_{du} 并进行复核，即

$$N_{du} = f_{cd}bx + f'_{sd}A'_s - \sigma_s A_s \geqslant \gamma_0 N_d \qquad (7.22)$$

若 $x > h$，截面全部受压。这种情况下，偏心距较小，首先考虑靠近纵向压力作用点一侧截面边缘混凝土的破坏。取 $x = h$，代入式（7.8）中计算钢筋的应力 σ_s，然后由式（7.9）求截面承载力 N_{du}。

2）垂直于弯矩作用平面的承载力复核。偏心受压构件，除了在弯矩作用平面内可能发生破坏外，还可能在垂直于弯矩作用平面内发生破坏。《公路桥规》规定，矩形、T 形和 I 形截面偏心受压构件除应计算弯矩作用平面抗压承载力外，尚应按轴心受压构件验算垂直于弯矩作用平面的抗压承载力，此时不考虑弯矩的作用，但应考虑稳定系数 φ 的影响。

【例 7.3】 某偏心受压柱截面尺寸为 $b \times h = 300\text{mm} \times 500\text{mm}$，计算长度 $l_0 = 3.5\text{m}$，承受轴压力设计值 $N_d = 350\text{kN}$，弯矩设计值 $M_d = 250\text{kN} \cdot \text{m}$，结构重要性系数 $\gamma_0 = 1.0$。拟采用 C30 混凝土（$f_{cd} = 13.8\text{MPa}$），HRB400 级纵向钢筋（$f_{sd} = f'_{sd} = 330\text{MPa}$），求钢筋截面面积 $A_s = A'_s$。

【解】 1）计算偏心距增大系数。弯矩作用平面内的长细比 $l_0/h = 3500/500 = 7 > 5$，应按式（7.7）计算偏心距增大系数 η。假设 $a_s = a'_s = 40\text{mm}$，则 $h_0 = h - a_s = 500 - 40 = 460\text{mm}$。

$$e_0 = M_d/N_d = 250 \times 10^6 / 350 \times 10^3 = 714\text{mm}$$

$$\zeta_1 = 0.2 + 2.7\frac{e_0}{h_0} = 0.2 + 2.7 \times \frac{714}{460} = 4.39 > 1, \text{取}\ \zeta_1 = 1$$

$$\zeta_2 = 1.15 - 0.01 \frac{l_0}{h} = 1.15 - 0.01 \times 7 = 1.08 > 1, \text{取} \zeta_2 = 1$$

$$\eta = 1 + \frac{1}{1400(e_0/h_0)} \left(\frac{l_0}{h}\right)^2 \zeta_1 \zeta_2 = 1 + \frac{1}{1400 \times (714/460)} \times 7^2 \times 1 \times 1 = 1.023$$

2）初步判别大、小偏心受压。由式（7.16）得

$$\xi = \frac{\gamma_0 N_d}{f_{cd} b h_0} = \frac{350 \times 10^3}{13.8 \times 300 \times 460} = 0.184 \geqslant \frac{2a'_s}{h_0} = 0.174$$

且 $< \xi_b = 0.53$，故按大偏心受压构件计算。

3）计算纵向钢筋面积。

$$e_s = \eta e_0 + h_0 - \frac{h}{2} = 714 \times 1.023 + 460 - \frac{500}{2} = 940\text{mm}$$

由式（7.17）得钢筋面积

$$A_s = A'_s = \frac{\gamma_0 N_d e_s - f_{cd} b h_0^2 \xi (1 - 0.5\xi)}{f'_{sd}(h_0 - a'_s)}$$

$$= \frac{350 \times 10^3 \times 940 - 13.8 \times 300 \times 460^2 \times 0.184 \times (1 - 0.184/2)}{300 \times (460 - 40)} = 1450\text{mm}^2$$

选钢筋 3⌀25，$A_s = A'_s = 1473\text{mm}^2$，纵筋最小净距采用 30mm，设计中 $a_s = a'_s = 45\text{mm}$，钢筋保护层厚度为 47.28.4/2=30.8mm，所需截面最小宽度 $b_{min} = 2 \times 30.8 + 3 \times 28.4 + 3 \times 30 = 237\text{mm} < b = 300\text{mm}$，箍筋按普通箍筋柱构造要求选用，截面配筋如图 7.11 所示。

【例7.4】 钢筋混凝土偏心受压柱，计算长度为 $l_0 = 2.5\text{m}$，截面尺寸为 400mm×500mm。承受的轴向力组合设计值 $N_d = 2500\text{kN}$，弯矩组合设计值 $M_d = 190\text{kN·m}$，结构重要性系数 $\gamma_0 = 1.0$。拟采用 C35 混凝土（$f_{cd} = 16.1\text{MPa}$），HRB335 钢筋（$f_{sd} = f'_{sd} = 280\text{MPa}$），$\beta = 0.8$，试按对称配筋求纵向钢筋的截面面积。

【解】 1）计算偏心距增大系数。弯矩作用平面内的长细比 $l_0/h = 2500/500 = 5$，偏心距增大系数 $\eta = 1$，假设 $a_s = a'_s = 45\text{mm}$，则 $h_0 = h - a_s = 500 - 45 = 455\text{mm}$。

初始偏心距

$$e_0 = \frac{M_d}{N_d} = \frac{190 \times 10^6}{2500 \times 10^3} = 76\text{mm}$$

2）初步判别大、小偏心受压。由式（7.16）得

$$\xi = \frac{\gamma_0 N_d}{f_{cd} b h_0} = \frac{2500 \times 10^3}{16.1 \times 400 \times 455} = 0.853 > \xi_b = 0.56$$

故应按小偏心受压构件计算。

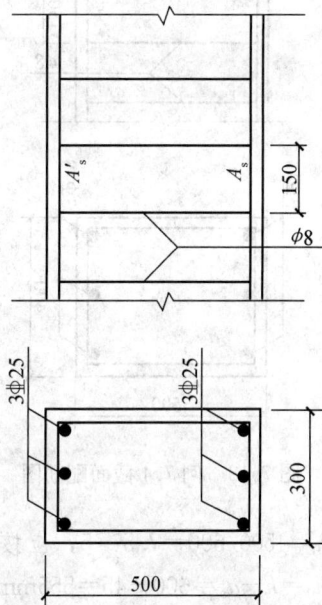

图 7.11 例 7.3 截面配筋图

3）重新计算相对受压区高度 ξ。

$$e_s = \eta e_0 + h_0 - \frac{h}{2} = 76 + 455 - \frac{500}{2} = 281mm$$

按式（7.19）计算相对受压区高度 ξ。

$$\xi = \frac{\gamma_0 N_d - f_{cd}bh_0\xi_b}{\dfrac{\gamma_0 N_d e_s - 0.43 f_{cd}bh_0^2}{(\beta - \xi_b)(h_0 - a'_s)} + f_{cd}bh_0} + \xi_b$$

$$= \frac{2500 \times 10^3 - 16.1 \times 400 \times 455 \times 0.56}{\dfrac{2500 \times 10^3 \times 281 - 0.43 \times 16.1 \times 400 \times 455^2}{(0.8 - 0.56) \times (455 - 45)} + 16.1 \times 400 \times 455} + 0.56$$

$$= 0.762 > \xi_b = 0.56$$

确实为小偏心受压构件。

4）计算纵向钢筋面积。将 $\xi = 0.762$ 代入式（7.17），得钢筋面积

$$A_s = A'_s = \frac{\gamma_0 N_d e_s - f_{cd}bh_0^2\xi(1 - 0.5\xi)}{f'_{sd}(h_0 - a'_s)}$$

$$= \frac{2500 \times 10^3 \times 281 - 16.1 \times 400 \times 455^2 \times 0.762 \times (1 - \dfrac{0.762}{2})}{280 \times (455 - 45)} = 641mm^2$$

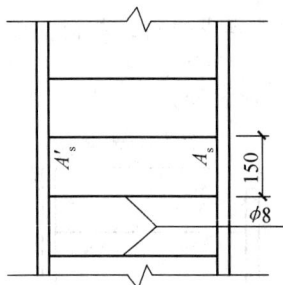

图 7.12　例 7.4 截面配筋图

截面每侧配筋 3Φ18，$A_s = A'_s = 763mm^2 > 0.002bh = 0.002 \times 400 \times 500 = 400mm^2$。设计中 $a_s = a'_s = 45mm$，钢筋保护层厚度为 $45 - 20.5/2 = 34.75mm$，纵筋最小净距采用 50mm，所需截面最小宽度 $b_{min} = 2 \times 34.75 + 3 \times 20.5 + 2 \times 50 = 181mm < b = 400mm$。箍筋按普通箍筋柱构造要求选用，截面配筋如图 7.12 所示。

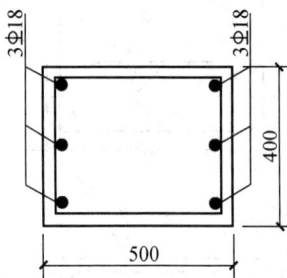

【例 7.5】　有一装配式钢筋混凝土柱，计算长度 $l_0 = 4.5m$，截面尺寸为 $400mm \times 600mm$，承受的轴向力组合设计值 $N_d = 450kN$，弯矩组合设计值 $M_d = 280kN \cdot m$，结构重要性系数 $\gamma_0 = 1.0$。采用 C25 混凝土（$f_{cd} = 11.5MPa$），HRB400 钢筋（$f_{sd} = f'_{sd} = 330MPa$），截面每侧配筋 4Φ20（$A_s = A'_s = 1256mm^2$），$\xi_b = 0.53$，试复核该柱承载力。

【解】　1）弯矩作用平面内的截面复核。

① 计算偏心距增大系数。弯矩作用平面内的长细比 $l_0/h = 4500/600 = 7.5 > 5$，应按式（7.7）计算偏心增大系数 η。假设 $a_s = a'_s = 45mm$，则 $h_0 = h - a_s = 600 - 45 = 555mm$。

$$e_0 = M_d/N_d = 280 \times 10^6/450 \times 10^3 = 622mm$$

$$\zeta_1 = 0.2 + 2.7 \frac{e_0}{h_0} = 0.2 + 2.7 \times \frac{622}{555} = 3.22 > 1,取\ \zeta_1 = 1$$

$$\zeta_2 = 1.15 - 0.01 \frac{l_0}{h} = 1.15 - 0.01 \times 7.5 = 1.075 > 1,取\ \zeta_2 = 1$$

$$\eta = 1 + \frac{1}{1400(e_0/h_0)}\left(\frac{l_0}{h}\right)^2 \zeta_1 \zeta_2 = 1 + \frac{1}{1400 \times (622/555)} \times 7.5^2 \times 1 \times 1 = 1.036$$

② 按式（7.20）求受压区高度 x。

$$e_s = \eta e_0 + h_0 - \frac{h}{2} = 1.036 \times 622 + 555 - \frac{600}{2} = 899\text{mm}$$

$$e'_s = \eta e_0 - \frac{h}{2} + a'_s = 1.036 \times 622 - \frac{500}{2} + 45 = 389\text{mm}$$

$$x = (h_0 - e_s) + \sqrt{(h_0 - e_s)^2 + \frac{2f_{sd}A_s(e_s - e'_s)}{f_{cd}b}}$$

$$= (555 - 899) + \sqrt{(555 - 899)^2 + \frac{2 \times 330 \times 1256 \times (899 - 389)}{11.5 \times 400}}$$

$$= 114.5\text{mm} < \xi_b h_0 = 0.53 \times 555 = 294\text{mm},且 > 2a'_s = 90\text{mm}$$

按大偏心受压构件计算。

③ 按式（7.21）求截面承载力。

$$N_{du} = f_{cd}bx = 11.5 \times 400 \times 114.5 = 526\text{kN} > \gamma_0 N_d = 450\text{kN}$$

弯矩作用平面内截面安全。

2）垂直于弯矩作用平面内的截面复核。按轴心受压构件验算垂直于弯矩作用平面的抗压承载力，长细比 $l_0/b = 4500/400 = 11.3$，由表 7.1 查得相应的稳定系数 $\varphi = 0.96$，则

$$N_{du} = 0.9\varphi(f_{cd}A_s + f'_{sd}A'_s)$$

$$= 0.9 \times 0.96(11.5 \times 400 \times 600 + 330 \times 1256 \times 2)$$

$$= 3100\text{kN} < \gamma_0 N_d = 450\text{kN}$$

垂直于弯矩作用平面内的截面安全。计算结果表明，结构的承载力是足够的。

7.4　圆形截面偏心受压构件承载力计算

在桥梁结构中，圆形截面主要应用于桥梁墩（台）身及基础工程中，例如圆形柱式桥墩、钻孔灌注桩基础等。

圆形截面偏心受压构件的纵向受力钢筋通常是沿圆周均匀布置的。其根数不少于 6 根。对于一般钢筋混凝土圆形截面偏心受压柱，纵向钢筋的直径不宜小于 12mm，保护层厚度不小于 30～40mm。桥梁工程中采用的钻孔灌注桩，直径不小于 800mm，桩内纵向受力钢筋的直径不宜小于 14mm，根数不宜少于 8 根，钢筋间净距不宜小于

80mm，混凝土保护层厚度不小于 60～75mm；箍筋间距为 200～400mm。对直径较大的桩，为了加强钢筋骨架的刚度，可在钢筋骨架上每隔 2～3m 设置一道直径为 14～18mm 的加劲箍筋。

7.4.1 正截面承载力计算的基本假定

试验研究表明，钢筋混凝土圆形截面偏心受压构件的破坏最终表现为受压区的混凝土压碎。作用的轴向力对截面形心的偏心距不同，也会出现类似矩形截面偏心受压构件那样的"受拉破坏"和"受压破坏"两种破坏形态。但是对于钢筋沿圆周均匀布置的圆形截面来说，构件破坏时各根钢筋的应变是不等的，应力也不完全相同。随着轴向压力的偏心距的增加，构件的破坏由"受压破坏"到"受拉破坏"的过渡基本上是连续的。

《公路桥规》采用的圆形截面偏心受压构件正截面承载力计算公式是在试验研究的基础上，通过截面变形协调和内力平衡条件建立的。

在试验研究的基础上，引入下列假设作为计算的基础：

1）构件变形符合平截面假设。

2）构件达到极限破坏时，受压区混凝土的应力采用矩形应力图，矩形应力图的宽度取混凝土轴心抗压强度设计值 f_{cd}，矩形应力图高度取 $x=\beta x_0$（式中 x_0 为应变图变形零点至受压较大边截面边缘的距离），应力图高度系数 β 与变形零点相对位置 $\xi=x_0/2r$ 有关（式中 r 为圆形截面半径），按下列规定计算：

当 $\xi \leqslant 1$ 时，取 $\beta=0.8$；

当 $1<\xi \leqslant 1.5$ 时，$\beta=1.067-0.267\xi$；

当 $\xi>1.5$ 时，按全截面混凝土均匀受压处理。

3）不考虑受拉区混凝土参加工作，拉力全部由钢筋承担。

4）将钢筋视为理想的弹塑性体，各根钢筋的应力根据其应变确定。

对周边均匀配筋的圆形偏心受压构件，当纵向钢筋不少于 6 根时，可以将纵向钢筋化为总截面面积为 A_s、半径为 r_s 的等效薄壁钢环，并认为等效薄壁钢环的壁厚中心至截面圆心的距离为 $r_s=gr$（r 为圆形截面的半径），那么等效薄壁钢环的厚度

$$t_s = \frac{A_s}{2\pi r_s} = \frac{\rho \cdot r}{2g}$$

式中，ρ——纵向钢筋配筋率，$\rho=A_s/\pi r^2$；

g——纵向钢筋所在圆周的半径 r_s 与圆截面半径之比，$g=r_s/r$，一般取 $g=0.88～0.92$。

7.4.2 正截面承载力计算的基本公式

按上述假定给出的计算图式如图 7.13 所示。圆形截面偏心受压构件承载力计算的

基本公式可写成下列形式：

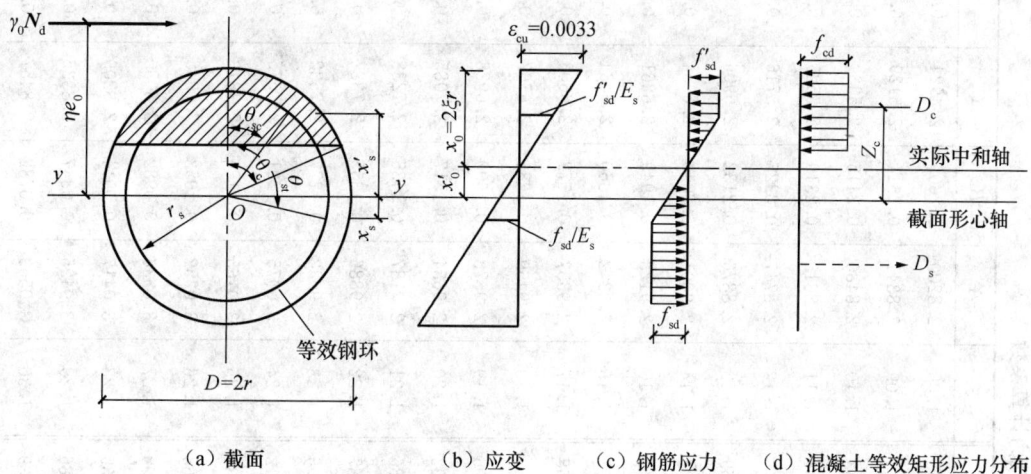

（a）截面　　　　　　（b）应变　　　（c）钢筋应力　　　（d）混凝土等效矩形应力分布

图 7.13　圆形截面偏心受压构件正截面承载力计算图式

截面上所有水平力平衡条件为

$$\gamma_0 N_d \leqslant D_c + D_s \tag{7.23}$$

截面上所有力对截面形心轴 y-y 的合力矩平衡条件为

$$\gamma_0 N_d (\eta e_0) \leqslant M_c + M_s \tag{7.24}$$

式中，D_c、D_s——受压区混凝土压应力的合力和所有纵筋的应力合力；

　　　　M_c、M_s——受压区混凝土应力的合力对 y 轴力矩和所有纵筋应力合力对 y 轴的力矩。

上述合力及合力矩的计算表达式可根据图 7.13 所示的应力图和圆形截面的几何特征值由积分计算求得，将其代入上式后，圆形截面偏心受压构件承载力计算基本公式可改写为下列形式，即

$$\gamma_0 N_d \leqslant A r^2 f_{cd} + C \rho r^2 f'_{sd} \tag{7.25}$$

$$\gamma_0 N_d (\eta e_0) \leqslant B r^3 f_{cd} + D \rho g r^3 f'_{sd} \tag{7.26}$$

式中的 A、B 仅与变形零点相对位置 $\xi = x_0/2r$ 有关；系数 C、D 与变形零点相对位置 ξ、钢筋种类 f'_{sd}、E_s 及 $g = r_s/r$ 有关，其数值可以编制成表（详见表 7.2）。对于常用的普通钢筋 $f'_{sd}/E_s = 0.000\,928 \sim 0.001\,65$，平均值为 0.0014，一般钻孔灌注桩 g 值的变化范围大致为 0.88 ～ 0.92。为了减少表格的篇幅，在编制系数 C、D 时，近似地取 $f'_{sd}/E_s = 0.0014$，$g = 0.88$。

表 7.2　圆形截面钢筋混凝土偏心构件正截面抗压承载力计算系数

ξ	A	B	C	D	ξ	A	B	C	D	ξ	A	B	C	D
0.20	0.3244	0.2628	-1.5296	1.4216	0.64	1.6188	0.6661	0.7373	1.6763	1.08	2.8200	0.2609	2.4924	0.5356
0.21	0.3481	0.2787	-1.4676	1.4623	0.65	1.6058	0.6651	0.8080	1.6343	1.09	2.8341	0.2511	2.5129	0.5204
0.22	0.3723	0.2945	-1.4074	1.5004	0.66	1.6827	0.6635	0.8766	1.5933	1.10	2.8480	0.2415	2.5330	0.5055
0.23	0.3969	0.3103	-1.3486	1.5361	0.67	1.7147	0.6615	0.9430	1.5534	1.11	2.8615	0.2319	2.5525	0.4908
0.24	0.4219	0.3259	-1.2911	1.5697	0.68	1.7466	0.6589	1.0071	1.5146	1.12	2.8747	0.2225	2.5716	0.4765
0.25	0.4473	0.3413	-1.2348	1.6012	0.69	1.7784	0.6559	1.0692	1.4769	1.13	2.8876	0.2132	2.5906	0.4624
0.26	0.4731	0.3566	-1.1796	1.6307	0.70	1.8102	0.6523	1.1294	1.4402	1.14	2.9001	0.2040	2.6084	0.4486
0.27	0.4992	0.3717	-1.1254	1.6584	0.71	1.8420	0.6483	1.1876	1.4045	1.15	2.9123	0.1949	2.6261	0.4351
0.28	0.5258	0.3865	-1.0720	1.6843	0.72	1.8736	0.6437	1.2440	1.3697	1.16	2.9242	0.1860	2.6434	0.4219
0.29	0.5526	0.4011	-1.0194	1.7086	0.73	1.9052	0.6386	1.2987	1.3358	1.17	2.9357	0.1772	2.6603	0.4089
0.30	0.5798	0.4155	-0.9675	1.7313	0.74	1.9367	0.6331	1.3517	1.3028	1.18	2.9469	0.1685	2.6767	0.3961
0.31	0.6073	0.4295	-0.9163	1.7524	0.75	1.9681	0.6271	1.4030	1.2706	1.19	2.9578	0.1600	2.6928	0.3836
0.32	0.6351	0.4433	-0.8656	1.7721	0.76	1.9994	0.6206	1.4529	1.2392	1.20	2.9684	0.1517	2.7085	0.3714
0.33	0.6631	0.4568	-0.8154	1.7903	0.77	2.0306	0.6136	1.5013	1.2086	1.21	2.9787	0.1435	2.7238	0.3594
0.34	0.6915	0.4699	-0.7657	1.8071	0.78	2.0617	0.6061	1.54 82	1.1787	1.22	2.9886	0.1355	2.7387	0.3476
0.35	0.7201	0.4828	-0.7165	1.8225	0.79	2.0926	0.5982	1.5938	1.1496	1.23	2.9982	0.1277	2.7532	0.3361
0.36	0.7489	0.4952	-0.5676	1.8366	0.80	2.1234	0.5898	1.6381	1.1212	1.24	3.0075	0.1201	2.7675	0.3248
0.37	0.7780	0.5073	-0.6190	1.8494	0.81	2.1540	0.5810	1.6811	1.0934	1.25	3.0165	0.1126	2.7813	0.3137
0.38	0.8074	0.5191	-0.5707	1.8609	0.82	2.1845	0.5717	1.7228	1.0663	1.26	3.0252	0.1053	2.7948	0.3028
0.39	0.8369	0.5304	-0.5227	1.8711	0.83	2.2148	0.5620	1.7635	1.0398	1.27	3.0336	0.0982	2.8080	0.2922
0.40	0.8667	0.5414	-0.4749	1.8801	0.84	2.2450	0.5519	1.8029	1.0139	1.28	3.0417	0.0914	2.8209	0.2818
0.41	0.8966	0.5519	-0.4273	1.8878	0.85	2.2749	0.5414	1.8413	0.9886	1.29	3.0495	0.0847	2.8335	0.2715
0.42	0.9268	0.5620	-0.3798	1.8943	0.86	2.3047	0.5304	1.8786	0.9639	1.30	3.0569	0.0782	2.8457	0.2615

1.31	3.0641	0.0719	2.8576	0.2517
1.32	3.0709	0.0659	2.8693	0.2421
1.33	3.0775	0.0600	2.8806	0.2327
1.34	3.0837	0.0544	2.8917	0.2235
1.35	3.0897	0.0490	2.9024	0.2145
1.36	3.0954	0.0439	2.9129	0.2057
1.37	3.1007	0.0389	2.9232	0.1970
1.38	3.1058	0.0343	2.9331	0.1886
1.39	3.1106	0.0298	2.9428	0.1803
1.40	3.1150	0.0256	2.9523	0.1772
1.41	3.1192	0.0217	2.9615	0.1643
1.42	3.1231	0.0180	2.9704	0.1566
1.43	3.1266	0.0146	2.9791	0.1491
1.44	3.1299	0.0115	2.9876	0.1417
1.45	3.1328	0.0086	2.9958	0.1345
1.46	3.1354	0.0061	3.0038	0.1275
1.47	3.1376	0.0039	3.0115	0.1206
1.48	3.1395	0.0021	3.0191	0.1140
1.49	3.1408	0.0007	3.0264	0.1075
1.50	3.1416	0.0000	3.0334	0.1011
1.51	3.1416	0.0000	3.0403	0.0950

0.87	2.3342	0.5191	1.9149	0.9397
0.88	2.3636	0.5073	1.9503	0.9161
0.89	2.3927	0.4952	1.9846	0.8930
0.90	2.4215	0.4828	2.0181	0.8704
0.91	2.4501	0.4699	2.0507	0.8483
0.92	2.4785	0.4568	2.0824	0.8266
0.93	2.5065	0.4433	2.1132	0.8055
0.94	2.5343	0.4295	2.1433	0.7847
0.95	2.5618	0.4155	2.1726	0.7645
0.96	2.5890	0.4011	2.2012	0.7446
0.97	2.6158	0.3865	2.2290	0.7251
0.98	2.6424	0.3717	2.2561	0.7061
0.99	2.6685	0.3566	2.2825	0.6874
1.00	2.6943	0.3413	2.3082	0.6692
1.01	2.7112	0.3311	2.3333	0.6513
1.02	2.7227	0.3209	2.3578	0.6337
1.03	2.7440	0.3108	2.3817	0.6165
1.04	2.7598	0.3006	2.4049	0.5997
1.05	2.7754	0.2906	2.4276	0.5832
1.06	2.7906	0.2806	2.4497	0.5670
1.07	2.8054	0.2707	2.4713	0.5512

0.43	0.9571	0.5717	−0.3323	1.8996
0.44	0.9876	0.5810	−0.2850	1.9036
0.45	1.0182	0.5898	−0.2377	1.9065
0.46	1.0490	0.5982	−0.1903	1.9081
0.47	1.0799	0.6061	−0.1429	1.9084
0.48	1.1110	0.6136	−0.0954	1.9075
0.49	1.1422	0.6206	−0.0478	1.9053
0.50	1.1735	0.6271	0.0000	1.9018
0.51	1.2049	0.6331	0.0480	1.8971
0.52	1.2364	0.6386	0.0963	1.8909
0.53	1.2680	0.6437	0.1450	1.8834
0.54	1.2996	0.6483	0.1941	1.8744
0.55	1.3314	0.6523	0.2436	1.8369
0.56	1.3632	0.6559	0.2937	1.8519
0.57	1.3950	0.6589	0.3444	1.8381
0.58	1.4269	0.6615	0.3960	1.8226
0.59	1.4589	0.6635	0.4485	1.8052
0.60	1.4908	0.6651	0.5021	1.7856
0.61	1.5228	0.6661	0.5571	1.7336
0.62	1.5548	0.6666	0.6139	1.7387
0.63	1.5868	0.6666	0.6734	1.7103

7.4.3　计算方法

利用公式（7.25）和公式（7.26）进行圆形截面偏心受压构件正截面承载能力计算，一般采用试算修正法，实际工作中可分为配筋设计和承载力复核两种情况。

1. 截面设计

已知截面尺寸、计算长度、材料强度等级、轴向力及弯矩组合设计值，求纵向钢筋面积 A_s。

直接采用式（7.25）和式（7.26）是无法求得纵向钢筋面积 A_s 的，一般采用试算法。现将式（7.26）除以式（7.25），整理可得到

$$\rho = \frac{f_{cd}}{f'_{sd}} \cdot \frac{B \cdot r - A\eta e_0}{C\eta e_0 - Dgr} \tag{7.27}$$

由已知条件先假设 ξ（$\xi = \frac{x_0}{2}$）值，由表 7.2 查得相应的系数 A、B、C 和 D 的值，代入式（7.27），得到配筋率 ρ。再将系数 A、C 和 ρ 值代入式（7.25），可求得轴向力 N_{du}。若 N_{du} 值与实际值 $\gamma_0 N_d$ 基本相符（允许偏差在 2% 以内），则假设的 ξ 值及依此计算的 ρ 值即为所求。若两者不符，需重新假定 ξ 值，重复以上步骤，直至基本相符为止。

按最后确定的 ρ 值计算所需的钢筋截面面积为

$$A_s = \rho\pi \cdot r^2 \tag{7.28}$$

2. 承载力复核

已知截面尺寸、计算长度、纵向钢筋面积 A_s、材料强度等级、轴向力及弯矩组合设计值，要求对构件承载力进行复核。

仍采用试算法。现将式（7.27）改写为下列形式，即

$$\eta e_0 = \frac{Bf_{cd} + D\rho g f'_{sd}}{Af_{cd} + C\rho f'_{sd}} \cdot r \tag{7.29}$$

先假设 ξ 值，由表 7.2 查得相应的系数 A、B、C 和 D 的值，代入式（7.29）计算偏心距 ηe_0。若所得数值与实际计算偏心距 $\eta M_d / N_d$ 基本相符（允许偏差在 2% 以内），则假定的 ξ 值即为所求。若两者不符，需重新假设 ξ 值，重复以上步骤，直至两者基本相符为止。

按最后确定的 ξ 相应的系数代入式（7.25）或式（7.26）中，进行构件正截面承载力的复核验算。

圆形截面偏心受压构件承载力计算亦可采用诺模图进行。诺模图按不同的混凝土强度等级和钢筋种类编制。利用诺模图进行承载力计算的具体方法详见《公路桥规》条文说明。

【例 7.6】 有一根直径 $D=1.2\text{m}$ 的钻孔灌注桩，桩的计算长度 $l_0=5.2\text{m}$，承受的轴向力设计值 $N_d=11\,500\text{kN}$，弯矩设计值 $M_d=2415\text{kN·m}$，结构重要性系数 $\gamma_0=1.0$，拟采用 C25 混凝土，$f_{cd}=11.5\text{MPa}$，HRB335 钢筋，$f'_{sd}=280\text{MPa}$，试选择截面配筋，并复核截面抗压承载力。

【解】 1）截面设计。桩的半径 $r=1200/2=600\text{mm}$，混凝土保护层厚度取 60mm，拟选用 $\phi28$（外径 31.6mm）钢筋，则

$$r_s=600-(60+\frac{31.6}{2})=524.2\text{mm}$$

$$g=r_s/r=524.2/600=0.874$$

① 计算 ηe_0。桩的长细比 $l_0/2r=5.2\times10^3/1200=4.33<4.4$，取 $\eta=1$。

偏心距 $e_0=M_d/N_d=2415\times10^6/11\,500\times10^3=210\text{mm}$

$$\eta e_0=1.0\times210=210\text{mm}$$

② 计算 ξ。假设 $\xi=0.8$，查表 7.2 求得系数 $A=2.1234$，$B=0.5898$，$C=1.6381$，$D=1.1212$。将其代入公式（7.27）计算配筋率，得

$$\rho=\frac{f_{cd}}{f'_{sd}}\cdot\frac{B\cdot r-A\eta e_0}{C\eta e_0-Dgr}$$

$$=\frac{11.5}{280}\times\frac{0.5895\times600-2.1234\times210}{1.6381\times210-1.1212\times0.874\times600}=0.0155$$

将所得配筋率代入公式（7.25），求得轴向力设计值为

$$N_{du}=Ar^2f_{cd}+C\rho r^2 f'_{sd}$$

$$=2.1234\times600^2\times11.5+1.6381\times0.0155\times600^2\times280$$

$$=11\,350\,243\text{N}=11\,350.243\text{kN}$$

$N_{du}/\gamma_0 N_d=11\,350.234/11\,500=0.9870$

计算轴向力设计值与实际值基本相符，所得配筋率 $\rho=0.0155$ 即为所求。

③ 计算钢筋截面面积。

$$A_s=\rho\pi\cdot r^2=0.0155\times3.1416\times600^2=17\,530\text{mm}^2$$

选 $29\phi28$，供给钢筋截面面积 $A_s=17\,855\text{mm}^2$，$r_s=524.2\text{mm}$，钢筋间距为 $2\pi r_s/n=2\times3.14\times524.2/29=114\text{mm}$。

实际配筋率 $\rho=A_s/\pi r^2=17\,855/(3.1416\times600^2)=0.015\,78$。

2）承载力复核。因实际配筋率略高于计算值，假设 $\xi=0.805$，由表 7.2 查得系数 $A=2.1387$，$B=0.5854$，$C=1.6596$，$D=1.1073$。将其代入公式（7.29），得

$$\eta e_0=\frac{Bf_{cd}+D\rho gf'_{sd}}{Af_{cd}+C\rho f'_{sd}}\cdot r$$

$$=\frac{0.5854\times11.5+1.1073\times0.015\,78\times0.874\times280}{2.1387\times11.5+1.6596\times0.015\,78\times280}\times600=207\text{mm}$$

$207/210=0.9857$，计算偏心距与实际值基本相等，$\xi=0.805$ 即为所求。

截面所能承受的轴向力设计值由公式（7.25）求得。

$$N_{du} = Ar^2 f_{cd} + C\rho r^2 f'_{sd}$$
$$= 2.1387 \times 600^2 \times 11.5 + 1.6596 \times 0.015\,87 \times 600^2 \times 280$$
$$= 11\,494\text{kN} \approx \gamma_0 N_d = 11\,500\text{kN}$$

计算结果表明，截面抗压承载力满足要求，结构是安全的。

小　　结

本部分首先介绍了普通箍筋柱与螺旋箍筋柱的基本构造要求和正截面承载力计算方法，然后重点讨论了矩形截面对称配筋的偏心受压构件的正截面承载力计算方法，最后介绍了圆形截面偏心受压构件的正截面承载力计算方法。

本部分主要包括以下几方面内容：

1. 配有纵向钢筋和普通箍筋的轴心受压构件正截面承载力计算方法。

2. 配有纵向钢筋和螺旋箍筋的轴心受压构件正截面承载力计算方法以及公式的有关规定。

3. 偏心受压构件正截面受力特点和破坏形态。

4. 矩形截面偏心受压构件的计算图式、基本计算公式及应用条件。

5. 截面设计时与截面复核时大小偏心受压的判别方法。

6. 运用试算法进行圆形截面偏心受压构件的截面设计与截面复核。

同时应注意：小偏心受压时，A_s 达不到 f_{sd}，甚至可能是压应力；承载力复核时要考虑弯矩作用面与其垂直面两种情况，特别注意两个方向的长细比可能不同。

相关链接

1. http：//www.moc.gov.cn/

2. http：//bridge.tongji.edu.cn/bridge/

3. http：//highway.chd.edu.cn/

4. 张树仁，郑绍硅，黄侨，鲍卫刚.2004.钢筋混凝土及预应力混凝土桥梁结构设计原理.北京：人民交通出版社.

5. 黄平明，梅葵花，王蒂.2006.结构设计原理.北京：人民交通出版社.

思考与练习

1. 受压构件中纵向钢筋有什么作用？

2. 钢筋混凝土柱中放置箍筋的目的是什么？对箍筋直径、间距有什么规定？

3. 配有螺旋式箍筋的轴心受压柱其受压承载力和变形能力为什么能提高？

4. 轴心受压普通箍筋柱与螺旋箍筋柱的正截面受压承载力计算有何不同？

5. 简述钢筋混凝土偏心受压短柱的破坏形态。

6. 大、小偏心受压的破坏特征有何区别？如何判别大、小偏心受压？

7. 偏心受压构件计算时为什么要考虑偏心距增大系数 η？偏心距增大系数与哪些因素有关？

8. 试绘出偏心受压构件截面的计算应力图形，并按应力图形写出基本公式。

9. 偏心受压构件如何进行垂直于弯矩作用平面的受压承载力验算？

10. 已知轴心受压柱的截面尺寸为 $500mm \times 500mm$，其支点间长度 $l=8.5m$，该柱一端铰接，一端固定，承受轴向力组合设计值 $N_d=3510kN$，材料为 C25 混凝土，拟采用 HRB335 钢筋。结构重要性系数为 1.0，试对构件进行配筋，并复核承载力。

11. 已知一现浇轴心受压柱，截面尺寸为 $250mm \times 250mm$，计算长度 $l_0=6.5m$，材料为 C30 混凝土，钢筋为 HRB400，$4\Phi25$，结构重要性系数为 1.1，求该柱所能承受的最大轴向力设计值。

12. 已知一正方形轴心受压构件，计算长度 $l_0=5.8m$，计算纵向力 $N_d=1025kN$，结构重要性系数为 1.0。采用 C25 混凝土，HRB335 钢筋，试设计此构件的截面尺寸并配筋。

13. 已知一圆形截面轴心受压柱，直径 $300mm$，柱高 $3m$，两端固结，采用混凝土为 C25；沿圆周均匀配置 $6\Phi16$ 的 HRB400 纵向钢筋；箍筋采用 HRB335、直径为 $10mm$ 的螺旋筋，间距为 $200mm$，试求该柱所能承受的最大轴向力设计值。

14. 已知一圆形截面柱，其截面尺寸已根据构造要求确定，直径为 $450mm$，计算长度 $l_0=2.25m$，承受轴向力组合设计值 $N_d=2580kN$，采用 C25 混凝土，HRB335 钢筋，结构重要性系数为 1.0，试对构件进行配筋，并复核承载力。

15. 已知一矩形截面柱，截面尺寸 $400mm \times 600mm$，计算长度 $l_0=4m$，受轴向力组合设计值 $N_d=1550kN$，弯矩组合设计值 $M_d=435\ kN \cdot m$，结构重要性系数为 1.0，采用 C30 混凝土，HRB335 钢筋，试对构件进行配筋，并复核承载能力。

16. 已知一矩形截面受压构件尺寸 $b \times h=250mm \times 300mm$，计算长度 $l_0=2.2m$，用 C25 混凝土，HRB335 钢筋，承受轴向力组合设计值 $N_d=130kN$，弯矩组合设计值 $M_d=61.2\ kN \cdot m$，结构重要性系数为 1.0，试求对称布筋时纵向钢筋所需面积。

17. 已知钢筋混凝土偏心受压构件，截面尺寸 $b \times h=400mm \times 500mm$，计算长度 $l_0=4.0m$。结构重要性系数为 1.0，承受轴向力设计值 $N_d=2500kN$，弯矩设计值 $M_d=190\ kN \cdot m$，采用 C35 混凝土，HRB335 钢筋，试求对称布筋时纵向钢筋所需面积。

18. 有一装配式钢筋混凝土柱，计算长度 $l_0=4m$，截面尺寸为 $400mm \times 500mm$，承受的轴向力组合设计值 $N_d=450kN$，弯矩组合设计值 $M_d=250kN \cdot m$，结构重要性系数 $\gamma_0=1.0$，采用 C25 混凝土；HRB400 钢筋，截面每侧配筋 $4\Phi20$（$A_s=A'_s=1256mm^2$），试复核该柱承载力。

19. 某钢筋混凝土柱，计算长度 $l_0=3.5m$，截面尺寸为 250mm×500mm。承受的轴向力组合设计值 $N_d=1328kN$，弯矩组合设计值 $M_d=121.9kN \cdot m$，结构重要性系数 $\gamma_0=1.0$，拟采用 C25 混凝土，R235 钢筋，截面每侧配筋 4Φ22 ($A_s=A'_s=1520mm^2$，$E_s=2.1×10^5 MPa$)，试复核该柱承载力。

20. 已知一钻孔灌注桩，直径 1.3m，计算长度 $l_0=9.0m$，承受轴向力组合设计值 $N_d=3590kN$，弯矩组合设计值 $M_d=1680 kN \cdot m$，采用 C25 混凝土，沿圆周均匀布置 20Φ18 的 HRB335 钢筋，$a_s=60mm$，结构重要性系数为 1.0，试复核截面承载力。

21. 已知圆形截面偏心受压柱，直径 1.4m，轴向力组合设计 $N_d=14\ 300kN$，偏心距 $e_0=150mm$，计算长度 $l_0=11.9m$，采用 C25 混凝土，HRB335 钢筋，结构重要性系数为 1.0，试计算所需纵向钢筋截面面积。

8

预应力混凝土结构

教学目标

1. 了解预应力混凝土结构的基本原理、特点、分类、材料及预应力的施加方法。
2. 掌握张拉控制应力概念，了解各项预应力损失产生的原因及减小措施，掌握预应力损失的估算方法。
3. 掌握预应力混凝土简支梁的设计内容及基本构造要求。

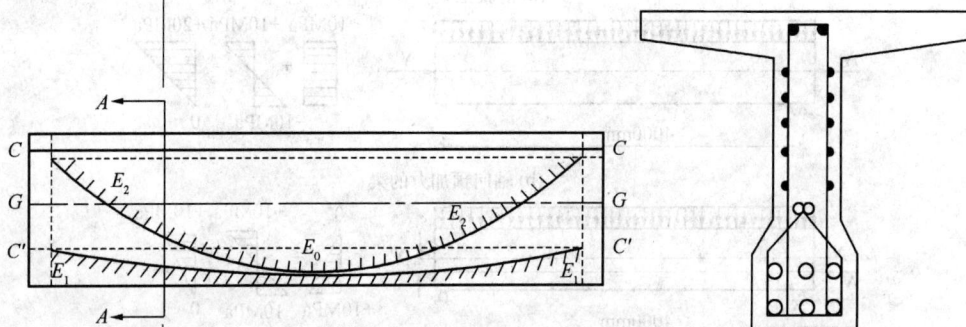

8.1 预应力混凝土基本概念

普通钢筋混凝土结构具有很多优点，是桥梁结构的主要形式之一，但同时它也具有混凝土的抗拉强度过低、拉伸极限应变太小以及混凝土很容易开裂等缺点，从而导致构件刚度下降，无法应用于不允许开裂的结构中，也无法充分利用高强材料。当荷载增加时，就只能增加钢筋混凝土构件的截面尺寸，或者增加钢筋用量来控制裂缝和变形，这样做不仅使构件自重增加，而且是不经济的。要使钢筋混凝土结构得到进一步的发展，就必须提高结构的抗裂性能。

解决钢筋混凝土结构抗裂性能差的有效措施是设法预先在混凝土中施加一种预压应力，用以抵消外荷载作用所产生的拉应力，使混凝土构件整个截面始终处于受压工作状态，或限制其拉应力小于抗拉强度允许值，这种预先施加了应力的混凝土称为预应力混凝土。

8.1.1 预应力混凝土结构的基本原理

现以图8.1所示预应力混凝土简支梁为例说明预应力混凝土的概念。

在使用荷载作用下，跨中截面上下边缘应力分别为±10MPa，其中下边缘受拉，见图8.1（a）。当预先给梁施加一定大小的轴心压力或偏心压力，使梁在预压力作用下截面下缘应力刚好为+10MPa，这样在预压力 N 和使用荷载共同作用下，梁的下边缘应力刚好抵消为0，而截面的其他位置均受压，即可使截面成为全截面受压的截面。

由此可见，预应力混凝土构件可延缓混凝土构件的开裂，提高构件的抗裂能力和刚度，并可取得节约钢筋、减轻自重的效果，克服了钢筋混凝土的主要缺点。

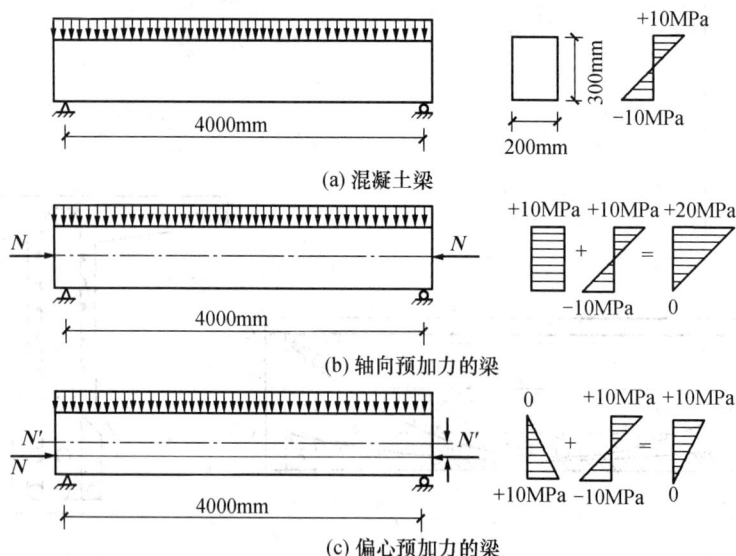

图8.1　预应力混凝土简支梁

8.1.2 预应力混凝土结构的特点

预应力混凝土结构与普通钢筋混凝土结构相比具有以下主要优点：

1）提高了构件的抗裂度和刚度。对构件施加预应力后，可使构件在使用荷载作用下不出现裂缝，或推迟裂缝的出现，减小裂缝的宽度，有效地改善了构件的使用性能，提高了构件的刚度，增加了结构的耐久性。

2）可使用高强度材料，节省材料，减小自重。预应力混凝土由于采用高强材料，可减少构件截面尺寸，节省钢材与混凝土用量，降低结构物的自重，提高结构的跨越能力。大跨度和重荷载结构采用预应力混凝土结构一般是经济合理的。

3）可以减小混凝土梁的竖向剪力和主拉应力。预应力混凝土梁的曲线钢筋（束）可使梁中支座附近的竖向剪力减小；又由于混凝土截面上预压应力的存在，荷载作用下的主拉应力也相应减小。这有利于减小梁的腹板厚度，使预应力混凝土梁的自重可以进一步减小。

4）结构质量安全可靠。施加预应力时，钢筋（束）与混凝土都同时经受了一次强度检验。因此，常把预应力混凝土结构称为是经过预先检验的结构。

5）预应力可作为结构构件连接的手段，促进了桥梁结构新体系与施工方法的发展。

此外，预应力还可以提高结构的耐疲劳性能。因为具有强大预应力的钢筋在使用阶段由加荷或卸荷所引起的应力变化幅度相对较小，所以引起疲劳破坏的可能性也小，这对承受动荷载的桥梁结构来说是很有利的。

预应力混凝土结构也存在着一些缺点：

1）工艺较复杂，施工质量要求高，需要配备一支技术较熟练的专业队伍。

2）需要有专门设备，如张拉机具、灌浆设备等。先张法需要有张拉台座；后张法还要耗用数量较多、质量可靠的锚具等。

3）预应力反拱度不易控制。反拱度随混凝土徐变的增加而加大，如存梁时间过久再进行安装，就可能使反拱度很大，造成桥面不平顺。

8.1.3 预应力混凝土的分类

《公路桥规》根据预应力大小的程度（预应力度）将预应力混凝土划分为全预应力混凝土和部分预应力混凝土两大类，部分预应力混凝土又分为A类构件和B类构件两种。

全预应力——在作用（或荷载）短期效应下控制截面受拉边缘不允许出现拉应力。

部分预应力混凝土A类构件——在作用（或荷载）短期效应下，控制截面受拉边缘允许出现拉应力，但应控制拉应力不得超过某个允许值。对于这种情况，国际上习惯称之为有限预应力混凝土。

部分预应力混凝土B类构件——在作用（或荷载）短期效应下允许出现裂缝，但对最大裂缝宽度加以限制。

部分预应力混凝土构件一般采用混合配筋方案，根据使用性能要求，配置一定数量的预应力钢筋；为满足极限承载力的需要，补充配置适量的普通钢筋（又称非预应力钢筋）。这样既能有效地控制使用荷载作用下的裂缝、挠度与反拱，破坏前又具有较好的延性。部分预应力混凝土结构已逐渐为国内外工程界所重视，优先采用部分预应力混凝土结构已成为配筋混凝土结构系列中的重要发展趋势。

8.1.4 施加预应力的方法

预应力状态通常是依靠高强钢筋在张拉后的回压来建立的，按施工程序对混凝土施加预应力的方法分为先张法和后张法两种。

1. 先张法施工

先张法即先张拉钢筋后浇筑构件混凝土的施工方法，其施工程序如图 8.2 所示。首先将预应力钢筋按设计要求用千斤顶进行张拉，并临时锚固在台座上；然后浇筑构件混凝土；待混凝土凝结硬化，并具有足够的强度后（一般要求不低于设计强度的80%），解除预应力钢筋与台座之间的联系，这时钢筋企图回缩，但混凝土已能紧紧地握裹住预应力钢筋，除两端稍有内缩外，中部已不能自由滑动，于是混凝土受到一个很大的预压应力，即形成预应力混凝土构件。

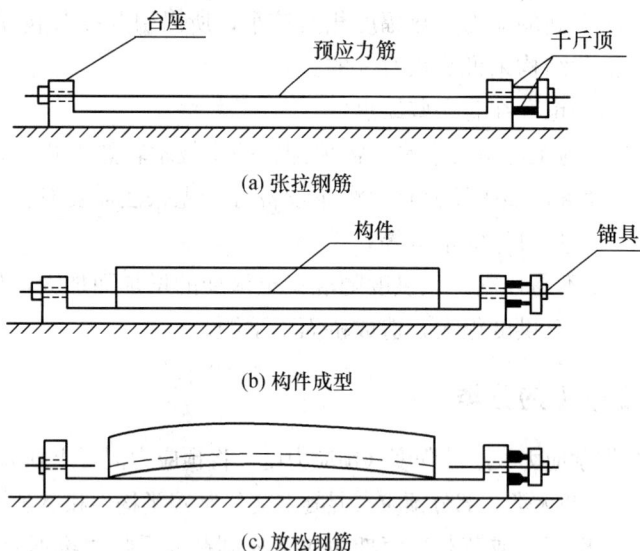

(a) 张拉钢筋

(b) 构件成型

(c) 放松钢筋

图 8.2 先张法施工程序示意图

先张法的关键技术是如何保证预应力钢筋与混凝土的可靠粘结。为了增加预应力筋与混凝土的粘结力，先张法所用的预应力钢筋一般采用高强度的螺旋肋钢丝、刻痕钢丝、钢绞线和精轧螺纹钢筋。

先张法工艺简单，筋束靠粘结力自锚，不必耗费特制的锚具，临时固定所用的锚具可以重复使用，一般称为工具式锚具或夹具。在大批量生产时，先张法构件比较经济，质量也比较稳定。先张法一般适用于直线配筋的中小型构件。大型构件因需配合弯矩与剪力沿梁长度的分布而采用曲线配筋，这将使施工设备和工艺复杂化，且需配备庞大的张拉台座，同时构件尺寸大，起重、运输也不方便，故不宜采用。

2. 后张法施工

后张法是先浇筑构件混凝土，待混凝土结硬后再张拉筋束的方法。如图 8.3 所示，先浇筑构件混凝土，并在其中预留穿束孔道（或设套管），待混凝土达到要求强度后将筋束穿入预留孔道内，将千斤顶支承于混凝土构件端部，张拉筋束，使构件也同时受到反力压缩。待张拉到控制拉力后，即用特制的锚具将筋束锚固于混凝土构件上，使混凝土获得并保持其预压应力。最后，在预留孔道内压注水泥浆，以保护筋束不致锈蚀，并使筋束与混凝土粘结成为整体，故亦称这种做法的预应力混凝土为有粘结预应力混凝土。

后张法的优点是无需加力台座、张拉设备简单，便于现场施工，预应力筋可按设计要求布置成曲线形等，所以是目前生产大型预应力混凝土构件的主要方法。

先张法与后张法施工工艺不同，建立预应力的方法也不同，后张法是靠工作锚具来传递和保持预加应力的，先张法则是靠粘结力来传递并保持预加应力的。

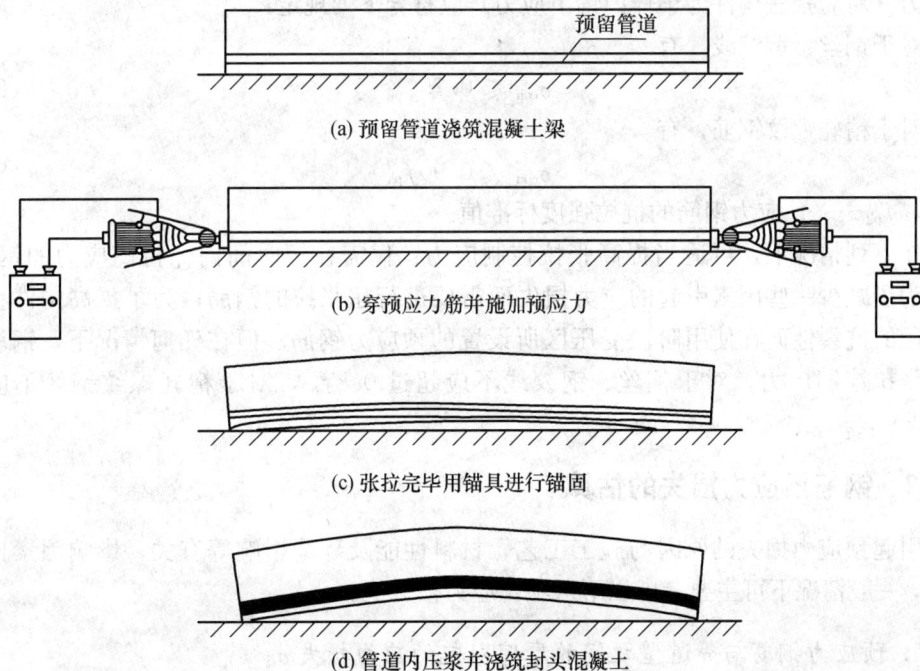

(a) 预留管道浇筑混凝土梁

(b) 穿预应力筋并施加预应力

(c) 张拉完毕用锚具进行锚固

(d) 管道内压浆并浇筑封头混凝土

图 8.3　后张法施工工序

8.2　张拉控制应力与预应力损失

预应力钢筋中的预拉应力由于受到施工因素、材料性能和环境条件等的影响，在施工和使用过程中将会逐渐减小。我们把预应力筋中的这种预拉应力减小的现象称为预应力损失。

预应力筋中实际存余的预应力称为有效预应力，用 σ_{pe} 表示，其数值应等于张拉钢筋时的控制应力 σ_{con} 和预应力损失 σ_l 之差，即

$$\sigma_{pe} = \sigma_{con} - \sigma_l \tag{8.1}$$

8.2.1　钢筋的张拉控制应力

张拉控制应力 σ_{con} 是指预应力钢筋锚固前张拉钢筋的千斤顶所显示的总拉力除以预应力钢筋截面积所求得的钢筋应力值。

从提高预应力钢筋的利用率来说，张拉控制应力 σ_{con} 应尽量定高些，使构件混凝土获得较大的预压应力值，以提高构件的抗裂性，同时可以减少钢筋用量。但 σ_{con} 又不能定得过高，以免个别钢筋在张拉或施工过程中被拉断，而且 σ_{con} 值愈高，钢筋的应力松弛损失也将增大。另外，过高的应力也降低了构件的延性，并使构件可能出现纵向裂缝，因此 σ_{con} 不宜定得过高。规范规定构件施加预应力时，预应力钢筋在构件端部的控制应力（对后张法构件为梁体内锚下应力）应符合下列规定：

对于钢丝、钢绞线，有

$$\sigma_{con} \leqslant 0.75 f_{pk} \tag{8.2}$$

对于精轧螺纹钢筋，有

$$\sigma_{con} \leqslant 0.90 f_{pk} \tag{8.3}$$

式中，f_{pk}——预应力钢筋的抗拉强度标准值。

在下列情况下，可适当提高张拉控制应力：仅需在短时间内保持高应力的钢筋，例如为了减少一些因素引起的应力损失而需要进行超张拉的钢筋；为了提高构件在施工阶段的抗裂性而在使用阶段受压区所设置的预应力钢筋。但在任何情况下，钢筋的最大张拉控制应力，对于钢丝、钢绞线不应超过 $0.8 f_{pk}$，对于精轧螺纹钢筋不应超过 $0.95 f_{pk}$。

8.2.2　钢筋预应力损失的估算

引起预应力损失的原因与施工工艺、材料性能及环境影响等有关，影响因素比较复杂，一般情况下可主要考虑以下六项预应力损失值。

1. 预应力钢筋与管道壁之间的摩擦引起的应力损失 σ_{l1}

在后张法中，由于张拉时预应力钢筋与管道壁之间接触而产生摩阻力，此项摩阻

力与作用力的方向相反，因此钢筋中的实际应力较张拉端拉力计中的读数要小，即造成预应力钢筋中的应力损失 σ_{l1}，σ_{l1} 可按下式计算，即

$$\sigma_{l1} = \sigma_{con}\left[1 - e^{-(\mu\theta + kx)}\right] \tag{8.4}$$

式中，σ_{con}——张拉钢筋时锚下的控制应力；

　　　　μ——钢筋与管道壁间的摩阻系数，按表 8.1 采用；

　　　　θ——从张拉端至计算截面曲线管道部分切线的夹角（rad）；

　　　　k——管道每米局部偏差对摩擦的影响系数，按表 8.1 采用；

　　　　x——从张拉端至计算截面的曲线管道长度（m），可近似地以其在构件纵轴上的投影长度代替；

为了减少摩擦损失，常采用如下措施。

（1）采用两端同时张拉

实践表明，对于纵向对称配筋的情况，两端同时张拉时最大应力损失发生在中间截面，管道长度 x 和曲线段切线夹角 θ 均减小一半。

（2）对钢筋进行超张拉

张拉端首先超张拉 $5\% \sim 10\%$，使得中间截面的预应力也相应提高，但张拉端回到控制应力时，由于受到反向摩擦力的影响，这个回松的应力并没有传到中间截面，使得中间截面仍可保持较大的张拉应力。超张拉工艺为

$$0 \rightarrow 初应力（0.1\sigma_{con}）\rightarrow 1.05\sigma_{con} \xrightarrow{持荷 2min} 0.85\sigma_{con} \rightarrow \sigma_{con}（锚固）$$

表 8.1　系数 k 和 μ 值

管道成型方式	k	μ	
		钢绞线、钢丝束	精轧螺纹钢筋
预埋金属波纹管	0.0015	0.20～0.25	0.50
预埋塑料波纹管	0.0015	0.14～0.17	—
预埋铁皮管	0.0030	0.35	0.40
预埋钢管	0.0010	0.25	—
抽芯成型	0.0015	0.55	0.60

2. 锚具变形、钢筋回缩和拼装构件的接缝压缩引起的应力损失 σ_{l2}

在张拉预应力钢筋达到控制应力 σ_{con} 后，便把预应力钢筋锚固在台座或构件上。由于锚具、垫板与构件之间的缝隙被压紧，以及预应力钢筋在锚具中的滑动，造成顶应力钢筋回缩而产生预应力损失 σ_{l2}。

$$\sigma_{l2} = \frac{\sum \Delta l}{l} E_p \tag{8.5}$$

式中，Δl——锚具变形，钢筋回缩和接缝压缩值，按表 8.2 采用；

l——预应力钢筋的长度；

E_p——预应力钢筋的弹性模量。

表 8.2　锚具变形、钢筋回缩和接缝压缩值（mm）

锚具、接缝类型		Δl
钢筋束的钢制锥形锚具		6
夹片式锚具	有预压时	4
	无预压时	6
带螺帽锚具的螺帽缝隙		1
镦头锚具		1
每块后加垫板的缝隙		1
水泥砂浆接缝		1
环氧树脂砂浆接缝		1

3. 混凝土加热养护时预应力钢筋与台座之间的温度引起的应力损失 σ_{l3}

在用先张法制作的预应力混凝土构件时，张拉钢筋是在常温下进行的。当混凝土采用加热养护时，即形成钢筋与台座之间的温度差。升温时，混凝土尚未结硬，钢筋受热自由伸长，产生温度变形（由于两端的台座埋在地下，基本上不发生变化），造成钢筋变松，引起预应力损失 σ_{l3}，这就是所谓的温差损失。降温时，混凝土已结硬且与钢筋之间产生了粘结作用，又由于二者具有相近的温度膨胀系数，随温度降低而产生相同的收缩，升温时所产生的应力损失 σ_{l3} 无法恢复。温差损失的大小与蒸汽养护时的加热温度有关。

$$\sigma_{l3} = 2(t_2 - t_1) \tag{8.6}$$

式中，t_1——张拉钢筋时制造场地的温度（℃）；

t_2——混凝土加热养护时受拉钢筋的最高温度（℃）。

可采用以下措施减少该项损失：

1）采用两次升温养护。先在常温下养护，或将初次升温与常温的温度差控制在20℃以内，待混凝土强度达到 7.5～10MPa 时再逐渐升温至规定的养护温度，此时可认为钢筋与混凝土已粘结成整体，能够一起胀缩而无损失。

2）在钢模上张拉预应力钢筋或台座与构件共同受热变形，可以不考虑此项损失。

4. 混凝土的弹性压缩引起的应力损失 σ_{l4}

当预应力混凝土构件受到预压应力而产生压缩应变 ε_c 时，则对于已经张拉并锚固于混凝土构件上的预应力钢筋来说，亦将产生与该钢筋重心水平处混凝土同样的压缩应变 $\varepsilon_p = \varepsilon_c$，因而产生一个预拉应力损失，并称为混凝土弹性压缩损失，以 σ_{l4} 表示。

引起应力损失的混凝土弹性压缩量与预加应力的方式有关。

（1）先张法构件

先张法中，构件受压时已与混凝土粘结，两者共同变形，由混凝土弹性压缩引起钢筋中的应力损失为

$$\sigma_{l4} = \alpha_{EP}\sigma_{pc} \tag{8.7}$$

式中，σ_{pc}——在计算截面的钢筋重心处由全部钢筋预加力产生的混凝土法向应力（MPa）；

α_{EP}——预应力钢筋弹性模量与混凝土弹性模量之比。

（2）后张法构件

在后张法预应力混凝土构件中，混凝土的弹性压缩发生在张拉过程中，张拉完毕后，混凝土的弹性压缩也随即完成，故对于一次张拉完成的后张法构件，无须考虑混凝上弹性压缩引起的应力损失，因为此时混凝土的全部弹性压缩是和钢筋的伸长同时发生的。但是事实上由于受张拉设备的限制，钢筋往往分批进行张拉锚固，并且在多数情况下是逐束（根）进行张拉锚固的。这样，当张拉第二批钢筋时，混凝土所产生的弹性压缩会使第一批已张拉锚固的钢筋产生预应力损失。同理，当张拉第三批时，又会使第一、第二批已张拉锚固的钢筋都产生预应力损失，以此类推，故这种在后张法中的弹性压缩损失又称为分批张拉预应力损失 σ_{l4}。

后张法构件，分批张拉时，先张拉的钢筋由张拉后批钢筋所引起的混凝土弹性压缩预应力损失可按下列公式计算，即

$$\sigma_{l4} = \alpha_{EP}\sum\Delta\sigma_{pc} \tag{8.8a}$$

式中，$\Delta\sigma_{pc}$——在计算截面钢筋重心由后张拉各批钢筋产生的混凝土法向应力（MPa）。

后张法预应力混凝土构件，当同一截面的预应力钢筋逐束张拉时，由混凝土弹性压缩引起的预应力损失可按下列简化公式计算，即

$$\sigma_{l4} = \frac{m-1}{2}\alpha_{EP}\Delta\sigma_{pc} \tag{8.8b}$$

式中，m——预应力钢筋的束数；

$\Delta\sigma_{pc}$——在计算截面的全部钢筋重心处由张拉一束预应力钢筋产生的混凝土法向压应力（MPa），取各束的平均值。

分批张拉时，由于每批钢筋的应力损失不同，则实际有效预应力不等。补救方法如下：①重复张拉先张拉过的预应力钢筋；②超张拉先张拉的预应力钢筋。

5. 钢筋松弛引起的应力损失 σ_{l5}

钢筋或钢筋束在一定拉力作用下长度保持不变，则其应力将随时间的增长而逐渐降低，这种现象称为钢筋的应力松弛，亦称徐舒。钢筋的松弛将引起预应力钢筋中的应力损失，这种损失称为钢筋应力松弛损失 σ_{l5}。这种现象是钢筋的一种塑性特征，其

值因钢筋的种类而异，并随着应力的增加和荷载持续时间的增长而增加，一般是在第一小时最大，两天后即可完成大部分，一个月后这种现象基本停止。

由钢筋应力松弛引起的应力损失终极值可按下列公式计算。

对于精轧螺纹钢筋：

一次张拉

$$\sigma_{l5} = 0.05\sigma_{con} \qquad (8.9)$$

超张拉

$$\sigma_{l5} = 0.035\sigma_{con} \qquad (8.10)$$

对于钢丝、钢绞线：

$$\sigma_{l5} = \Psi\zeta\left(0.52\frac{\sigma_{pe}}{f_{pk}} - 0.26\right)\sigma_{pe} \qquad (8.11)$$

式中，Ψ——张拉系数，一次张拉时 $\Psi=1.0$，超张拉时 $\Psi=0.9$；

ζ——钢筋松弛系数，Ⅰ级松弛（普通松弛）$\zeta=1.0$，Ⅱ级松弛（低松弛）$\zeta=0.3$；

σ_{pe}——传力锚固时的钢筋应力，对后张法构件 $\sigma_{pe}=\sigma_{con}-\sigma_{l1}-\sigma_{l2}-\sigma_{l4}$，对先张法构件 $\sigma_{pe}=\sigma_{con}-\sigma_{l2}$。

对于碳素钢丝、钢绞线，当 $\sigma_{pe}/f_{pk}\leqslant0.5$ 时，预应力钢筋的应力松弛值可取零。

6. 混凝土收缩和徐变引起的预应力钢筋应力损失 σ_{l6}

收缩变形和徐变变形是混凝土所固有的特性。由于混凝土的收缩和徐变，预应力混凝土构件缩短，预应力钢筋也随之回缩，因而引起预应力损失。由于收缩与徐变有着密切的联系，许多影响收缩的因素也同样影响徐变的变形值，故将混凝土的收缩与徐变值的影响综合在一起进行计算。此外，在预应力梁中所配制的非预应力筋对混凝土的收缩、徐变变形也有一定的影响，计算时应予以考虑。

《公路桥规》推荐的收缩、徐变应力损失计算，对于单筋截面（仅在受拉区配有纵向力钢筋）可按下式，即

$$\sigma_{l6}(t) = \frac{0.9[E_p\varepsilon_{cs}(t,t_0) + \alpha_{EP}\sigma_{pc}\phi(t,t_0)]}{1 + 15\rho\rho_{ps}} \qquad (8.12)$$

式中，$\sigma_{l6}(t)$——构件受拉区全部纵向钢筋截面重心处由混凝土收缩、徐变引起的预应力损失；

σ_{pc}——构件受拉区全部纵向钢筋截面重心处由预应力（扣除相应阶段的预应力损失）和结构自重产生的混凝土法向应力（MPa）；

E_p——预应力钢筋的弹性模量；

α_{EP}——预应力钢筋弹性模量与混凝土弹性模量的比值；

ρ——构件受拉区全部纵向钢筋配筋率，$\rho=\dfrac{A_p+A_s}{A}$，其中 A 为构件毛截面面积；

ρ_{ps}——构件受拉区预应力钢筋的配筋率，可按《公路桥规》给出的公式计算；

$\varepsilon_{cs}(t,t_0)$——预应力钢筋传力锚固龄期为 t_0、计算龄期为 t 时的混凝土收缩应变，

其终极值可按表 8.3 取用；

$\phi(t,t_0)$——加载龄期为 t_0、计算龄期为 t 时的徐变系数，其终极值 $\phi(t_u,t_0)$ 可按表 8.3 取用。

表 8.3　混凝土收缩应变和徐变系数终极值

混凝土收缩应变终极值 $\varepsilon_{cs}(t_u,t_0)$ /（$\times 10^{-3}$）

传力锚固龄期/d	40%≤RH<70%				70%≤RH<99%			
	理论厚度 h/mm				理论厚度 h/mm			
	100	200	300	≥600	100	200	300	≥600
3～7	0.50	0.45	0.38	0.25	0.30	0.26	0.23	0.15
14	0.43	0.41	0.36	0.24	0.25	0.24	0.21	0.14
28	0.38	0.38	0.34	0.23	0.22	0.22	0.20	0.13
60	0.31	0.34	0.32	0.22	0.18	0.20	0.19	0.12
90	0.27	0.32	0.30	0.21	0.16	0.19	0.18	0.12
加荷龄期/d	混凝土徐变系数终极值 $\phi(t_u,t_0)$							
3	3.78	3.36	3.14	2.79	2.73	2.52	2.39	2.20
7	3.23	2.88	2.68	2.39	2.32	2.15	2.05	1.88
14	2.83	2.51	2.35	2.09	2.04	1.89	1.79	1.65
28	2.48	2.20	2.06	1.83	1.79	1.65	1.58	1.44
60	2.14	1.91	1.78	1.58	1.55	1.43	1.36	1.25
90	1.99	1.76	1.65	1.46	1.44	1.32	1.26	1.15

注：1）表中 RH 代表桥梁所处环境的年平均相对湿度（%）。

2）表中理论厚度 $\phi(t,t_0)$ $h=2A/\mu$，A 为构件截面面积，μ 为构件与大气接触的周边长度。当构件为变截面时 A 和 μ 均可取其平均值。

3）本表适用于由一般的硅酸盐类水泥或快硬水泥配制而成的混凝土，对 C50 及以上混凝土，表列数值应乘以 $\sqrt{\dfrac{32.4}{f_{ck}}}$，式中 f_{ck} 为混凝土轴心抗压强度标准值（MPa）。

4）本表适用于季节性变化的平均温度为 $-20 \sim +40℃$。

5）构件的实际传力锚固龄期、加载龄期或理论厚度为表列数值中间值时，收缩应变和徐变系数终极值可按直线内插法取值。

6）在分阶段施工或结构体系转换中，当需计算阶段收缩应变和徐变系数时，可按《公路桥规》附录 F 提供的方法进行。

减少混凝土收缩和徐变引起的应力损失的措施有：

1）采用高强度水泥，减少水泥用量，降低水灰比，采用干硬性混凝土。

2）采用级配较好的骨料，加强振捣，提高混凝土的密实性。

3）加强养护，以减少混凝土的收缩。

以上各项预应力损失的估算值，可以作为一般设计的依据。但由于材料、施工条件等的不同，实际的预应力损失值与按上述方法计算的数值会有所出入。为了确保预应力混凝土结构在施工、使用阶段的安全，除加强施工管理外，还应做好应力损失值的实测工作，用所测得的实际应力损失值来调整张拉应力。

8.2.3 钢筋的有效预应力计算

1. 预应力损失的组合

上述各项预应力损失并不是同时发生的，它与张拉方式和工作阶段有关。现按损失发生在混凝土受到预压之前还是之后把预应力损失分为第一批应力损失 σ_{lI} 和第二批应力损失 σ_{lII}，其应力损失的组合见表8.4。

表 8.4 各阶段预应力损失值的组合

预应力损失值的组合	先张法构件	后张法构件
传力锚固时的损失（第一批）σ_{lI}	$\sigma_{l2}+\sigma_{l3}+\sigma_{l4}+0.5\sigma_{l5}$	$\sigma_{l1}+\sigma_{l2}+\sigma_{l4}$
传力锚固后的损失（第二批）σ_{lII}	$0.5\sigma_{l5}+\sigma_{l6}$	$\sigma_{l5}+\sigma_{l6}$

2. 钢筋的有效预应力

预加应力阶段：

$$\sigma_{pe1} = \sigma_{con} - \sigma_{lI} \tag{8.13}$$

使用阶段：

$$\sigma_{peII} = \sigma_{pe1} - \sigma_{lII} = \sigma_{con} - \sigma_{II} - \sigma_{III} \tag{8.14}$$

8.3 预应力混凝土受弯构件各阶段应力分析

预应力混凝土受弯构件从预加应力到承受外荷载，直至最后破坏，可分为三个主要阶段，即施工阶段、使用阶段和破坏阶段。这三个阶段又各包括若干不同的受力过程，现分别叙述如下。

8.3.1 施工阶段

预应力混凝土构件在制作、运输和安装施工中将承受不同的荷载作用。在这一过程中，构件在预应力作用下全截面参与工作并处于弹性工作阶段，可采用材料力学的方法并根据《公路桥规》的要求进行设计计算。计算中应注意采用构件混凝土的实际强度和相应的截面特性。如后张法构件，在孔道灌浆前应按混凝土净截面计算，孔道灌浆并结硬后则可按换算截面计算。施工阶段依构件受力条件不同又可分为预加应力和运输、安装两个阶段。

1. 预加应力阶段

预加应力阶段系指从预加应力开始至预加应力结束（即传力锚固）为止的受力阶段。构件所承受的作用主要是偏心预压力（即预加应力的合力）N_y；对于简支梁，由于 N_y 的偏心作用，构件将产生向上的反拱，形成以梁两端为支点的简支梁，因此梁的一期恒载（自重荷载）g_1 也在施加预加力 N_y 的同时一起参加作用（图8.4）。

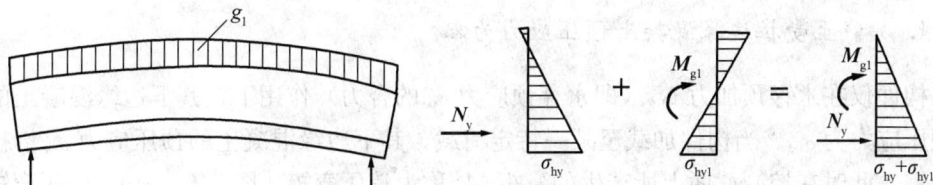

图8.4 预加应力阶段截面应力分布

本阶段的设计计算要求是：①受弯构件控制截面上、下缘混凝土的最大拉应力和压应力都不应超出《公路桥规》的规定值；②控制预应力筋的最大张拉应力；③保证锚固区混凝土局部承压承载力大于实际承受的压力，并有足够的安全度，且保证锚具下梁体不发生局部破坏或出现水平纵向裂缝。

由于各种因素的影响，预应力钢筋中的预拉应力将产生部分损失，通常把扣除应力损失后的预应力筋中实际存余的预应力称为本阶段的有效预应力 σ_{pe}。

2. 运输安装阶段

在运输安装阶段，混凝土梁所承受的荷载仍是预加力 N_y 和梁的一期恒载。但由于引起预应力损失的因素相继增加，使 N_y 要比预加应力阶段小；同时，梁的一期恒载作用应根据《公路桥规》的规定计入 1.20 或 0.85 的动力系数。构件在运输中的支点或安装时的吊点位置常与正常支承点不同，故应按梁起吊时一期恒载作用下的计算图式进行验算，特别需注意验算构件支点或吊点截面上缘混凝土的拉应力。

8.3.2 使用阶段

使用阶段是指桥梁建成营运通车整个工作阶段。构件除承受偏心预加力 N_y 和梁的一期恒载（自重荷载）g_1 外，还要承受桥面铺装、人行道、栏杆等后加的二期恒载 g_2 和车辆、人群等活荷载 P。试验研究表明，在使用阶段预应力混凝土梁基本处于弹性工作阶段，因此梁截面的正应力为偏心预加力 N_y 与以上各项荷载所产生的应力之和（图8.5）。

本阶段各项预应力损失将相继发生并全部完成，最后在预应力钢筋中建立相对不变的预拉应力（即扣除全部预应力损失后所存余的预应力）σ_{pe}，此即为永存预应力。

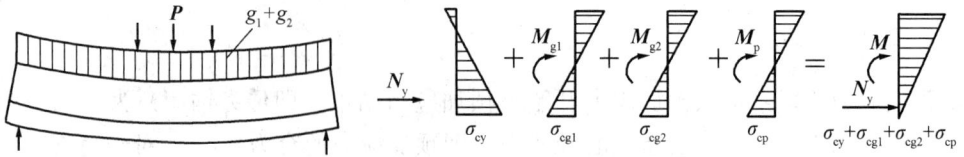

图 8.5　使用阶段各种作用下的截面应力分布

根据构件受力后的特征，本阶段又可分为如下几个受力过程。

1. 加载至受拉边缘混凝土预压应力为零

构件仅在永存预加力 N_y（即永存预应力 σ_{pe} 的合力）作用下，其下边缘混凝土的有效预压应力为 σ_{pe}。当构件加载至某一特定荷载，其下边缘混凝土的预压应力 σ_{pe} 恰被抵消为零，此时在控制截面上所产生的弯矩 M_0 称为消压弯矩［图 8.6（c）］。消压弯矩可按式（8.15）计算，并把消压弯矩 M_0 作用下控制截面上的应力状态称为消压状态。

$$M_0 = \sigma_{pe}W_0 \tag{8.15}$$

式中，σ_{pe}——由永存预加力 N_{pe} 引起的梁下边缘混凝土的有效预压应力；

W_0——换算截面对受拉边的弹性抵抗矩。

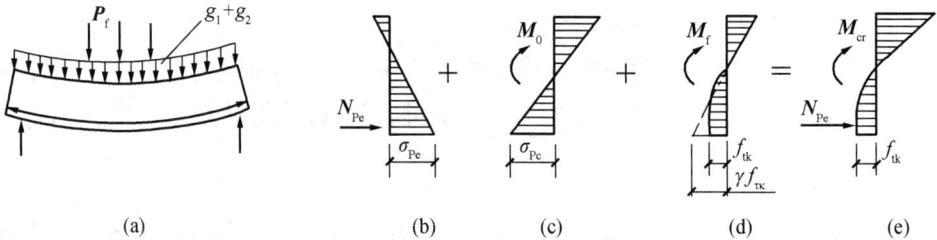

图 8.6　梁使用及破坏阶段的截面应力图

2. 加载至受拉区裂缝即将出现

当构件在消压后继续加载，并使受拉区混凝土应力达到抗拉极限强度 f_{tk} 时的应力状态，即称为裂缝即将出现状态［图 8.6（e）］。如果把构件出现裂缝时的理论临界弯矩称为开裂弯矩 M_{cr}，把受拉区边缘混凝土应力从零增加到应力为 f_{tk} 所需的外弯矩用 M_f 表示，则 $M_{cr}=M_0+M_f$。由于预应力混凝土梁的开裂弯矩 M_{cr} 要比同截面、同材料的普通钢筋混凝土梁的开裂弯矩 M_f 大一个消压弯矩 M_0，故预应力混凝土梁在外荷载作用下裂缝的出现被大大推迟。

如果设计时要求在荷载短期效应组合作用下控制截面下边缘不允许出现拉应力，这样的构件称为全预应力混凝土构件。

如果设计时要求在荷载短期效应组合下截面下边缘允许出现小于某一个允许值的有限拉应力（一般为 $\sigma_{ct} \leqslant 0.7f_{tk}$），这样的构件称为部分预应力混凝土 A 类构件（也叫作有限预应力混凝土构件)。

　　3. 带裂缝工作

　　当受拉区混凝土应力已达到抗拉极限强度 f_{tk} 而荷载继续增大时,则主梁截面下缘开始开裂,裂缝向截面上缘发展,梁进入带裂缝工作阶段,这时预应力混凝土梁的受力情况就如同普通钢筋混凝土梁。

　　如果设计时要求在荷载短期效应组合作用下截面的下边缘允许出现裂缝,但应控制裂缝宽度小于某个允许值(裂缝宽度一般控制在 0.1~0.15mm),这样的构件称为部分预应力混凝土 B 类构件。

8.3.3　破坏阶段

　　对于只在受拉区配置预应力钢筋的适筋梁,在荷载作用下受拉区全部钢筋(包括预应力钢筋和非预应力钢筋)将先达到屈服强度,裂缝迅速向上延伸,而后受压区混凝土被压碎,构件即告破坏。破坏时截面的应力状态与钢筋混凝土梁相似,其计算方法也基本相同。

　　试验表明,在正常配筋的范围内,预应力混凝土梁的破坏弯矩主要与构件的组成材料受力性能有关,其破坏弯矩值与同条件普通钢筋混凝土梁的破坏弯矩值几乎相同,而是否在受拉区钢筋中施加预拉应力对梁的破坏弯矩的影响很小。这说明预应力混凝土结构并不能创造出超越其本身材料强度能力之外的奇迹,而只是改善了结构在正常使用阶段的工作性能。

8.4　预应力混凝土受弯构件承载力计算

　　预应力混凝土受弯构件持久状况承载力极限状态计算包括正截面承载力计算和斜截面承载力计算,作用效应组合采用基本组合。

8.4.1　正截面承载力计算

　　预应力混凝土受弯构件的正截面承载力取决于梁的破坏形态。预应力混凝土梁的正截面破坏形态与钢筋混凝土梁一样也可划分为适筋塑性破坏、超筋脆性破坏和少筋脆性破坏三种情况。预应力混凝土梁的设计亦应控制在适筋梁的范围之内,以保证构件破坏时发生塑性破坏。预应力混凝土受弯构件正截面承载力计算以破坏阶段的应力图形为计算依据。前面介绍的有关钢筋混凝土受弯构件正截面承载力计算的基本原理和假设基本上都可推广应用于预应力混凝土结构。

　　现以实际工程中应用较多的只在下缘配置预应力钢筋和普通钢筋的单筋截面为例,建立预应力混凝土受弯构件正截面承载力计算公式。

1. 基本公式

（1）受压区不配置钢筋的矩形截面受弯构件

仅在受拉区配置预应力钢筋和非预应力钢筋的矩形截面（包括翼缘位于受拉边的T形截面）受弯构件正截面抗弯承载力的计算图示如图 8.7 所示。根据内力平衡条件可得预应力混凝土受弯构件单筋矩形截面正截面承载力计算公式为

$$f_{sd}A_s + f_{pd}A_p = f_{cd}bx \tag{8.16}$$

$$\gamma_0 M_d \leqslant M_u = f_{cd}bx\left(h_0 - \frac{x}{2}\right) \tag{8.17}$$

式中，M_d——弯矩组合设计值；

A_s、f_{sd}——受拉区纵向非预应力钢筋的截面面积和抗拉强度设计值；

A_p、f_{pd}——受拉区预应力钢筋的截面面积和抗拉强度设计值；

f_{cd}——混凝土轴心抗压强度设计值。

其余符号意义同前。

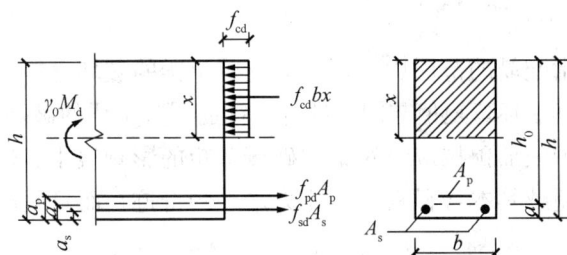

图 8.7 受压区不配置预应力钢筋的矩形截面受弯
构件正截面承载力计算图示

（2）受压区不配置钢筋的 T 形截面受弯构件

T 形截面预应力混凝土受弯构件正截面承载能力计算，按中性轴所在位置不同分为两种类型。当满足

$$f_{sd}A_s + f_{pd}A_p \leqslant f_{cd}b'_f h'_f \tag{8.18}$$

时为第一类 T 形截面，则中性轴位于翼缘内 [图 8.8（a）]，即 $x \leqslant h'_f$，应按宽度为 b'_f 的矩形截面计算。由图 8.8（a），根据力的平衡条件可得预应力混凝土受弯构件第一类 T 形截面正截面抗弯承载力的计算公式为

$$f_{sd}A_s + f_{pd}A_p = f_{cd}b'_f x \tag{8.19}$$

$$\gamma_0 M_d \leqslant M_u = f_{cd}b'_f x(h_0 - x/2) \tag{8.20}$$

如果不满足公式（8.19），则说明为第二类 T 形截面，则中性轴位于腹板内，即 $x > h'_f$，应考虑截面腹板受压混凝土的作用。由图 8.8（b），根据力的平衡条件可得预应力混凝土受弯构件第二类 T 形截面正截面抗弯承载力的计算公式为

$$f_{sd}A_s + f_{pd}A_p = f_{cd}[bx + (b'_f - b)h'_f] \tag{8.21}$$

$$\gamma_0 M_d \leqslant M_u = f_{cd}[bx(h_0 - x/2) + (b'_f - b)h'_f(h_0 - h'_f/2)] \tag{8.22}$$

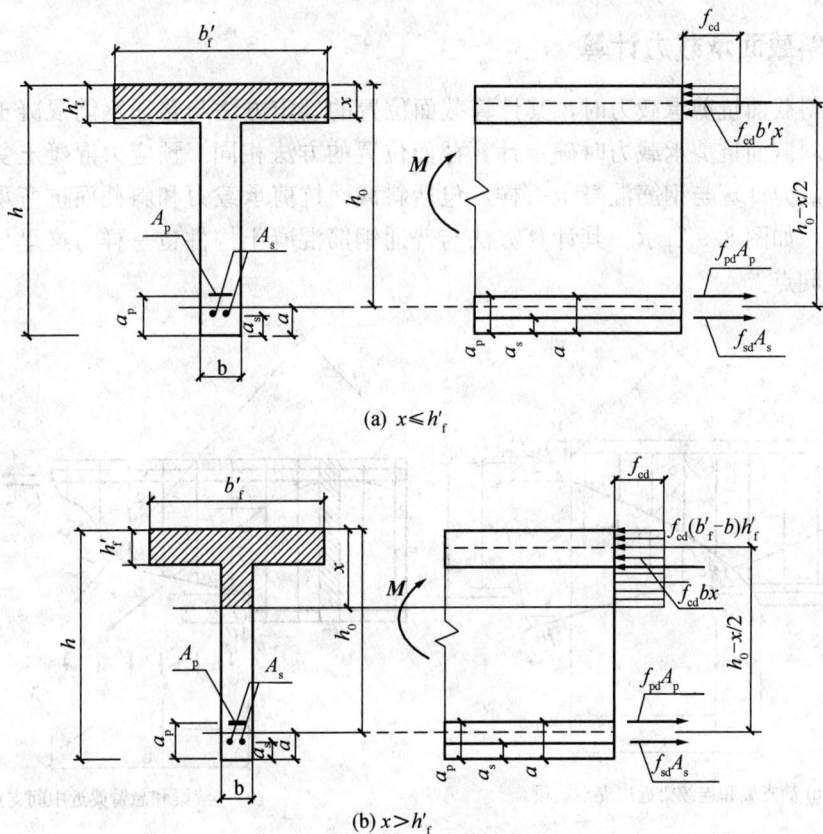

(a) $x \leqslant h'_f$

(b) $x > h'_f$

图 8.8　受压区不配置钢筋的预应力 T 形截面受弯构件正截面承载力计算图式

2. 基本公式的适用条件

为防止出现超筋梁及脆性破坏，预应力混凝土的截面受压区高度 x 应满足《公路桥规》的规定，即

$$x \leqslant \xi_b h_0 \tag{8.23}$$

式中，ξ_b——预应力混凝土受弯构件相对界限受压区高度，按表 3.3 采用；

h_0——截面有效高度，$h_0 = h - a$，此处 h 为构件全截面高度；

a——受拉区钢筋 A_s 和 A_p 的合力作用点至受拉区边缘的距离，当不配非预应力受力钢筋（即 $A_s = 0$）时则以 a_p 代替 a，a_p 为受拉区预应力钢筋 A_p 的合力作用点至截面最近边缘的距离，一般可以不考虑按局部受力需要和按构造要求配置的纵向非预应力钢筋截面面积。

在实际设计工作中，预应力混凝土受弯构件的正截面承载力计算也分为截面设计和承载力复核两种情况，其计算步骤与前面普通钢筋混凝土构件类似，由于篇幅所限，这里不再赘述。

8.4.2 斜截面承载力计算

计算斜截面抗剪承载力时，其计算截面位置的确定方法与普通钢筋混凝土受弯构件在计算斜截面抗剪承载力时确定计算截面位置的方法相同。预应力混凝土受弯构件斜截面承载力计算与钢筋混凝土一样，包括斜截面抗剪承载力和斜截面抗弯承载力计算两部分，如图 8.9 所示。其计算方法与普通钢筋混凝土构件也一样，这里仅仅介绍它们的不同点。

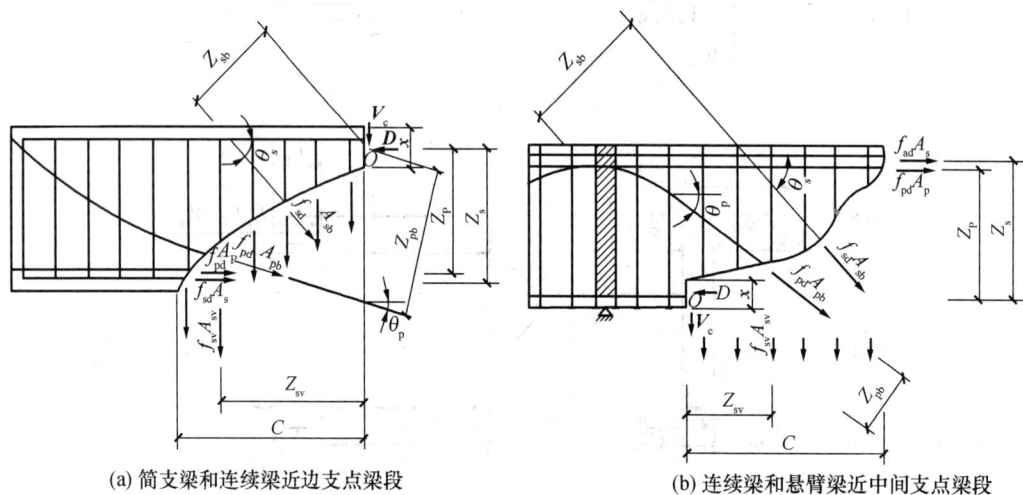

(a) 简支梁和连续梁近支点梁段   (b) 连续梁和悬臂梁近中间支点梁段

图 8.9 斜截面抗剪承载力计算示意图

1. 斜截面抗剪承载力计算

对于预应力混凝土矩形、T 形和工字形截面的受弯构件，为保证构件不发生斜压破坏，其构件截面尺寸应符合下式要求，即

$$\gamma_0 V_d \leqslant 0.51 \times 10^{-3} \sqrt{f_{cu,k}} b h_0 \tag{8.24}$$

式中，V_d——验算截面处由作用（或荷载）产生的剪力组合设计值（kN）；

b——相应于剪力组合设计值处矩形截面宽度或 T 形和工字形截面腹板宽度（mm）；

h_0——相应于剪力组合设计值处的截面有效高度（mm）。

当矩形、T 形和工字形截面的受弯构件符合下式，即

$$\gamma_0 V_d \leqslant 0.50 \times 10^{-3} \alpha_2 f_{td} b h_0 \tag{8.25}$$

时可不进行斜截面抗剪承载力的验算，仅需按构造要求配置箍筋。

式（8.25）中，f_{td}为混凝土抗拉强度设计值；α_2为预应力提高系数，取值规定见后。

矩形、T形和工字形截面的受弯构件，当配置箍筋和弯起钢筋时，其斜截面抗弯承载力应按下式进行验算，即

$$\gamma_0 V_d \leqslant V_{cs} + V_{sb} + V_{pb} \tag{8.26}$$

$$V_{cs} = \alpha_1 \alpha_2 \alpha_3 0.45 \times 10^{-3} b h_0 \sqrt{(2+0.6p)\sqrt{f_{cu,k}}\rho_{sv} f_{sv}} \tag{8.27}$$

$$V_{sb} = 0.75 \times 10^{-3} f_{sd} \sum A_{sb} \sin\theta_s \tag{8.28}$$

$$V_{pb} = 0.75 \times 10^{-3} f_{pd} \sum A_{pb} \sin\theta_p \tag{8.29}$$

以上式中，V_d——斜截面受压端正截面上由作用（或荷载）产生的最大剪力组合设计值（kN）；

V_{cs}——斜截面内混凝土和箍筋共同的抗剪承载力设计值（kN）；

V_{sb}——与斜截面相交的普通弯起钢筋抗剪承载力设计值（kN）；

V_{pb}——与斜截面相交的预应力弯起钢筋抗剪承载力设计值（kN）；

α_2——预应力提高系数，对钢筋混凝土受弯构件 $\alpha_2 = 1.0$，对预应力混凝土受弯构件 $\alpha_2 = 1.25$，但当由钢筋合力引起的截面弯矩与外弯矩的方向相同，或对于允许出现裂缝的预应力混凝土受弯构件取 $\alpha_2 = 1.0$；

p——斜截面内纵向受拉钢筋的配筋百分率，$p = 100\rho$，$\rho = (A_p + A_{pb} + A_s) / bh_0$，当 $p > 2.5$ 时取 $p = 2.5$；

A_{sb}、A_{pb}——斜截面内在同一弯起平面的普通弯起钢筋、预应力弯起钢筋的截面面积（mm²）；

θ_s、θ_p——普通弯起钢筋、预应力弯起钢筋（在斜截面受压端正截面处）的切线与水平线的夹角。

其余符号意义同前。

当采用竖向预应力钢筋（箍筋）时，式（8.27）中的 ρ_{sv} 和 f_{sv} 应换以 ρ_{pv} 和 f_{pd}，ρ_{pv} 和 f_{pd} 分别为竖向预应力钢筋（箍筋）的配筋率和抗拉强度设计值。

以上斜截面抗剪承载力计算公式仅适用于等高度的简支梁。对变高度（承托）的钢筋混凝土连续梁和悬臂梁，在变高度梁段内还应考虑附加剪应力影响。

2. 斜截面抗弯承载力计算

当纵向钢筋较少时，预应力混凝土受弯构件也有可能发生斜截面的弯曲破坏。预应力混凝土受弯构件斜截面抗弯承载力一般同普通混凝土受弯构件一样，可以通过构造措施来加以保证，如果要计算，计算的方法和步骤与钢筋混凝土受弯构件相同，只需要加入预应力钢筋的各项抗弯能力即可。

8.5 预应力混凝土受弯构件施工和使用阶段的应力验算

8.5.1 预应力混凝土受弯构件的正应力验算

预应力混凝构件自预加应力至使用荷载作用需要经历几个不同的受力阶段，各受力阶段均有其不同的受力特点。为了保证构件在各个阶段的工作安全可靠，除了按承载能力极限状态的要求对其破坏阶段进行承载力计算外，还必须对其按持久状况和短暂状况分别进行使用阶段和施工阶段正截面和斜截面的应力计算。

《公路桥规》规定按持久状况设计的预应力混凝土受弯构件应计算其使用阶段正截面混凝土的法向压应力、受拉区钢筋的拉应力和斜截面混凝土的主压应力，并不得超过规定的限值。按短暂状况设计的预应力混凝土受弯构件，应计算其施工阶段正截面混凝土的法向压应力、拉应力，并不得超过规定的限值。

计算时作用（或荷载）取其标准值，汽车荷载应考虑冲击系数，并应考虑预加应力效应，预应力的荷载分项系数取为1.0。对于预应力混凝土连续梁等超静定结构，尚应计入预加应力引起的次效应。

由于预应力混凝土构件在上述各受力阶段截面不允许开裂，构件材料基本上是处于弹性阶段，因此上述各阶段的应力计算中仍可应用弹性材料的力学公式进行。

1. 施工阶段的应力计算

预应力混凝土构件从预应力筋的张拉、锚固到梁的运输、安装整个过程为施工阶段，主要分为两个阶段，一是预加应力阶段，二是运输、吊装阶段。

（1）预加应力阶段

由于在预加应力作用的同时梁向上挠曲，自重随即发生作用，因此预加应力阶段预应力混凝土梁将同时承受着预加力（扣除第一批预应力损失）和构件自重的作用，可按下式计算。

1）后张法构件。混凝土法向压应力和法向拉应力

$$\sigma_{cc}^t \text{ 或 } \sigma_{ct}^t = \frac{N_p}{A_n} \pm \frac{N_p e_{pn}}{I_n} y_n \pm \frac{M_{p2}}{I_n} \pm \frac{M_{G1k}}{I_n} y_n \tag{8.30}$$

2）先张法构件。混凝土法向压应力和法向拉应力

$$\sigma_{cc}^t \text{ 或 } \sigma_{ct}^t = \frac{N_{p0}}{A_0} \pm \frac{N_{p0} e_{p0}}{I_0} y_0 \pm \frac{M_{G1k}}{I_0} y_0 \tag{8.31}$$

式中，M_{p2}——由预加力 N_p 在后张法预应力混凝土连续梁等超静定结构中产生的次弯矩；

A_n——净截面面积，即为扣除管道等削弱部分后的混凝土全部截面面积与纵向普通钢筋截面面积换算成混凝土的截面面积之和，对由不同混凝土强度

等级组成的截面，应按混凝土弹性模量比值换算成同一混凝土强度等级的截面面积；

A_0——换算截面面积，包括净截面面积 A_n 和全部纵向预应力钢筋截面面积换算成混凝土的截面面积；

N_{p0}——先张法构件预加应力时，混凝土应力为零时的有效预应力按下式计算，即 $N_{p0} = (\sigma_{con} - \sigma_{l1} + \sigma_{l4}) A_p$，其中 σ_{l4} 为受拉区预应力钢筋由混凝土弹性压缩引起的预应力损失值，σ_{l1} 为受拉区预应力钢筋传力锚固时的预应力损失值；

N_p——后张法构件的预应力钢筋的有效预应力，按下式计算，即 $N_p = (\sigma_{con} - \sigma_{l1}) A_p$，其中 σ_{l1} 为受拉区预应力钢筋传力锚固时的预应力损失值；

M_{G1k}——由构件自重标准值计算的弯矩；

σ_{cc}^t、σ_{ct}^t——按短暂状况计算时截面预压区、预拉区边缘混凝土的压应力、拉应力；

y_0、y_n——构件换算截面重心、净截面重心至截面计算纤维处的距离；

I_0、I_n——构件换算截面惯性矩、净截面惯性矩；

e_{p0}、e_{pn}——换算截面重心、净截面重心至预应力钢筋合力点的距离。

（2）运输、吊装阶段

此阶段的应力计算方法和预加应力阶段相同，但应注意的是预加力 N_p 已变小；按自身恒载计算弯矩时应考虑计算简图的变化，其重力应乘以动力系数。构件向上吊起时动力系数为 1.2，构件下卸起时动力系数为 0.85。

（3）施工阶段混凝土应力控制

实际工程和实验研究都证明，如果预压区混凝土外边缘压应力过大，可能在预压区内产生沿钢筋方向的纵向裂缝，或使受压区混凝土进入非线性徐变阶段，因此必须控制外边缘混凝土的压应力；另外，工程要求预应力构件预拉区（指施加预应力时形成的截面拉应力区）在施工阶段不允许出现拉应力，即使对部分预应力混凝土结构，预拉区的拉应力也不允许过大，因此要控制预拉区外边缘混凝土的拉应力。预应力混凝土受弯构件在预加力、自重等施工荷载作用下，其截面边缘的混凝土法向应力应符合下列规定。

1）混凝土压应力：

$$\sigma_{cc}^t \leqslant 0.70 f'_{ck} \tag{8.32}$$

2）混凝土拉应力：

当 $\sigma_{ct}^t \leqslant 0.70 f'_{tk}$ 时，预拉区应配置配筋率不小于 0.2% 的纵向钢筋；

当 $\sigma_{ct}^t = 1.15 f'_{tk}$ 时，预拉区应配置配筋率不小于 0.4% 的纵向钢筋；

当 $0.70 f'_{tk} < \sigma_{ct}^t < 1.15 f'_{tk}$ 时，预拉区应配置的纵向钢筋配筋率按以上两者直线内插取用，拉应力不应超过 $1.15 f'_{tk}$。

其中，Sf'_{ck}、f'_{tk} 分别为与制作、运输、安装各施工阶段混凝土立方体抗压强度 $f'_{cu,k}$ 相应的抗压强度、抗拉强度标准值，可按表 1.6 直线插入取用。

上述配筋率为 $\dfrac{A'_s + A'_p}{A}$，先张法构件计入 A'_p，后张法构件不计 A'_p，其中 A'_p 为预拉区预应力钢筋截面面积，A'_s 为预拉区普通钢筋截面面积，A 为构件毛截面面积。

预拉区的纵向非预应力钢筋的直径不宜大于 14mm，并应沿构件预拉区的外边缘均匀配置。

2. 使用阶段应力计算

在使用荷载作用阶段，除预加力（扣除全部预应力损失）和自重作用外，还有二期恒载（包括桥面铺装、人行道、栏杆等）和活载的作用。预应力混凝土受弯构件在使用阶段的应力状态如图 8.5 所示。

全预应力混凝土和部分预应力混凝土 A 类受弯构件，在使用阶段处于全截面工作的弹性工作状态，其截面应力可按材料力学的公式计算。由预加力和作用（或荷载）标准值产生的混凝土法向应力和预应力钢筋的应力可按下列公式计算。

（1）混凝土法向压应力和拉应力

对先张法构件，有

$$\frac{\sigma_{cc}}{\sigma_{ct}} = \frac{N_{p0}}{A_0} \pm \frac{N_{p0} e_{p0}}{I_0} y_0 \pm \frac{M_{G1k} + M_{G2k} + M_{Qk}}{I_0} y_0 \qquad (8.33)$$

对后张法构件，有

$$\frac{\sigma_{cc}}{\sigma_{ct}} = \frac{N_p}{A_n} \pm \frac{N_p e_{pn}}{I_n} y_n \pm \frac{M_{G1k}}{I_n} y_n \pm \frac{M_{G2k} + M_{Qk}}{I_0} y_0 \qquad (8.34)$$

以上式中，N_{p0}——先张法构件预应力钢筋与普通钢筋的合力，按下式计算，即 $N_{p0} = (\sigma_{con} - \sigma_l + \sigma_{l4})A_p - \sigma_{l6}A_s$，其中 σ_{l4} 为受拉区预应力钢筋由混凝土弹性压缩引起的预应力损失值，σ_{l6} 为受拉区预应力钢筋由混凝土收缩和徐变引起的预应力损失值，σ_l 为受拉区预应力钢筋总的预应力损失；

N_p——后张法构件的预应力钢筋与普通钢筋的合力，按下式计算，即 $N_p = (\sigma_{con} - \sigma_l)A_p - \sigma_{l6}A_s$；

e_{p0}、e_{pn}——预应力钢筋和普通钢筋合力作用点至构件换算截面重心、净截面重心的距离；

I_0、I_n——换算截面惯性矩、净截面惯性矩；

A_0、A_n——换算截面和净截面面积；

M_{Qk}——由可变荷载标准值组合计算的截面最不利弯矩，汽车荷载考虑冲击系数；

M_{G2k}——由桥面铺装、人行道、栏杆等二期恒载标准值计算的弯矩。

（2）预应力钢筋应力

对先张法构件，有

$$\sigma_p = (\sigma_{con} - \sigma_l) + \alpha_{Ep}\frac{M_{G1k} + M_{G2k} + M_{Qk}}{I_0}y_{p0} \tag{8.35}$$

对后张法构件，有

$$\sigma_p = (\sigma_{con} - \sigma_l) + \alpha_{Ep}\frac{M_{G2k} + M_{Qk}}{I_0}y_{p0} \tag{8.36}$$

式中，y_{p0}——受拉区预应力钢筋合力点到换算截面重心的距离。

（3）使用阶段的预应力钢筋和混凝土的应力控制

构件在使用阶段经常承受的主要活荷载是车辆荷载，车辆荷载是反复作用的移动荷载，并且可能产生振动。结构在这种反复移动荷载作用下，材料强度逐渐降低，可能发生疲劳破坏，因此需要考虑结构的疲劳问题。研究表明，在反复移动的、具有冲击作用的车辆荷载作用下，公路桥梁钢筋混凝土结构的钢筋的最小应力与最大应力的比值均在 0.85 以上，所以可以不进行疲劳验算，但是应当控制混凝土和钢筋的工作应力，避免工作应力过大。

对全预应力混凝土构件，按公式（8.33）或公式（8.34）计算的受压区混凝土的最大压应力应符合下列规定，即

$$\sigma_{cc} \leqslant 0.5f_{ck} \tag{8.37}$$

按公式（8.35）或公式（8.36）计算的受拉区预应力钢筋的最大拉应力应符合下列规定：

对钢绞线、钢丝，有

$$\sigma_p \leqslant 0.65f_{pk} \tag{8.38}$$

对精轧螺纹钢筋，有

$$\sigma_p \leqslant 0.80f_{pk} \tag{8.39}$$

式中，f_{ck}——混凝土轴心抗压强度标准值；

$\quad\quad f_{pk}$——预应力钢筋抗拉强度标准值。

8.5.2 预应力混凝土受弯构件混凝土的主压应力和主拉应力计算

1. 主拉应力和主压应力计算

预应力混凝土受弯构件由作用（或荷载）标准值和预加力产生的混凝土主压应力 σ_{cp} 和主拉应力 σ_{tp} 应按下列公式计算，即

$$\begin{matrix}\sigma_{cp}\\\sigma_{tp}\end{matrix} = \frac{\sigma_{cx} + \sigma_{cy}}{2} \pm \sqrt{\left(\frac{\sigma_{cx} - \sigma_{cy}}{2}\right)^2 + \tau^2} \tag{8.40}$$

$$\sigma_{cy} = 0.6\frac{n\sigma'_{pe}A_{pv}}{bS_v} \tag{8.41}$$

$$\tau = \frac{V_kS_0}{bI_0} - \frac{\sum\sigma''_{pe}A_{pb}\sin\theta_p gS_n}{bI_n} \tag{8.42}$$

以上式中，σ_{cx}——在计算主应力点由预加力和按作用（或荷载）标准值组合计算的弯矩 M_k 产生的混凝土法向应力，先张法可按式（8.33）计算，后张法可按式（8.34）计算。

σ_{cy}——由竖向预应力钢筋的预加力产生的混凝土竖向压应力；

τ——在计算主应力点由预应力弯起钢筋的预加力和按作用（或荷载）标准值组合计算的剪力 V_k 产生的混凝土剪应力，当计算截面作用有扭矩时尚应计入由扭矩引起的剪应力，对后张预应力混凝土超静定结构在计算剪应力时尚宜考虑预加力引起的次剪力；

n——在同一截面上竖向预应力钢筋的肢数；

σ'_{pe}、σ''_{pe}——竖向预应力钢筋、纵向预应力弯起钢筋扣除全部预应力损失后的有效预应力；

A_{pv}——单肢竖向预应力钢筋的截面面积；

S_v——竖向预应力钢筋的间距；

b——计算主应力点处构件腹板的宽度；

A_{pb}——计算截面上同一弯起平面内预应力弯起钢筋的截面面积；

S_0、S_n——计算主应力点以上（或以下）部分换算截面面积对换算截面重心轴、净截面面积对净截面重心轴的面积矩；

θ_p——计算截面上预应力弯起钢筋的切线与构件纵轴线的夹角。

式（8.40）中的 σ_{cx}、σ_{cy} 当为压应力时以正号代入，当为拉应力时以负号代入。

2. 使用阶段混凝土的主压应力的限值及箍筋配置

验算主应力的目的在于防止产生自受弯构件腹板中部开始的斜裂缝，使斜截面具有和正截面同样的抗裂安全度。因此，《公路桥规》要求，按式（8.40）计算的混凝土的主压应力应符合下式规定，即

$$\sigma_{cp} \leqslant 0.6 f_{ck} \tag{8.43}$$

此外，《公路桥规》保留根据主拉应力数值设置箍筋的规定，作为对构件斜截面抗剪承载力计算的补充。根据公式（8.40）计算的混凝土主拉应力按下列规定设置箍筋：

在 $\sigma_{tp} \leqslant 0.5 f_{ck}$ 的区段，箍筋可按构造要求设置；

在 $\sigma_{tp} > 0.5 f_{ck}$ 的区段，箍筋的间距 S_v 可按下式计算，即

$$S_v = \frac{f_{sk} A_{sv}}{\sigma_{tp} b} \tag{8.44}$$

式中，f_{sk}——箍筋抗拉强度标准值。

当按本条计算的箍筋用量少于按斜截面抗剪承载力计算的箍筋用量时，构件箍筋采用后者。

8.6 端部锚固区计算

8.6.1 先张法预应力钢筋传递长度与锚固长度计算

1. 预应力钢筋的传递长度

对预应力钢筋端部无锚固措施的先张预应力混凝土构件 [图 8.10 (a)]，预应力是依靠钢筋和混凝土之间的粘结力和由于放松预应力钢筋、钢筋回缩、直径变粗对混凝土挤压所产生的摩擦力来锚固和传递的。但是这种传递过程不能在构件端部集中地突然完成，而必须经过一定的传递长度。

现试取构件端部长度为 x 的一小段预应力钢筋为脱离体 [图 8.10 (b)]，在放松钢筋后，其右端作用着 $\sigma_{pe}A_p$，其左端为自由端，显然 $\sigma_{pe}A_p$ 由分布在钢筋表面的粘结力所平衡。当微段 x 达到一定长度 l_{tr} 时，钢筋表面的粘结力就能平衡钢筋中的全部预应力，而长度 l_{tr} 称为预应力钢筋传递长度。预应力钢筋的传递长度 l_{tr} 按表 8.5 采用。

在预应力钢筋的传递长度以内，预应力钢筋拉应力从其端部开始，由零按曲线规律逐渐增加至 σ_{pe}，混凝土预压应力 σ_c 亦按同样规律变化。在构件中段，预应力（σ_{pe} 或 σ_c）为常数，粘结应力 τ 为零 [图 8.10 (c)]。为简化计算，在传递长度 l_{tr} 内，取预应力钢筋的预应力值按直线关系变化，即在构件端部预应力值为零，在传递长度末端预应力值达到 σ_{pe} [图 8.10 (d)]。

表 8.5 预应力钢筋的预应力传递长度 l_{tr} （mm）

预应力钢筋种类		混凝土强度等级					
		C30	C35	C40	C45	C50	≥C55
钢绞线	1×2、1×3，$\sigma_{pe}=1000$MPa	$75d$	$68d$	$63d$	$60d$	$57d$	$55d$
	1×7，$\sigma_{pe}=1000$MPa	$80d$	$73d$	$67d$	$64d$	$60d$	$58d$
螺旋肋钢丝，$\sigma_{pe}=1000$MPa		$70d$	$64d$	$58d$	$56d$	$53d$	$51d$
刻痕钢丝，$\sigma_{pe}=1000$MPa		$89d$	$81d$	$75d$	$71d$	$68d$	$65d$

注：1）预应力传递长度应根据预应力钢筋放松时混凝土立方体抗压强度 f'_{cu} 确定，当 f'_{cu} 在表列混凝土强度等级之间时预应力传递长度按直线内插取用。

2）当预应力钢筋的有效预应力值 σ_{pe} 与表值不同时，其预应力传递长度应根据表值按比例增减。

3）当采用骤然放松预应力钢筋的施工工艺时，l_{tr} 应从离构件末端 $0.25l_{tr}$ 处开始计算。

4）表中 d 为预应力钢筋的直径。

2. 预应力钢筋的锚固长度

先张预应力混凝土构件是靠粘着力来锚固钢筋的，因此其端部必须有一个锚固长度。当预应力钢筋达到极限强度时，保证预应力钢筋不被拔出所需的长度即为锚固长

度 l_a（表 8.6）。在计算先张法预应力混凝土构件端部锚固区的正截面和斜截面的抗弯强度时，必须注意到在锚固长度内预应力钢筋的强度不能充分发挥，其抗拉强度小于 f_{pd}，而且是变化的。钢筋的抗拉强度设计值在锚固区内可考虑按直线关系变化，即在锚固起点处为零，在锚固终点处为 f_{pd}，如图 8.11 所示。

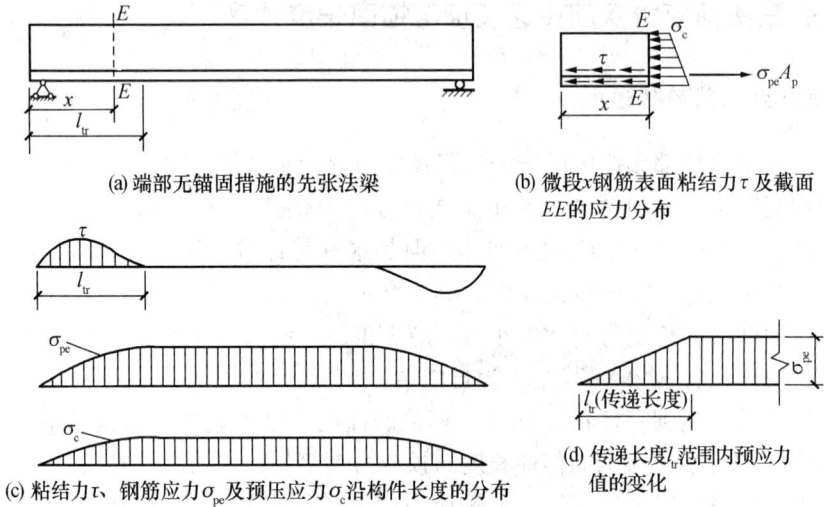

(a) 端部无锚固措施的先张法梁

(b) 微段 x 钢筋表面粘结力 τ 及截面 EE 的应力分布

(c) 粘结力 τ、钢筋应力 σ_{pe} 及预压应力 σ_c 沿构件长度的分布

(d) 传递长度 l_{tr} 范围内预应力值的变化

图 8.10　预应力的传递

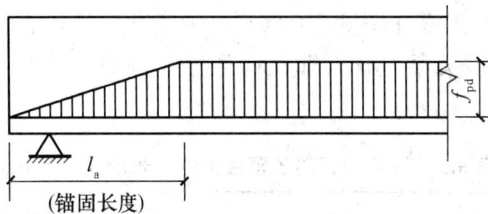

图 8.11　锚固长度 l_a 范围内钢筋强度设计值变化图

表 8.6　预应力钢筋锚固长度 l_a（mm）

预应力钢筋种类		混凝土强度等级					
		C40	C45	C50	C55	C60	≥C65
钢绞线	1×2、1×3，f_{pd}=1170MPa	115d	110d	105d	100d	95d	90d
	1×7，f_{pd}=1260MPa	130d	125d	120d	115d	110d	105d
螺旋肋钢丝，f_{pd}=1200MPa		95d	90d	85d	83d	80d	80d
刻痕钢丝，f_{pd}=1070MPa		125d	115d	110d	105d	103d	100d

注：1) 当采用骤然放松预应力钢筋的施工工艺时，锚固长度应从离构件末端 $0.25l_{tr}$ 处开始计算，l_{tr} 为预应力钢筋的预应力传递长度，按表 8.5 采用。

2) 当预应力钢筋的抗拉强度设计值 f_{pd} 与表值不同时，其锚固长度应根据表值按比例增减。

3) 表中 d 为预应力钢筋的直径。

8.6.2　后张构件锚下局部承压验算

1. 端部锚固区的受力分析

在构件端部或其他布置锚具的地方，巨大的预加压力 N_p 将通过锚具及其下面不大的垫板面积传送给混凝土。要将这个集中预加力均匀地传送到梁体的整个截面，需要一个过渡区段才能完成。试验和理论研究表明，这个过渡区段长度约等于构件的高度 H。因此，又常把等于构件高度 H 的这一过渡区段称为端块。端块的受力情况比较复杂，它不仅存在着不均匀的纵向应力，而且存在着剪应力和由力矩引起的横向拉、压应力。因此，后张法预应力混凝土构件需进行锚下局部承压承载力和局部承压区的抗裂计算，以防止在横向拉应力的作用下出现裂缝。

2. 后张法预应力混凝土构件锚下承压验算

1）后张法构件锚头局部受压区的截面尺寸应满足下列要求，即

$$\gamma_0 F_{ld} \leqslant 1.3\eta_s\beta f_{cd}A_{ln} \tag{8.45}$$

式中，F_{ld}——局部受压面积上的局部压力设计值，对后张法构件的锚头局部受压区，应取
1.2 倍张拉时的最大压力；

f_{cd}——混凝土轴心抗压强度设计值，对后张法构件，应根据张拉时混凝土立方体抗压强度 f'_{cu} 值按规定以直线内插求得；

η_s——混凝土局部承压修正系数，混凝土强度等级为 C50 及以下，取 $\eta_s=1.0$；
混凝土强度等级为 C50～C80，取 $\eta_s=1.0$～0.76，中间按直线内插；

β——混凝土局部承压强度提高系数，$\beta=\sqrt{\dfrac{A_b}{A_l}}$。

A_b——局部承压时的计算底面积，可按图 8.12 确定；

A_{ln}、A_l——混凝土局部受压面积，当局部受压面有孔洞时 A_{ln} 为扣除孔洞后的面积，A_l 为不扣除孔洞的面积，当受压面设有钢垫板时局部受压面积应计入在垫板中，按 45°刚性角扩大的面积，对于具有喇叭管并与钢垫板连成整体的锚具，A_{ln} 可取垫板面积扣除喇叭管尾端内孔面积。

2）锚下局部承压区的抗压承载力按下式计算，即

$$\gamma_0 F_{ld} \leqslant 0.9(\eta_s\beta f_{cd} + k\rho_v\beta_{cor} f_{sd})A_{ln} \tag{8.46}$$

式中，β_{cor}——配置间接钢筋时局部抗压承载力提高系数，当 $A_{cor}>A_b$ 时应取 $A_{cor}=A_b$，
$\beta_{cor}=\sqrt{A_{cor}/A_l}$，其中 A_{cor} 为方格网或螺旋形间接钢筋内表面范围内的混凝土核芯面积，其重心应与 A_l 的重心相重合，计算时按同心、对称原则取值；

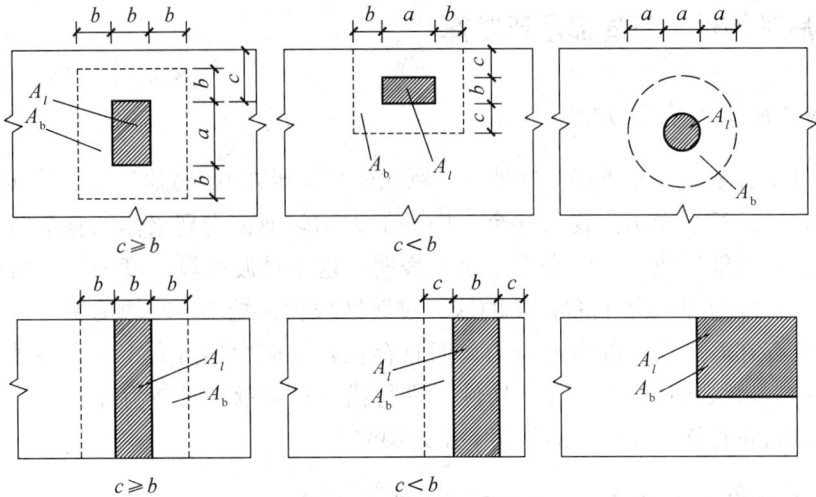

图 8.12 局部承压时计算底面积 A_b 的示意图

k——间接钢筋影响系数，混凝土强度等级 C50 及以下时取 $k=2.0$，C50～C80 取 $k=2.0$～1.70，中间值按直线内插；

ρ_v——间接钢筋体积配筋率（核芯面积 A_{cor} 范围内单位混凝土体积所含间接钢筋的体积），按下列公式计算：

方格网 [图 8.13 (a)]

$$\rho_v = \frac{n_1 A_{s1} l_1 + n_2 A_{s2} l_2}{A_{cor} s} \tag{8.47}$$

螺旋筋 [图 8.13 (b)]

$$\rho_v = \frac{4A_{ss1}}{d_{cor} s} \tag{8.48}$$

以上式中，n_1、A_{s1}——方格网沿 l_1 方向的钢筋根数、单根钢筋的截面面积；

n_2、A_{s2}——方格网沿 l_2 方向的钢筋根数、单根钢筋的截面面积；

A_{ss1}——单根螺旋形间接钢筋的截面面积；

d_{cor}——螺旋形间接钢筋内表面范围内混凝土核芯面积的直径；

s——方格网或螺旋形间接钢筋的层距。

3. 局部承压区的抗裂性计算

为了防止局部承压区段出现沿构件长度方向的裂缝，保证局部承压区的防裂要求，对于在局部承压区中配有间接钢筋的情况，其局部受压区的尺寸应满足下列锚下混凝土抗裂计算要求，即

$$F_{ck} \leqslant 0.80 \eta_s \beta f_{ck} A_{cn} \tag{8.49}$$

式中，F_{ck}——局部受压面积上的局部压力标准值，对后张法构件的锚头局部受压区可

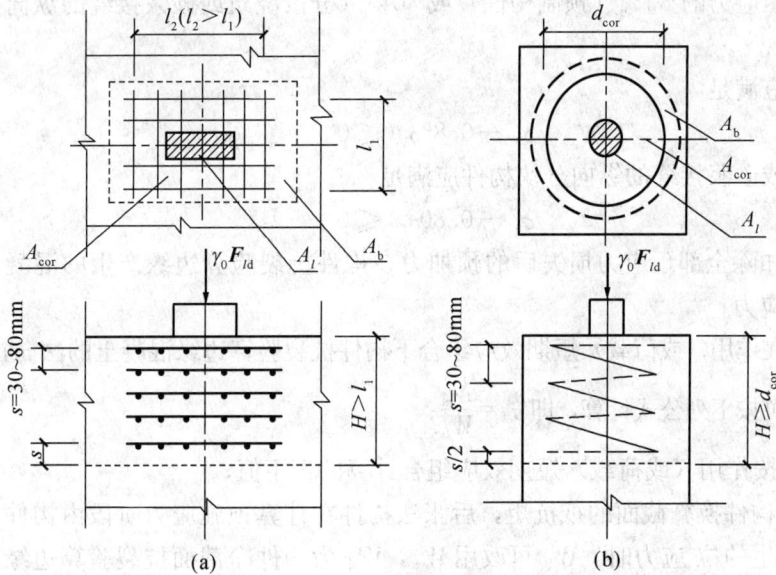

图 8.13　局部承压的配筋

　　取张拉时最大压力。

　　其他符号意义同前。

　　在后张法构件的锚固局压区，宜对其长度相当于一倍梁高的端块进行局部应力分析，并结合规范规定的构造要求配置封闭式箍筋。

8.7　预应力混凝土受弯构件的抗裂与变形验算

8.7.1　预应力混凝土构件的抗裂验算

　　抗裂验算的目的是通过控制截面的拉应力，使全预应力混凝土构件和部分预应力混凝土 A 类构件不出现裂缝。

　　预应力混凝土受弯构件应按所处环境类别和构件类别选用相应的裂缝控制等级，并按下列规定进行混凝土拉应力或正截面裂缝宽度验算。由于属正常使用极限状态的验算，需采用作用短期效应组合或长期效应组合，且材料强度采用标准值。

　　1. 正截面抗裂验算

　　(1) 全预应力混凝土构件

　　对于严格要求不出现裂缝的构件，应当采用全预应力混凝土构件。《公路桥规》规定这类构件在作用（或荷载）短期效应组合下在构件正截面上产生的混凝土拉应力不能大于有效预压应力的 85%（预制构件）或 80%（分段浇筑或砂浆接缝的纵向分块构件）。

预制构件应满足

$$\sigma_{st} - 0.85\sigma_{pc} \leqslant 0 \tag{8.50}$$

分段浇筑或砂浆接缝的纵向分块构件应满足

$$\sigma_{st} - 0.80\sigma_{pc} \leqslant 0 \tag{8.51}$$

式中，σ_{pc}——扣除全部预应力损失后的预加力在构件抗裂验算边缘产生的混凝土预压应力；

σ_{st}——在作用（或荷载）短期效应组合下构件抗裂验算边缘混凝土的法向拉应力，可按下列公式计算，即 $\sigma_{st} = \dfrac{M_s}{W_0}$；

M_s——按作用（或荷载）短期效应组合计算的弯矩值；

W_0——构件换算截面的抵抗矩，后张法构件在计算预施应力阶段由构件自重产生的拉 应力时，W_0 可改用 W_n，W_n 为构件净截面抗裂验算边缘的弹性抵抗矩。

（2）部分预应力混凝土 A 类构件

对部分预应力混凝土 A 类构件，要求在作用（或荷载）短期效应组合下，克服了混凝土的有效预压应力后构件截面混凝土可以出现拉应力，但应小于混凝土抗拉标准强度的 70%；在荷载长期效应组合下构件截面混凝土不允许出现拉应力。

在作用（或荷载）短期效应组合下应满足

$$\sigma_{st} - \sigma_{pc} \leqslant 0.7f_{tk} \tag{8.52}$$

但在作用长期效应组合下应满足

$$\sigma_{lt} - \sigma_{pc} \leqslant 0 \tag{8.53}$$

式中，σ_{lt}——在作用（荷载）长期效应组合下构件抗裂验算边缘混凝土的法向拉应力，可按下列公式计算，即 $\sigma_{lt} = \dfrac{M_l}{W_0}$，其中 M_l 为按作用（荷载）长期效应组合计算的弯矩值，在组合的活荷载弯矩中仅考虑汽车、人群等直接作用于构件的荷载产生的弯矩值；

其他符号意义同前。

（3）部分预应力混凝土 B 类构件

部分预应力混凝土 B 类受弯构件在结构自重作用下控制截面受拉边缘不得消压。短期效应组合时允许出现裂缝，但裂缝宽度不能超过规范规定值。预应力混凝土受弯构件，在作用（或荷载）短期效应组合并考虑长期作用影响的最大裂缝宽度应按第 5 章公式计算，但配筋率及钢筋应力需按下列公式计算，即

$$\rho = \frac{A_s + A_p}{bh_0 + (b_f - b)h_f} \tag{8.54}$$

$$\sigma_{ss} = \frac{M_s \pm M_{p2} - N_{p0}(Z - e_p)}{(A_p + A_s)Z} \tag{8.55}$$

式中，Z——受拉区纵向普通钢筋和预应力钢筋合力点至截面受压区合力点的距离，按

公式 $Z = \left[0.87 - 0.12\left(1 - \gamma'_f\right)\left(\dfrac{h_0}{e}\right)^2 \right] h_0$ 计算，式中 $e = e_p + \dfrac{M_s \pm M_{p2}}{N_{p0}}$；

　　e_p——混凝土法向应力等于零时纵向预应力钢筋和普通钢筋合力 N_{p0} 的作用点至受拉区纵向预应力钢筋和普通钢筋合力点的距离；

　　N_{p0}——混凝土法向应力等于零时预应力钢筋和普通钢筋的合力；

　　M_{p2}——由预加力 N_p 在后张法预应力混凝土连续梁等超静定结构中产生的次弯矩；

　　γ'_f——受压翼缘截面面积与腹板有效面积之比；

　　σ_{ss}——由作用（或荷载）短期效应组合引起的开裂截面纵向受拉钢筋应力；

　　b_f——构件受拉翼缘宽度；

　　h_f——构件受拉翼缘厚度。

2. 斜截面抗裂验算

当预应力混凝土受弯构件内的主拉应力过大时，会产生与主拉应力方向垂直的斜裂缝，因此为了避免斜裂缝的出现，应对斜截面上的主拉应力进行验算，同时按构件类型的不同予以区别对待。主压应力过大，将使混凝土抗拉强度降低和裂缝出现过早，因而应限制主压应力值。预应力混凝土构件的主拉应力和主压应力应符合下列要求。

1）全预应力混凝土构件在作用（或荷载）短期效应组合下。

预制构件：

$$\sigma_{tp} \leqslant 0.6 f_{tk} \tag{8.56}$$

现场现浇（包括预制拼装）构件：

$$\sigma_{tp} \leqslant 0.4 f_{tk} \tag{8.57}$$

2）预应力混凝土 A 类构件和允许开裂的 B 类构件在作用（或荷载）短期效应组合下。

预制构件：

$$\sigma_{tp} \leqslant 0.7 f_{tk} \tag{8.58}$$

现场现浇（包括预制拼装）构件：

$$\sigma_{tp} \leqslant 0.5 f_{tk} \tag{8.59}$$

式中，σ_{tp}——由作用（或荷载）短期效应组合和预加力产生的混凝土主拉应力；

　　f_{tk}——混凝土的抗拉强度标准值。

8.7.2　变形计算

预应力钢筋混凝土构件的材料一般都是高强材料，故其截面尺寸较普通钢筋混凝

土构件小，而且预应力钢筋混凝土结构所使用的跨径范围也较大，因此设计中应注意预应力钢筋混凝土梁的挠度验算，以避免构件因挠度过大而影响桥梁的正常使用。

预应力钢筋混凝土受弯构件的挠度是由偏心预加力引起的上挠度（又称反拱度）和外荷载（恒载和活载）所产生的下挠度两部分所组成的。挠度的精确计算应同时考虑混凝土的收缩、徐变、弹性模量等随时间而变化的影响因素，所以计算时常借助于计算机。但对于简支梁等，挠度计算采用以下实用方法计算所得的结果已能满足要求。

1. 预加力引起的上挠度

预应力混凝土受弯构件的向上挠度是由于偏心预加力作用引起的，它与外荷载引起的挠度方向相反，故又称为反拱度。在预加力作用下，预应力混凝土简支梁跨中最大反拱度值可用结构力学的方法按刚度 $E_c I_0$ 进行计算，并乘以长期增长系数。

计算使用阶段预加力反拱值时，预应力钢筋的预加力应扣除全部预应力损失，长期增长系数取用 2.0。以后张法梁为例，其值为

$$f_p = -2\int_0^1 \frac{M_{p1}\overline{M}_x}{0.95E_c I_0}\mathrm{d}x \tag{8.60}$$

式中，M_{p1}——传力锚固时的预加力 N_{p1}（扣除相应的预应力损失）在任意截面处所引起的弯矩值；

$\overline{M}_x$——跨中作用单位力时在任意截面 x 处所产生的弯矩值；

E_c——施加预应力时的混凝土弹性模量，可由试验确定；

I_0——构件的换算截面惯性矩。

2. 外加作用产生的挠度

在承受外加作用时，预应力混凝土受弯构件的挠度同样可近似地按结构力学的方法进行计算。构件刚度取值分开裂前与开裂后两种情况考虑。

全预应力混凝土构件、部分预应力混凝土 A 类构件：$B_0 = 0.95E_c I_0$。

允许开裂的部分预应力混凝土 B 类构件：在开裂弯矩 M_{cr} 作用下，$B_0 = 0.95E_c I_0$；在 $(M_s - M_{cr})$ 作用下，取 $B_{cr} = E_c I_{cr}$。由此可写出 B 类构件在承受短期外加作用时其挠度计算的一般公式为

$$f_M = \frac{\alpha l^2}{E_c}\left(\frac{M_{cr}}{0.95I_0} + \frac{M_s - M_{cr}}{I_{cr}}\right) \tag{8.61}$$

式中，l——梁的计算跨径；

α——挠度系数，与弯矩图的形状、支座的约束条件有关；

M_s——按作用短期效应组合计算的弯矩，对于全预应力混凝土结构和在承受外加作用时允许受拉区混凝土出现拉应力但不允许出现裂缝的 A 类部分预应力混凝土结构 $M_s \leqslant M_{cr}$，对于承受外加作用时允许出现裂缝的 B 类部分预应力混凝土结构 $M_s > M_{cr}$；

M_{cr}——构件截面的开裂弯矩，按公式 $M_{cr} = (\sigma_{pc} + \gamma f_{tk}) W_0$ 计算；

σ_{pc}——扣除全部预应力损失后的预加力在构件抗裂边缘产生的混凝土预压应力；

γ——受拉区混凝土塑性系数，$\gamma = \dfrac{2S_0}{W_0}$；

S_0——全截面换算截面重心轴以上（或以下）部分面积对重心轴的面积矩；

W_0——换算截面抗裂边缘的弹性抵抗矩；

I_0——全截面换算截面惯性矩；

I_{cr}——开裂截面换算截面惯性矩。

3. 预应力混凝土受弯构件的总挠度 f

（1）构件在承受短期作用时的总挠度 f_s

$$f_s = f_p + f_M \tag{8.62}$$

式中，f_p——扣除预加应力损失后的预加力 N_{p1} 所产生的上挠度；

f_M——由自重弯矩、后加恒载弯矩与活载弯矩（不计冲击影响）之和所引起的挠度值。

（2）承受长期作用时的挠度值 f_l

在长期持续作用（如自重、后加恒载、预加力等）时，由于混凝土徐变要增大结构的挠度，受弯构件在使用阶段的挠度应考虑作用长期效应的影响，计算中必须引入挠度长期增长系数 η_θ，从而承受长期作用时的挠度值可按下式计算，即

$$f_l = (f_s - f_{ml})\eta_\theta \tag{8.63}$$

式中，f_{ml}——汽车荷载作用下产生的变形（不计冲击力）；

f_s——短期作用产生的变形；

η_θ——挠度长期增长系数，采用 C40 以下混凝土时 $\eta_\theta = 1.6$，采用 C40～C80 混凝土时 $\eta_\theta = 1.45～1.35$，中间强度等级可按直线内插取用。

（3）挠度的限值

预应力混凝土受弯构件按上述公式计算的长期挠度值，在消除结构自重产生的长期挠度后梁式桥主梁的最大挠度处不应超过计算跨径的 1/600，梁式桥主梁的悬臂端不应超过悬臂长度的 1/300。

4. 预拱度的设置

预应力混凝土简支架由于存在向上的反拱度，通常可不设置预拱度。但对梁的跨径较大或张拉后下缘的预压应力不是很大的构件，有时会因恒载的长期作用产生过大的挠度。因此，《公路桥规》规定：预应力混凝土受弯构件，当预加力产生的长期反拱值大于按作用（荷载）短期效应组合计算的长期挠度时可不设预拱度；当预加应力的长期反拱值小于按作用（荷载）短期效应组合计算的长期挠度时应设预拱度，预拱度值按该项作用（荷载）的挠度值与预加应力长期反拱值之差采用。预拱的设置应按最

大的预拱值沿顺桥向做成平顺的曲线。

对于自重相对于活载较小的预应力混凝土受弯构件，应考虑预加应力反拱值过大而造成的不利影响，必要时采取反预拱或设计和施工上的其他措施，避免桥面隆起直至开裂破坏。

8.8 预应力混凝土简支梁的设计与构造

8.8.1 预应力混凝土梁的主要设计内容和步骤

1. 预应力混凝土梁的主要设计内容

预应力混凝土梁的设计应满足安全、适用和耐久性等方面的要求，主要包括：

1）构件应具有足够的承载力，以满足构件达到承载能力极限状态时具有一定的安全储备，这是保证结构安全可靠工作的前提。这种情况是以构件可能处于最不利工作条件下而又可能出现荷载效应最大值来考虑的。

2）在正常使用极限状态下，构件的抗裂性和结构变形不应超过规范规定的限制。对允许出现裂缝的构件，裂缝宽度也应限制在一定范围内。

3）在持久状况使用荷载作用下，构件的截面应力（包括混凝土正截面压应力、斜截面主压应力和钢筋拉应力）不应超过规范规定的限值。为了保证构件在制造、运输、安装时的安全工作，对短暂状况下构件的截面应力，也要控制在规范规定的限制范围以内。

从理论上讲，满足上述要求的设计是个复杂的优化设计问题。在设计中，对满足上述要求起决定性影响的是构件的截面选择、钢筋数量估算和位置的设计，它们是设计中的控制因素。构件的其他设计要求，如应力校核、预应力钢筋的走向、锚具的布置等都可以通过局部性的设计和考虑来实现。

设计中应特别注意对上述各项计算结果的综合分析。若其中某项计算结果不满足要求或安全储备过大，应适当修改截面尺寸或调整钢筋的数量和位置，重新进行上述各项计算。尽量做到既能满足规范规定的各项限制条件，又不致造成个别验算项目的安全储备过大，达到全梁优化设计的目的。

2. 预应力混凝土简支梁设计的一般步骤

1）根据使用要求，参照已有设计等有关资料，选择预加力体系和锚具形式，选定截面形式，并初步拟定截面尺寸，选定材料规格等。

2）根据结构可能出现的荷载组合，计算控制截面最大设计内力（弯矩和剪力）。

3）根据抗裂性要求估算预应力钢筋数量，并进行合理布置。

4）计算主梁截面几何特性。

5）确定预应力钢筋的张拉控制应力，计算预应力损失及各阶段相应的有效预应力。

6）进行正截面及斜截面承载能力验算。

7）进行施工阶段和使用阶段的应力验算。

8）进行梁端部局部承压与传力锚固的设计计算。

9）主梁反拱及挠度验算。

10）校核并绘制施工图。

8.8.2 预应力混凝土简支梁的截面设计

当结构的总体方案确定后，设计者的首要任务是选择合理的截面形式和拟定截面尺寸。合理的截面形式和尺寸不仅能保证结构良好的工作性能，对结构的经济性也具有重要影响。

预应力混凝土受弯构件通常选用的截面形式如图 8.14 所示。

1. 预应力空心板

预应力空心板如图 8.14（a）所示，空心板的空心可以是圆形、端部圆形、矩形、侧面和底面直线而顶部拱形等。其特点是构件质量较小，跨越能力大，但制造工艺较繁琐。跨径 8~20m 的空心板多采用直线配筋长线台先张法施工，大跨径空心板可采用后张法施工，并且筋束从有粘结预应力向无粘结预应力发展；简支预应力混凝土空心板桥标准跨径不宜大于 25m，连续板桥的标准跨径不宜大于 30m。

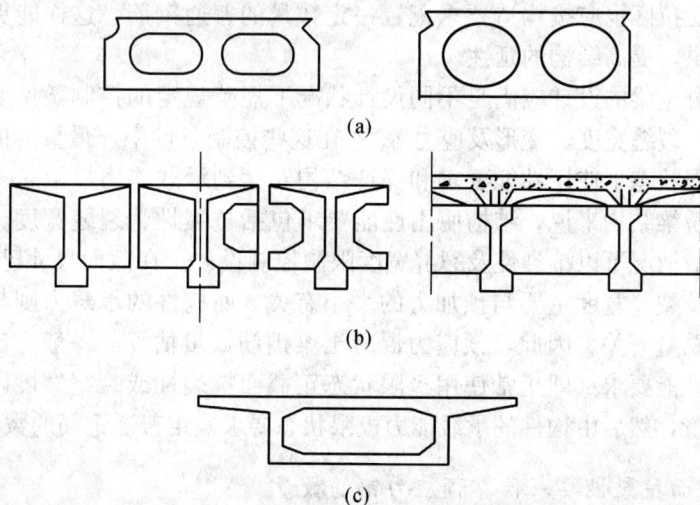

(a)

(b)

(c)

图 8.14　预应力混凝土简支梁的截面形式

2. 预应力混凝土 T 形截面梁和工字形截面梁

预应力混凝土 T 形梁和工字形梁如图 8.14 (b) 所示。这是我国桥梁工程中最常用的预应力混凝土简支梁的截面形式。标准设计跨径一般为 25～40m，标准跨径不宜大于 50m，一般采用后张法施工。高跨比（h/l）一般为 $1/25 \sim 1/15$，上翼缘宽度一般为 1.6～2.4m 或更宽。T 形梁腹板主要承受剪应力和主应力。由于预应力混凝土梁中剪力很小，腹板都做得较薄。从构造方面来说，腹板厚度必须满足布置预留孔道的要求，故一般采用 160～200mm。在梁下缘的布筋区，为了布置钢筋的需要，常将腹板厚度加厚而成为"马蹄"形，利于布置预应力钢筋和承受巨大的预压力。梁的两端长度各约等于梁高的范围内，腹板加厚为与"马蹄"同宽，以满足布置锚具和局部承压的要求。

3. 预应力混凝土箱形截面梁

预应力混凝土箱形截面梁如图 8.14 (c) 所示。其抗扭刚度比一般开口截面大得多，梁上的荷载分布比较均匀，箱壁一般做得较薄，材料利用合理，自重较轻，跨越能力大，适用于大跨径桥梁。

截面形式确定后，参照已有的设计资料初步拟定截面尺寸，选定材料规格，然后根据有关规范的要求进行配筋设计。如计算结果表明预估的截面尺寸不符合要求时，则需再作必要的修改。

8.8.3　预应力混凝土简支梁的配筋设计

部分预应力混凝土构件一般采用预应力钢筋和普通钢筋混合配筋。对全预应力混凝土构件，在受拉区也应按构造要求配置一定数量的普通钢筋，这样能更好地控制裂缝、挠度和反拱，提高结构的延性。

预应力混凝土梁的设计应满足不同设计状况下规范规定的控制条件要求（例如承载力、抗裂性、裂缝宽度、变形及应力等）。在这些控制条件中，最重要的是满足结构在正常使用极限状态下使用性能要求和保证结构对达到承载能力极限状态具有一定的安全储备。对桥梁结构来说，结构使用性能要求包括抗裂性、裂缝宽度、挠度和反拱等项限制。一般情况下以抗裂性及裂缝宽度限制控制设计。在截面尺寸已定的情况下，结构的抗裂性及裂缝宽度主要与预加力的大小有关，而构件的承载力则与预应力钢筋和普通钢筋的总量有关。因此，预应力混凝土梁钢筋数量估算的一般方法是，首先根据结构的使用性能要求（即正常使用极限状态正截面抗裂性或裂缝宽度限值）确定预应力钢筋的数量，然后由构件的承载能力极限状态要求确定普通钢筋的数量。

1. 按正截面抗裂性要求估算预应力钢筋数量

为估算预应力钢筋数量，首先应按正常使用状态正截面抗裂性或裂缝宽度限制要求确定有效预加力 N_{pe}。

1) 全预应力混凝土梁按作用（或荷载）短期效应组合进行正截面抗裂性验算，计算所得的正截面混凝土法向拉应力应满足式（8.50）的要求，即

$$\frac{M_s}{W} - 0.85N_{pe}\left(\frac{1}{A} + \frac{e_p}{W}\right) \leqslant 0 \tag{8.64}$$

整理后可得到全预应力混凝土梁按作用（或荷载）短期效应组合进行正截面抗裂性验算所需的有效预加力 N_{pe}，即

$$N_{pe} \geqslant \frac{M_s/W}{0.85\left(\frac{1}{A} + \frac{e_p}{W}\right)} \tag{8.65}$$

式中，N_{pe}——使用阶段预应力钢筋有效预加力；

A、W——构件截面面积和对截面受拉边缘的弹性抵抗矩，在设计时均可采用混凝土毛截面计算；

e_p——预应力钢筋重心对混凝土截面重心轴的偏心距，$e_p = y - a_p$，a_p 值可预先假定。

2) 预应力混凝土 A 类构件，根据式（8.52）可得到类似的计算公式，即

$$N_{pe} \geqslant \frac{M_s/W - 0.7f_{tk}}{\left(\frac{1}{A} + \frac{e_p}{W}\right)} \tag{8.66}$$

针对全预应力混凝土、部分预应力混凝土 A 类构件不同的使用性能要求，分别按公式（8.65）、公式（8.66）求得有效预加力 N_{pe} 后，所需预应力钢筋截面面积按下式计算，即

$$A_p = \frac{N_{pe}}{\sigma_{con} - \sigma_l} \tag{8.67}$$

式中，σ_{con}——预应力钢筋的张拉控制应力；

σ_l——预应力损失总值，估算时对先张法构件可取 $20\% \sim 30\%$ 的张拉控制应力，对后张法构件可取 $25\% \sim 35\%$ 的张拉控制应力，采用低松弛钢筋时取低值。

求得预应力钢筋截面面积后，应结合锚具选型和构造要求选择预应力钢筋束的数量及组成，布置预应力钢筋束，并计算其合力作用点至截面边缘的距离。

在预应力混凝土受弯构件中，主要的受力钢筋是预应力钢筋和箍筋。此外，为使结构设计得更加合理及满足构造要求，有时还需设置一些普通钢筋及辅助钢筋。

2. 按构件承载能力极限状态要求估算普通钢筋数量

在确定了预应力钢筋的数量后，根据正截面承载能力极限状态的要求确定普通钢筋数量。以仅在受拉区配置预应力钢筋和普通钢筋的预应力混凝土 T 形截面梁为例，其正截面承载能力极限状态计算公式分别如下。

第一类 T 形截面：

$$f_{sd}A_s + f_{pd}A_p = f_{cd}b'_f x$$

$$\gamma_0 M_d \leqslant M_u = f_{cd} b'_f x (h_0 - x/2)$$

第二类 T 形截面：

$$f_{sd} A_s + f_{pd} A_p = f_{cd} [bx + (b'_f - b) h'_f]$$

$$\gamma_0 M_d \leqslant M_u = f_{cd} [bx (h_0 - x/2) + (b'_f - b) h'_f (h_0 - h'_f/2)]$$

估算时，先假设为第一类 T 形截面，按式（8.20）计算受压区高度 x，若计算所得 x 满足 $x \leqslant h'_f$，则由式（8.19）可得受拉区普通钢筋截面面积为

$$A_s = \frac{f_{cd} b'_f x - f_{pd} A_p}{f_{sd}} \tag{8.68}$$

若按式（8.20）计算所得的受压区高度为 $x > h'_f$，则为第二类 T 形截面，须按式（8.22）重新计算受压区高度 x；若所得 $x > h'_f$，且满足 $x \leqslant \xi_b h_0$ 的限制条件，则由式（8.21）可得受拉区普通钢筋截面面积为

$$A_s = \frac{f_{cd} [bx + (b'_f - b) h'_f] - f_{pd} A_p}{f_{sd}} \tag{8.69}$$

若按式（8.22）计算所得的受压区高度为 $x > h'_f$ 且 $x > \xi_b h_0$，则需修改截面尺寸，增大梁高。

3. 最小配筋率的限制

按上述方法估算所得的钢筋数量还必须满足最小配筋率的要求，预应力混凝土受弯构件的最小配筋率应满足下列条件，即

$$\frac{M_u}{M_{cr}} \geqslant 1.0 \tag{8.70}$$

式中，M_u——受弯构件正截面抗弯承载力设计值，按式（8.20）或式（8.22）右边的式子计算；

M_{cr}——受弯构件正截面开裂弯矩值，按式 $M_{cr} = (\sigma_{pc} + \gamma f_{tk}) W_0$ 计算，其中 $\gamma = 2S_0/W_0$，S_0 为全截面换算截面重心轴以上（或以下）部分面积对重心轴的面积距，σ_{pc} 为扣除全部预应力损失预应力钢筋和普通钢筋合力 N_{p0} 在构件抗裂边缘产生的混凝土预压应力，W_0 为换算截面抗裂边缘的弹性抵抗矩。

8.8.4 预应力钢筋的布置

1. 束界

因为荷载在简支梁跨中截面产生的弯矩最大，为了抵抗该弯矩，应使预应力筋合力点距该截面重心尽可能远（即使筋束合力的偏心距尽可能大）。但在其他截面荷载弯矩较小时，如果预应力筋束合力大小和作用点位置不变，则可能在混凝土下缘产生拉应力。全预应力混凝土受弯构件的上、下缘是不允许出现拉应力的。

合理地确定预加力 N_p 的位置（一般即近似为预应力筋束截面重心位置）是很重要

的。根据全预应力混凝土构件要求其上、下缘混凝土不出现拉应力的原则，可以按照在最小外作用（荷载）（即构件一期恒载自重 G_1）时和最不利外加作用（荷载）（即一期恒载自重 G_1、二期恒载 G_2 和活载 Q）时的两种情况分别确定 N_p 在各个截面上偏心距的极限值 e_p。由此可以绘出如图 8.15 所示的两条 e_p 的限值线 E_1 和 E_2。只要 N_p（也即近似为预应力钢筋截面的重心）的位置落在由 E_1 和 E_2 所围成的区域内，就能保证构件在承受最小外作用（作用）和最不利外加作用（荷载）时其上、下缘混凝土均不会出现拉应力。因此，我们把由 E_1 和 E_2 两条曲线所围成的限制预应力钢筋的布置范围称为束界（或索界）。

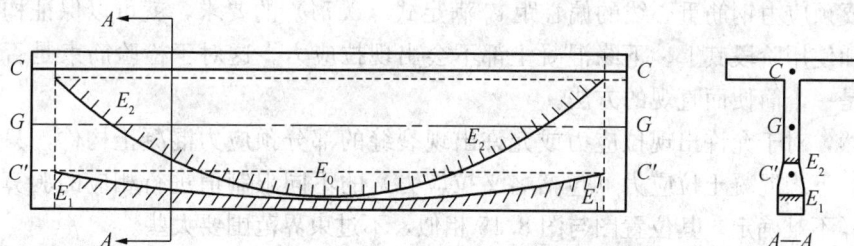

图 8.15 预应力钢筋的合理位置

根据上述原则，按下列方法可以容易地绘制全预应力混凝土等截面简支梁的束界。在预加应力阶段，保证梁的上缘混凝土不出现拉应力的条件是

$$\sigma_c = \frac{N_{pI}}{A_c} - \frac{N_{pI}e_{pI}}{W'_c} + \frac{M_{G1}}{W'_c} \geqslant 0 \tag{8.71}$$

当截面尺寸和钢筋面积已知时，可得出

$$e_{pI} \leqslant E_1 = K_{c0} + \frac{M_{G1}}{N_{pI}} \tag{8.72}$$

式中，e_{pI}——预加力的合力偏心距，设在构件截面重心轴以下为正，反之为负；

K_{c0}——混凝土截面下核芯距，其值为 $K_{c0} = W'_c/A_c$；

W'_c——净截面上边缘的弹性抵抗矩；

M_{G1}——构件自重产生的弯矩；

N_{pI}——传力锚固时的预加力。

同理，在使用荷载作用下，根据保证构件下缘不出现拉应力的条件，同样可以求得合力偏心距 e_{p2} 为

$$e_{p2} \geqslant E_2 = \frac{M_{G1} + M_{G2} + M_Q}{\alpha N_{pI}} - K'_{c0} \tag{8.73}$$

式中，M_{G2}——二期恒载引起的弯矩；

M_Q——活载引起的弯矩；

α——使用阶段的永存预加力 N_{pe} 和传力锚固时的有效预加力 N_{pI} 之比值，可近似取 $\alpha = 0.8$；

K'_{c0}——混凝土截面上核芯距，其值为 $K'_{c0}=W_c/A_c$，W_c 为混凝土截面下边缘的弹性抵抗矩。

由式 (8.72)、式 (8.73) 可以看出，e_{p1}、e_{p2} 分别具有与弯矩 M_{G1} 和弯矩 ($M_{G1}+M_{G2}+M_Q$) 相似的变化规律，都可视为沿跨径变化的抛物线，其限值 E_1 和 E_2 分别称为束界的上限和下限，曲线 E_1、E_2 之间的区域就是束界范围。由此可知，筋束重心位置（即 e_p）所应遵循的条件为

$$\frac{M_{G1}+M_{G2}+M_Q}{\alpha N_{pI}}-K'_{c0}\leqslant e_p\leqslant K_{c0}+\frac{M_{G1}}{N_{pI}} \tag{8.74}$$

只要预应力钢筋重心线的偏心距 e_p 满足式 (8.74) 的要求，就可以保证构件在预加应力和使用阶段其上、下缘混凝土都不会出现拉应力。这对于检验筋束是否配置得当无疑是一个简便而直观的方法。

显然，对于允许出现拉应力或允许出现裂缝的部分预应力混凝土构件，只要根据构件上、下缘混凝土拉应力（包括名义拉应力）的不同限制值进行相应的验算，则其束界同样不难确定。其位置图与图 8.15 相似，不过束界范围要大些。

2. 预应力钢筋的布置原则

预应力钢筋布置应使其重心线不超出束界范围。因此，大部分预应力钢筋将在趋向支点时须逐步弯起，只有这样，才能保证构件无论是在施工阶段还是在使用阶段，其任意截面上、下缘混凝土的法向应力都不致超过规定的限制值。同时，构件端部范围逐步弯起的预应力钢筋将产生预剪力，这对抵消支点附近较大的外荷载剪力也是非常有利的。而且从构造上说，预应力钢筋束的弯起可使锚固点分散，使梁端部承受的集中力也相应分散，这对改善锚固区的局部承压条件是有利的。

3. 预应力钢筋弯起角度

预应力钢筋弯起角度应与所承受的剪力变化规律相配合。根据受力要求，预应力钢筋束弯起后所产生的预剪力应能抵消全部恒载剪力和部分活载剪力，以使构件在无活载时钢筋束中所剩余的预剪力绝对值不致过大。预应力钢筋弯起角 α 不宜大于 $20°$；对于弯出梁顶锚固的钢筋，α 值往往超出此值，常在 $20°\sim30°$ 之间。

4. 弯起钢筋的形式

原则上宜为抛物线，为施工方便，可采用悬链线，或采用圆弧线。后张法预应力混凝土构件的曲线形预应力钢筋，其曲线半径应符合下列规定：

1) 钢丝束、钢绞线束的钢丝直径等于或小于 5mm 时，曲线半径不宜小于 4m；钢丝直径大于 5mm 时，曲线半径不宜小于 6m。

2) 精轧螺纹钢筋的直径等于或小于 25mm 时，曲线半径不宜小于 12m；曲线半径直径大于 25mm 时，不宜小于 15m。

对于具有特殊用途的预应力钢筋，应采用相应的特殊措施，不受此限制。

5. 预应力钢筋弯起点的确定

预应力钢筋的弯起点应从兼顾剪力与弯矩两方面的受力要求来考虑。

1）从受剪考虑，应提供一部分抵抗外加作用（荷载）产生的剪力的预剪力 V_p。但实际上，受弯构件跨中部分的肋部混凝土已足够承受外加作用（荷载）产生的剪力，因此一般是根据经验，在跨径的三分点到四分点之间开始弯起。

2）从受弯考虑，由于预应力钢筋弯起后，其重心线将往上移，使偏心距 e_p 变小，即预加力弯矩 M_p 将变小。因此，应满足预应力钢筋弯起后的正截面的抗弯承载力要求。预应力钢筋的弯起点尚应考虑斜截面抗弯承载力要求，即保证钢筋弯起后斜截面上的抗弯承载力不低于斜截面顶端所在的正截面抗弯承载力。

6. 预应力钢筋布置的具体规定

预应力混凝土构件中，宜将钢绞线、螺旋肋钢丝或刻痕钢丝用作预应力钢筋，以保证钢筋与混凝土之间有可靠的粘结力。当采用光面钢丝作预应力钢筋时，应采取适当措施，保证钢丝在混凝土中可靠地锚固。

（1）先张法构件

先张法构件中，预应力钢筋或锚具之间的净距与保护层厚度应根据浇筑混凝土应力及钢筋锚固等要求确定，并应符合下列规定：

1）预应力钢绞线之间的净距不应小于其直径的 1.5 倍，且对 1×2（两股）、1×3（三股）钢绞线不应小于 20mm，对 1×7（七股）钢绞线不应小于 25mm；预应力钢丝间净距不应小于 15mm。

2）先张法预应力混凝土构件中，对于单根预应力钢筋，其端部应设置长度不小于 150mm 的螺旋筋；对于多根预应力钢筋，在构件端部 10 倍预应力钢筋直径范围内应设置 3～5 片钢筋网。

3）埋入式锚具之间的净距不应小于钢丝束直径，且不应小于 60mm；预应力钢丝束与埋入式锚具之间的净距不应小于 20mm。预应力钢筋或埋入式锚具的混凝土保护层厚度不应小于 30mm，当构件处于受侵蚀环境时该值应增加 10mm。

（2）后张法构件

后张法构件中，预应力钢筋或锚具之间的净距与保护层应根据浇筑混凝土、施加预应力及钢筋锚固等要求确定，并应符合下列规定：

1）后张法预应力混凝土构件（包括连续梁和连续刚构边跨现浇段）的部分预应力钢筋，应在靠近端部支座区段横向对称弯起，尽可能沿梁端面均匀布置，同时沿纵向可将梁腹板加宽。在梁端部附近，设置间距较密的纵向钢筋和箍筋，并符合 T 形和箱形梁对纵向钢筋和箍筋的要求。

2）后张法预应力混凝土构件，其预应力直线管道的混凝土保护层厚度对构件顶面和侧面，当管道直径等于或小于55mm时不应小于35mm，当管道直径大于55mm时不应小于45mm；对构件底面不应小于50mm。当桥梁处于受侵蚀的环境时，上述保护层厚度应增加10mm。

（3）外形呈曲线形且布置有曲线预应力钢筋的构件

如图8.16所示，其曲线平面内管道的最小混凝土保护层厚度应根据施加预应力时曲线预应力钢筋的张拉力，按下列公式计算。

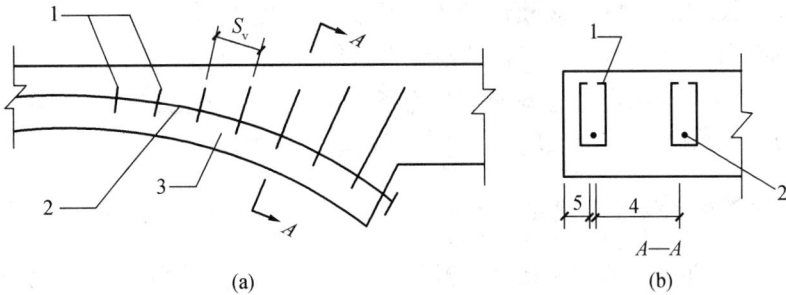

图 8.16　预应力钢筋曲线管道保护层示意图

1. 箍筋；2. 预应力钢筋；3. 曲线管道平面内保护层；4. 曲线管道平面外净距；5. 曲线管道平面外保护层

1）曲线平面内最小混凝土保护层厚度。

$$C_{\text{in}} \geqslant \frac{P_{\text{d}}}{0.266r\sqrt{f'_{\text{cu}}}} - \frac{d_{\text{s}}}{2} \qquad (8.75)$$

$$r = \frac{l}{2}\left(\frac{1}{4\beta} + \beta\right) \qquad (8.76)$$

以上式中，C_{in}——曲线平面内最小混凝土保护层厚度；

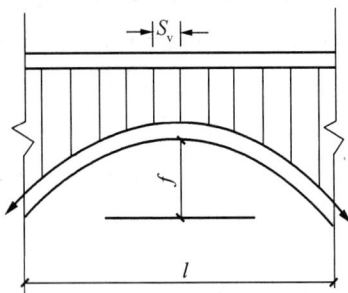

图 8.17　曲线梁

P_{d}——预应力钢筋的张拉力设计值（N），可取扣除锚圈口摩擦、钢筋回缩及计算截面处管道摩擦损失后的张拉力乘以1.2；

f'_{cu}——预应力钢筋张拉时边长为150mm立方体混凝土抗压强度（MPa）；

d_{s}——管道外缘直径；

r——管道曲线半径（mm）；

l——曲线弦长（图8.17）；

β——曲线矢高 f 与弦长 l 之比（图8.17）。

当按式（8.75）计算的保护层厚度较大时，也可按直线管道设置最小保护层厚度，但应在管道曲线段弯曲平面内设置箍筋。箍筋单肢的截面面积可按下列公式计算，即

$$A_{sv1} \geqslant \frac{P_d S_v}{2 r f_{sv}} \qquad (8.77)$$

式中，A_{sv1}——箍筋单肢截面面积（mm²）；

S_v——箍筋间距（mm）；

f_{sv}——箍筋抗拉强度设计值（MPa）。

2）曲线平面外最小混凝土保护层厚度。

$$C_{out} \geqslant \frac{P_d}{0.266 \pi r \sqrt{f'_{cu}}} - \frac{d_s}{2} \qquad (8.78)$$

式中，C_{out}——曲线平面外最小混凝土保护层厚度。

其余符号意义同上。

当按上述公式计算的保护层厚度小于第 3 章各类环境下直线管道的保护层厚度时，应取相应环境条件下的直线管道保护层厚度。

7. 预应力钢筋管道的设置

后张法预应力混凝土构件，其预应力钢筋管道的设置应符合下列规定：

1）由钢管或橡胶管抽芯成型的直线管道，其净距不应小于 40mm，且不宜小于管道直径的 0.6 倍；对于预埋金属或塑料波纹管和铁皮管，在竖直方向可将两管道叠置。

2）曲线形预应力钢筋管道在曲线平面内相邻管道间的最小净距应按式（8.75）计算，其中 P_d 和 r 分别为相邻两管道曲线半径较大的一根预应力钢筋的张拉力设计值和曲线半径，C_{in} 为相邻两曲线管道外缘在平面内的净距。当上述计算结果小于其相应直线管道净距时，应取用直线管道最小净距。

曲线形预应力钢筋管道在曲线平面外相邻管道间的最小净距（图 8.16）应按式（8.78）计算。

3）管道内径的截面面积不应小于预应力钢筋截面面积的两倍。

4）按计算需要设置预拱度时预留管道也应同时起拱。

8.8.5　非预应力筋布置

在预应力混凝土受弯构件中，除了预应力钢筋外，还需要配置各种形式的非预应力钢筋，如图 8.18 所示。

1. 箍筋

箍筋与弯起钢筋束同为预应力混凝土梁的腹筋，与混凝土一起共同承担着外加作用（荷载）产生的剪力。按抗剪要求来确定箍筋数量，且应符合下列构造要求：

1）箍筋直径和间距：预应力混凝土 T 形、工字形截面梁和箱形截面梁腹板内应分别设置直径不小于 10mm 和 12mm 的箍筋，且应采用带肋钢筋，间距不应大于 250mm；自支座中心起长度不小于一倍梁高范围内，应采用闭合式箍筋，间距不应大于 100mm。

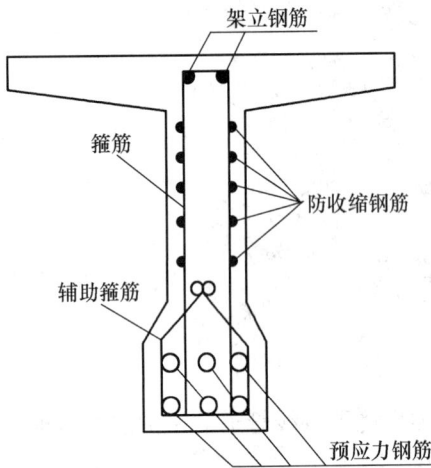

图 8.18　预应力混凝土 T 形梁

2）在 T 形、工字形截面梁下部的"马蹄"内，应另设直径不小于 8mm 的闭合式箍筋，间距不应大于 200mm。此外，"马蹄"内尚应设直径不小于 12mm 的定位钢筋。

2. 其他辅助钢筋

在预应力混凝土梁中，除了主要受力钢筋外，还需设置一些辅助钢筋，以满足构造要求。

1）架立钢筋——用以支承箍筋、固定箍筋间距、构成钢筋骨架。

2）水平纵向钢筋——一般采用小直径钢筋，沿腹板两侧紧贴箍筋布置。

3）局部加强钢筋——在集中力作用处（如锚具底面）需布置钢筋网或螺旋筋进行局部加固，以加强局部抗压和抗剪强度。

3. 钢筋端部周围的局部加强措施

在先张法预应力混凝土构件中，预应力钢筋端部周围应采用以下局部加强措施：

1）对于单根预应力钢筋，其端部设置长度不小于 150mm 的螺旋筋。

2）对于多根预应力钢筋，在构件端部 10d（d 为预应力钢筋直径）范围内设置 3～5 片钢筋网。

在后张法预应力混凝土构件中，预应力钢筋端部周围应采用以下局部加强措施：后张法预应力混凝土构件的端部锚区，在锚具下面应设置厚度不小于 16mm 的垫板或采用具有喇叭管的锚具垫板。锚垫板下应设间接钢筋，其体积配筋率 ρ_v 不应小于 0.5%。

小　结

1. 预应力混凝土结构是指在构件受荷载之前预先对混凝土受拉区施加压应力的混凝土结构。预应力混凝土结构能有效、合理地采用高强度钢材和高强混凝土材料，大大提高了结构的开裂性、刚度和耐久性，又可减小截面尺寸和减轻结构自重，因而扩大了混凝土结构的使用范围，从本质上改善了钢筋混凝土结构。

2. 对混凝土施加预应力的方法有先张法和后张法两种。先张法是指先张拉钢筋后浇筑构件混凝土的施工方法。先张法是靠粘结力来传递并保持预加应力的。先张法一般适合于直线配筋的中小型构件。后张法是指先浇筑构件混凝土，待混凝土结硬后再张拉筋束的方法。后张法是靠工作锚具来传递和保持预加应力的。后张法适合于生产大型预应力混凝土构件。

3. 进行预应力钢筋张拉时所控制达到的最大应力值称为张拉控制应力。在构件施工和使用过程中，由于张拉钢筋时与孔道之间的摩擦、锚具变形和钢筋回缩、养护时钢筋与台座之间的温差、预应力钢筋的应力松弛、混凝土收缩和徐变等原因，张拉控制应力将不断降低，这种张拉控制应力的降低称为预应力损失。在设计和施工中应正确确定张拉控制应力并采取措施减少预应力损失。

4. 预应力混凝土梁的设计应满足安全、适用和耐久性等方面的要求，主要包括：在承载能力极限状态下，构件应具有足够的承载力。在正常使用极限状态下，构件的抗裂性、裂缝宽度和结构变形不应超过规范规定的限制。在持久状况使用荷载作用下，构件的截面应力（包括混凝土正截面压应力、斜截面主压应力和钢筋拉应力）不应超过规范规定的限值。为了保证构件在制造、运输、安装时的安全工作，对短暂状况下构件的截面应力，也要控制在规范规定的限制范围以内。

5. 预应力混凝土结构构件的构造除应满足普通钢筋混凝土结构的有关规定外，视其自身特点，并根据预应力钢筋张拉工艺、锚固措施、预应力钢筋种类的不同而有所不同。混凝土结构的构造问题关系到构件设计能否实现，所以必须高度重视。

相关链接

1. 东北林业大学"结构设计原理"精品课程网站 http：//jpkc.nefu.edu.cn/jg-sjyl/index.asp.

2. 苏州科技学院"混凝土结构设计原理"精品课程网站 http：//jpkc.usts.edu.cn/hnt/kwtz/gctp.html.

3. 叶见曙.2005.结构设计原理.第二版.北京：人民交通出版社.

4. 孙元桃.2006.结构设计原理.第二版.北京：人民交通出版社.

思考与练习

1. 什么是预应力混凝土？为什么说普通钢筋混凝土结构中无法利用高强度材料、跨越能力不大？

2. 预应力混凝土结构的主要优缺点是什么？

3. 对混凝土构件施加预应力的方法有哪些？

4. 什么是张拉控制应力？为什么张拉控制应力取值不能过高也不能过低？

5. 什么是钢筋应力松弛？钢筋应力松弛有哪些特点？

6. 影响收缩和徐变预应力损失的主要因素有哪些？

7. 在预应力混凝土构件中的各项预应力的损失中，哪项引起的预应力损失最大？

为什么?

8. 预应力混凝土结构中的预应力损失包括哪些项目?如何分批?

9. 如何进行预应力损失组合的计算?什么是有效预应力?

10. 简述预应力混凝土构件各阶段应力状态。先、后张法构件的应力计算公式有何异同之处?

11. 在计算施工阶段混凝土预应力时,为什么先张法用构件的换算截面 A_0,而后张法却用构件的净截面 A_n?在使用阶段为何二者都用 A_0?

12. 施加预应力对受弯构件的承载力有影响吗?为什么?

13. 预应力混凝土受弯构件的正截面、斜截面承载力计算与普通钢筋混凝土构件有何异同之处?

14. 在受弯构件截面受压区配置预应力筋对正截面抗弯强度有何影响?

15. 计算使用阶段预应力混凝土受弯构件中预应力引起的反拱和因外载产生的挠度时,是否采用同样的截面刚度?

16. 为什么要对预应力混凝土构件进行施工阶段的抗裂度和强度验算?

17. 什么是预应力钢筋的传递长度和锚固长度?

18. 后张法构件为什么要进行局部承压计算?通常要进行哪些方面的计算?

19. 预应力混凝土构件的挠度由哪些部分组成?此挠度计算与普通钢筋混凝土构件的挠度计算有何不同?

20. 预应力混凝土构件需要设预拱度吗?

21. 预应力混凝土梁截面设计的内容有哪些?

22. 常用的预应力混凝土构件截面形式有哪些?它们各有哪些特点?

23. 什么叫束界?束界是如何确定的?布置预应力筋束要考虑哪些问题?

24. 后张法预应力混凝土构件中,对预应力钢筋管道设置有哪些要求?

25. 预应力混凝土构件中的非预应力钢筋有哪些?为什么需要设置非预应力钢筋?

26. 在先张法预应力混凝土构件中,预应力钢筋端部应采用哪些加强措施?

9

混凝土桥梁施工

教学目标

1. 了解简支梁桥的常用施工方法。
2. 熟悉钢筋混凝土简支梁的制作过程。
3. 了解预应力混凝土施工的常用设备，常握锚夹具的种类和选择。

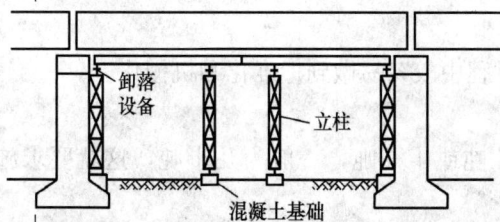

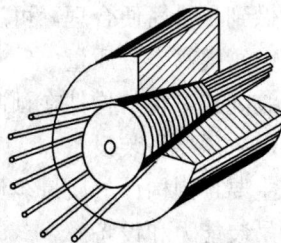

卸落
设备

立柱

混凝土基础

9.1　钢筋混凝土简支梁的制造

当桥墩及其基础施工完毕后，为了将梁体结构落在设计位置，通常采用两种主要的施工方法，即就地浇筑法和预制安装法。

1. 就地浇筑法

它是在桥孔位置搭设支架，作为工作平台，然后在其上面立模板，绑扎及安装钢筋骨架，预留孔道，并在现场浇筑混凝土与施加预应力的施工方法。这种施工方法适用于两岸桥墩不太高的引桥和城市高架桥，或靠岸边水不太深且无通航要求的中小跨径桥梁。其特点如下：

1）桥梁的整体性好，不需大型起重设备和开辟专门的预制场地。

2）施工中无体系转换。

3）预应力混凝土连续梁桥可以采用强大预应力体系，使结构构造简化，方便施工。

4）需要使用大量施工支架，影响河道的通航、排洪。

5）工期长、费用高，需要有较大的施工场地，施工管理复杂。

2. 预制安装法

当同类桥梁跨数较多、桥墩较高、河水较深且有通航要求时，通常将桥跨结构用纵向竖缝划分成若干个独立的构件，放在桥位附近专门的预制场地或者工厂进行成批制作，然后将这些构件适时地运到桥孔处进行安装就位。通常把这种施工方法称作预制安装法。用预制安装法施工的装配式梁桥与就地浇筑的整体式梁桥相比有如下特点。

（1）工期缩短

构件预制可以在下部结构施工的同时进行，做到上、下部结构平行施工。

（2）节约模板支架

装配式梁桥往往采用无支架或少支架施工。另外，构件预制时采用的模板和支架易于做到尽量简便合理，可反复使用。

（3）提高工程质量

装配式梁桥的构件在预制过程中较容易做到标准化和机械化。

（4）需要吊装设备

主要预制构件的质量少则几吨或十几吨，一般为几十吨，这就要求施工单位有相应的吊装能力和设备。

（5）用钢量略为增大

混凝土梁桥的施工方法很多，应根据桥梁的设计、施工现场、环境、设备、经验等因素，结合实际情况，选择适宜的施工方法。无论采用哪一种施工方法进行施工，对于混凝土简支梁结构本身来说，都必须经过图 9.1 所示的基本施工工艺流程才能成型。

| 支立模板 | → | 钢筋骨架成型 | → | 浇筑及振捣混凝土 | → | 养护及拆除模板 |

图 9.1　混凝土构件基本施工工艺流程

下面将对常用的施工设备及方法进行介绍。

9.1.1　钢筋混凝土常用设备

钢筋工程和混凝土工程是钢筋混凝土结构的两个重要组成部分，其质量好坏直接关系到结构的承载能力和使用寿命，而施工设备对结构质量好坏起着重要的作用。下面就对钢筋混凝土施工的主要设备进行介绍。

1. 钢筋加工机械

常用钢筋加工机械有以下几种：

1）钢筋调直机：用于将成盘的细钢筋和经冷拔的低碳钢丝调直，亦称为甩直机械。目前常用的定型调直机有 GT4/8 型和 GT4/14 型以及数控钢筋调直机。

2）钢筋切断机：是把钢筋原材料和已矫直的钢筋切断成所需要的长度的专用机械。切断机有机械式和液压传动两种，多以电动机驱动。目前普遍使用的机械式有 GQ40 型钢筋切断机，主要用于切断 6～40mm 的普通钢筋，每分钟可切断 32 次。常用液压式钢筋切断机型号为 DYJ-32 型。

3）钢筋弯曲机：钢筋经过调直、切断后，须加工成构件或构件中所需要配置的形状，如端部弯钩、梁内弯起钢筋等。钢筋弯曲机又称冷弯机，常用型号为 GW40。

4）钢筋焊接机

① 对焊机：对焊是将两根钢筋的端部加热到近于熔化的高温状态，利用其高塑性施加顶锻压力而达到连接的一种工艺操作。对焊不仅可以提高工效、节约钢材，而且能确保焊接质量，大量利用短料钢筋。常用对焊机是 UN1 型系列。

② 电弧焊机：适用于各种形状钢材的焊接，是金属焊接中使用较广的工艺，电弧焊的主要设备是弧焊机，分为交流弧焊机和直流弧焊机。

2. 混凝土拌和机械

（1）混凝土拌和机

1）混凝土拌和机分类。混凝土拌和机按拌和原理分为自落式拌和机和强制式拌和机。自落式拌和机是指拌和叶片和拌筒之间无相对运动。自落式按形状和出料方式又可分为鼓筒式、锥形反转出料式、锥形倾翻出料式。强制式拌和机是指拌和机拌和叶片和拌筒之间有相对运动。

2）混凝土拌和机构造特点。

① 锥形反转出料式，主要特点是拌和筒轴线始终保持水平位置。筒内设有交叉布置的拌和叶片。在出料端设有一对螺旋形出料叶片，正转拌和时，物料一方面被叶片提升、落下，另一方面强迫物料作轴向窜动，拌和运动比较强烈。反转时由出料叶片将混凝土卸出。它适用于拌和塑性较好的普通混凝土和半干硬性混凝土。

② 双锥形倾翻出料式，其特点是拌和面的进出料合为一口，拌和时锥形筒轴线具有约 15°仰角，出料时拌和筒向下旋转 50°～60°，卸料方便、速度快、生产效率高。它适用于混凝土拌和站（楼）作主机使用。

③ 立轴强制式，其特点是靠拌和筒内的涡浆式叶片的旋转将物料挤压、翻转、抛出而进行强制拌和，具有拌和均匀、时间短、密封性好的特点，适合干拌和干硬性混凝土和轻质混凝土。

④ 卧轴强制式，这种拌和机兼有自落式和强制式的优点，即拌和质量好，生产效率高，耗能少，能拌和干硬性、塑性、轻集料混凝土以及各种砂浆、灰浆和硅酸盐等混合物，是一种多功能的拌和机械。

（2）混凝土拌和站（楼）

拌和站（楼）的特点是制备混凝土的全过程实现了机械化或自动化，生产量大，拌和效率高、质量稳定、成本低，劳动强度减轻。

拌和站与拌和楼的区别是：拌和站的生产能力较小，结构容易拆装，能组成集装箱转移地点，适用于施工现场；拌和楼体积大，生产效率高，只能作为固定式的拌和装置，适用于产量大的商品混凝土供应。

拌和站（楼）主要由物料供给系统、称量系统、拌和主机和控制系统等四大部分组成。

1）物料供给系统，指组合成混凝土的砂、石、水泥、水等几种物料的堆积和提升系统。砂和石料的提升一般是以悬臂拉铲为主，另有少部分采用装载机上料，配以皮带输送机输送的方式。水泥则以压缩空气吹入散装的水泥筒仓，辅之以螺旋机和水泥秤供料。拌和用水一般用水泵实现压力供水。

2）称量系统，砂石一般采用累积计量，水泥单独称量，拌和用水一般采用定量水表计量。

3）控制系统，一般有两种方式：一是开关电路，继电器程序控制；另一种是采用运算放大器电路，增加了配比设定、落实调整容量变换等功能。随着微机控制技术在控制系统中的应用，控制系统的可靠性明显提高。

4）主机系统，拌和主机的选择决定了拌和站（楼）的生产率。常用的主机有锥形反转出料式、主轴涡浆式和双卧强制式等三种形式。

（3）混凝土的运输设备

混凝土的运输设备必须根据工程情况来选用。常用的混凝土运输工具有手推车、机动翻斗车、混凝土拌和运输车、混凝土泵、提升机、起重机架空缆索等。

1）手推车：主要用于短距离水平运输，具有轻巧、方便的特点，其容量为0.07～0.1m³。

2）机动翻斗车：具有机动灵活、装卸快速操作简便等特点，用于短距离混凝土的运输或砂石等散装材料的倒运。

3）混凝土拌和运输车：是一种用于长距离运输混凝土的施工机械。它是将拌和筒安装在汽车底盘上，把在拌和站生产的成品混凝土装入拌和筒内，然后运至施工现场，在整个运输过程中混凝土拌和筒始终在作慢速转动，从而使混凝土在长途运输后仍不会出现离析现象，以保证混凝土的质量。

当运输距离很长，采用上述运输工具难以保证运输质量时，可采用装载干料运输、拌和用水另外存放的方法，当快到浇筑地点时方加水拌和，待到达浇筑地点时混凝土也已经拌和完毕，便可卸料进行浇筑。混凝土拌和运输车的外形见图9.2。

图 9.2 混凝土拌和运输车示意图
1. 拌和筒；2. 进料斗；3. 卸料斗；4. 卸料溜槽

（4）混凝土的振动设备

混凝土振动设备（混凝土振动器）是一种借助动力，通过一定装置作为振源，产生频繁的振动，并使这种振动传给混凝土，以振动捣固混凝土的设备。合理选择和正确使用混凝土振动器，不但可以提高混凝土浇筑速度和质量，而且可以降低工程成本，改善劳动条件，是人为振捣无法达到的。

以下介绍混凝土振动设备类型及操作要点。

目前使用较普遍的振动设备有插入式振动器、附着式振动器、平板式振动器和振动台等。

1）插入式振动器。插入式振动器又叫内部振动器，主要由振动棒、软轴和电动机三部分组成。振动棒工作部分长约500mm，直径30～50mm，内部装有偏心振子，电机开动后，由于偏心振子的作用，整个棒体产生高频微幅的振动。振动棒和混凝土接触时便将振动传给混凝土，很快使混凝土密实成型。插入式振动器主要用于振动各种垂直方向尺寸较大的混凝土体，如桥梁墩台、基础、柱、梁、坝体、柱及预制构件等。

2）平板式振动器。平板式振动器属外部振动器，它是直接放在混凝土表面上移动进行振捣工作的，适用于坍落度不太大的塑性、半塑性、干硬性、半干硬性的混凝土或浇筑层不厚、表面较宽敞的混凝土捣固，如水泥混凝土路面、平板、拱面等。振动器的构造见图9.3。

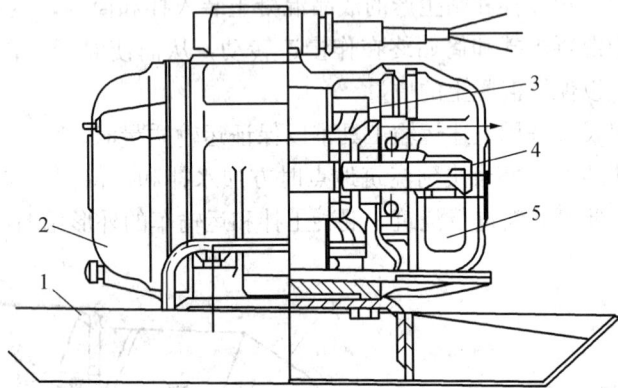

图9.3 平板式振动器示意图
1.底板；2.电机外壳；3.定子；4.转子轴；5.偏心块

3）附着式振动器。附着式振动器也属于外部振动器，其振动构造类似于平板振动器的工作部分。由于振动作业方式的不同，附着式振动器是靠底部的螺栓或其他锁紧装置固定安装在模板外部（或滑槽料斗等），振动器通过模板传给混凝土，从而使混凝土振捣密实。附着式振动器的振动作用不太远，仅适用于振捣钢筋较密、厚度较小等不宜使用插入式振捣器的结构。

9.1.2 模板与支架

1.模板

（1）模板的支立

钢筋混凝土空心板结构多采用预制装配的施工工艺。钢筋混凝土实心板结构的模板比较简单，此处着重介绍肋板梁的模板。

跨径不大的肋板梁模板一般用木料制作，安装时首先在支架纵梁上安装横木，横木上钉底板，然后在其上安装肋梁的侧模板和桥面板底板。当肋梁的高度较高时，其模板一般采用框架式，这时梁的侧模及桥面板的底膜用木板或镶板钉在框架上。当梁的高度超过1.5m时，梁下部混凝土的浇筑和振捣宜从侧面进行，此时梁的一侧的模板须开窗口或分两次装钉。框架式模板的构造示例见图9.4。

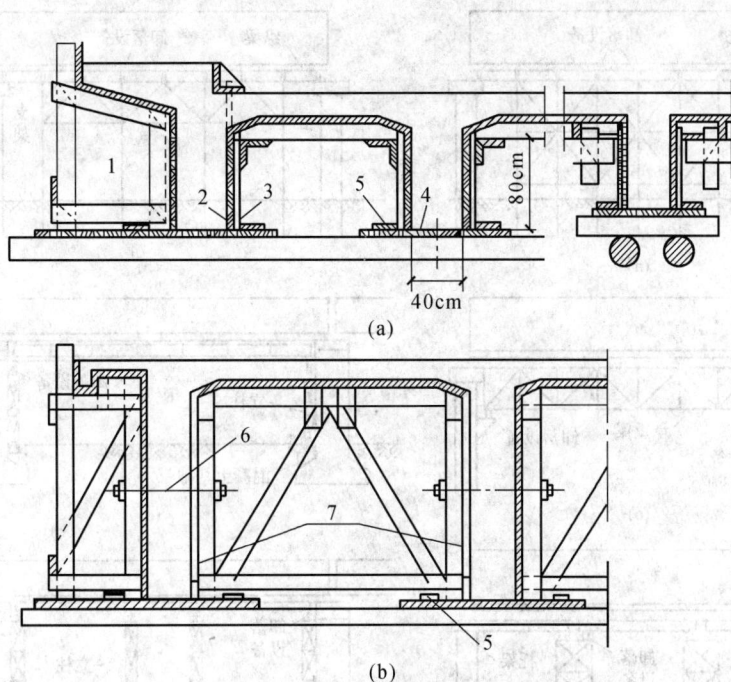

(a)

(b)

图 9.4　肋板梁模板
1. 小柱架；2. 侧面镶板；3. 肋木；4. 底板；5. 压板；6. 拉杆；7. 填板

（2）模板的卸落

梁桥模板的卸落应对称、均匀、有顺序地进行。卸架设备应放在适当的位置，当为满布式支架时应放在立柱处，当为梁式支架时应放在支架梁支点处（参见图 9.5）。

卸架设备一般采用木楔和砂筒。

2. 支架

（1）支架的形式

就地现浇的钢筋混凝土简支梁桥的施工，首先应根据桥孔跨径、桥孔下面覆盖土层的地质条件、水的深浅等因素合理地选择支架形式。

支架按其构造分为立柱式支架、梁式支架和梁-柱式支架，按材料可分为木支架、钢支架、钢木混合结构和万能杆件拼装的支架等。图 9.5 给出了按构造分类的几种支架构造图，其中图（a，b）为支柱式支架，其构造简单，用于陆地或不通航河道以及桥墩不高的小跨径桥梁；图（c，d）为梁式支架，根据跨径不同用钢板梁或钢桁梁，钢板梁用于跨径小于 20m 的桥梁，钢桁梁用于大于 20m 的情况；图（e，f）为梁-柱式支架，用于桥墩较高、跨径较大且支架下需要排洪的情况。

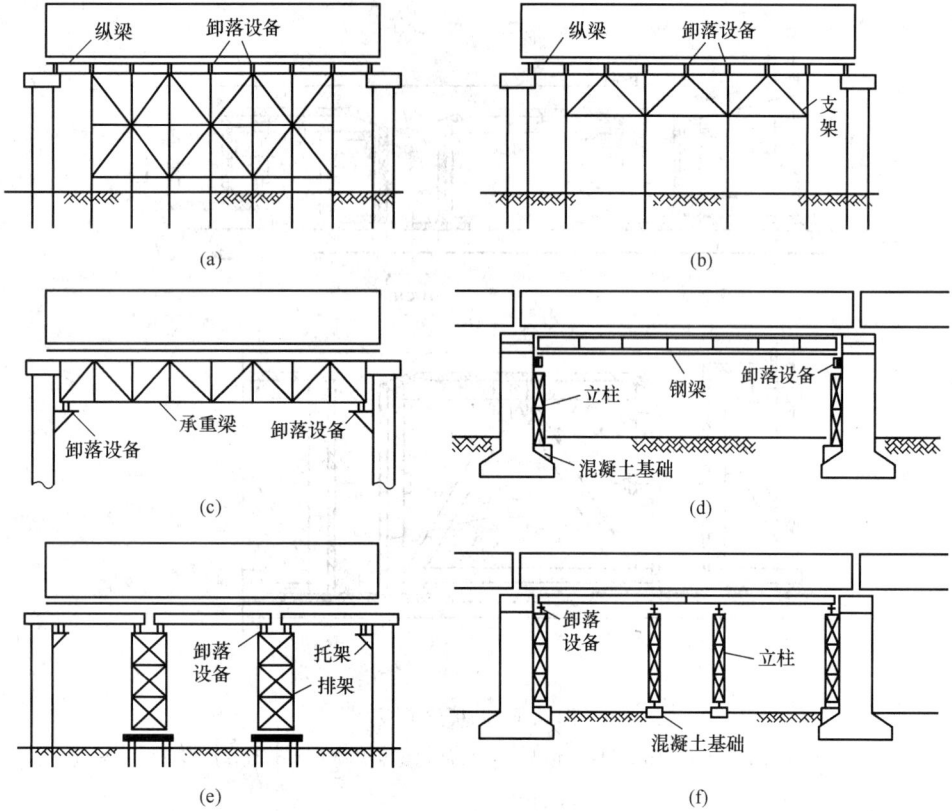

图 9.5　常用立架的主要构造

（2）对支架的要求

支架是临时结构，但它要承受桥梁的大部分恒重，因此必须有足够的强度、刚度以及具有足够的纵、横、斜三个方向的连接杆件来保证支架的整体性能。支架的基础必须坚实可靠，以保证其沉陷值不超过施工规范的规定。

在河道中施工的支架要充分考虑洪水和漂浮物的影响，除对支架的结构构造有所要求外，在安排施工进度时应尽量避免在高水位情况下施工。

支架在受荷后有变形和挠度，对此在安装前要有充分的估计和计算，并在安装支架时设置预拱度，使就地浇筑的主梁线型符合设计要求。

支架的卸落设备有木楔、砂筒和千斤顶等。卸架时要对称、均匀，不应使主梁发生局部受力的状态。

9.1.3　钢筋加工

1. 钢筋骨架加工

在支架上浇筑钢筋混凝土梁时，为减少在支架上的钢筋安装工作，梁内的钢筋宜预先在工厂或桥梁工地制成平面或立体骨架（图 9.6）；当梁的跨径较大时，可预先分段制成骨架；当不能预先制成骨架时，则钢筋的接长应尽可能预先进行。制作钢筋骨架时，须焊扎牢固，以防在运输和吊装过程中变形。

钢筋骨架都要通过钢筋调直→切断→除锈→弯曲→焊接或者绑扎等工序以后才能成型。除绑扎工序外，每个工序都可应用相应的机械设备来完成。对于就地现浇的结构，焊接或者绑扎的工序多放在现场支架上来完成，其余均可在工地附近的钢筋加工车间完成。

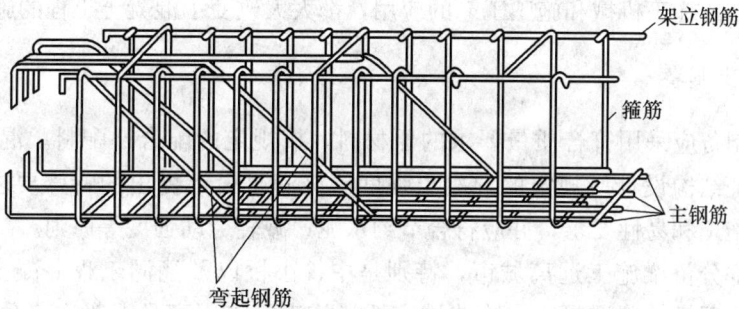

图 9.6　钢筋骨架

2. 钢筋骨架的拼装

用焊接的方法拼接骨架时，应用样板严格控制骨架位置。骨架的施焊宜由骨架的中间到两边，对称地向两端顺序进行，并应先焊下部后焊上部，每条焊缝应一次成型，相邻的焊缝应分区对称地跳焊，不可顺方向连续施焊。

为保证混凝土保护层的厚度，应在钢筋骨架与模板之间错开放置适当数量的水泥砂浆垫块、混凝土垫块、钢筋头垫块或专业塑料垫块，骨架侧面的垫块应绑扎牢固。

3. 钢筋骨架的运输和吊装

运输预制钢筋骨架时，骨架可放在平车上或在骨架下面垫以滚轴，用铰车拖拉。运输道路可根据现场条件，设在桥上或设在桥侧面，孔数较多时以设在桥侧面为宜。由桥侧面运进和吊装时，侧面模板应在骨架入模后再安装。用起重机吊装骨架时，为防骨架弯曲变形，宜加设扁担梁。

4. 钢筋骨架质量要求

钢筋骨架除应按规定对加工质量、焊接质量及各项机械性能进行检验外，且应检查其焊接和安装的正确性。其允许偏差详见《公路桥涵施工技术规范》（JTJ 041—2000）。

9.1.4 混凝土工程

混凝土工程包括混凝土搅拌、运输、浇筑、振捣和养护等施工工序。各个施工工序既相互联系又相互影响。在混凝土施工过程中除按有关规定控制混凝土原材料质量外，任意施工过程处理不当都会影响混凝土的最终质量，因此如何在施工过程中控制每一施工环节，是混凝土工程需要研究的课题。随着科学技术的发展，近年来混凝土外加剂发展很快，它们的应用改进了混凝土的性能和施工工艺。此外，自动化、机械化的发展、新的施工机械和施工工艺的应用，都大大改变了混凝土工程的施工面貌。

1. 混凝土制备

混凝土制备应采用符合质量要求的原材料，按规定的配合比配料。混合料应拌和均匀，以保证结构设计所规定的混凝土强度等级满足设计提出的特殊要求（如抗冻、抗渗等）和施工和易性要求，并应符合节约水泥、减轻劳动强度等原则。

由于大部分桥梁施工远离城市，特别是中、小桥以及涵洞工程混凝土用量不大，基本上都采用现场拌制混凝土，除非城市桥梁施工，采用商品混凝土（预拌混凝土）。因此，工程技术人员要设计并控制好现场混凝土配合比，确保混凝土质量。

配合比的设计是依据设计图纸中混凝土强度等级进行的，在《道路建筑材料》中有详细介绍，在此不作叙述。选择配合比的原则：在具有适合作业要求的和易性范围内，应尽量减少单位用水量，并根据试验确定配合比。

由于计量、搅拌、养生、浇筑以及集料的含水量等的影响，施工现场拌制混凝土时与试验室存在着一定的差异，因此试配强度应大于设计标准强度。

另外，在做配合比试验时，所有材料都应当与施工用料相同，否则试配将是无效的。为了节约水泥和改善和易性，缩短或延长凝结时间提高耐冻性，应积极使用外加剂。

2. 混凝土拌制

混凝土拌制通常以机械为主、人工为辅。工程中少量的塑性混凝土才用人工拌制。

（1）机械拌制

机械拌制靠搅拌机完成，常用的机械有自落式和强制式搅拌机两种。自落式搅拌机用于拌和塑性混凝土，强制式搅拌机用于拌和半干硬性混凝土。搅拌机使用前应清扫干净，否则搅拌机内部有灰浆粘着硬化，会缩短机器的正常使用寿命，影响拌和料的质量。当搅拌机长久未用时，使用时应先放入一部分砂、石搅拌，然后倒出去，以除去拌和机内的铁锈等杂质。给搅拌机喂料误差控制如下：水泥、外加剂干料，±2%；粗细集料，±3%；水、外加剂溶液，±2%。喂料顺序应根据机器类型、集料种类等具体情况确定。对于强制式拌和机，喂料顺序为：先砂，再水泥，最后加石料，上料后提起料斗，把全部原料倒入搅拌机内拌和，同时打开进水阀，等搅拌机拌和至各材料混合均匀、颜色一致才出料。混凝土最短搅拌时间见表9.1。

表9.1 混凝土最短搅拌时间

搅拌机类别	搅拌机容量/L	混凝土坍落度/mm		
		<30	30~70	>70
		混凝土最短搅拌时间/min		
自落式	≤400	2.0	1.5	1.0
	≤800	2.5	2.0	1.5
	≤1200	—	2.5	1.5
强制式	≤400	1.5	1.0	1.0
	≤1500	2.5	1.5	1.5

注：1）搅拌细砂混凝土或掺有外加剂的混凝土时，搅拌时间应适当延长1~2min。

2）外加剂应先调成适当浓度的溶液再掺入。

3）搅拌机装料数量（装入粗骨料、细骨料、水泥等松体积的总数）不应大于搅拌机标定容量的110%。

4）搅拌时间不宜过长，每一工作班至少应抽查两次。

5）表列时间为从搅拌加水算起。

6）当采用其他形式的搅拌设备时，搅拌的最短时间应按设备说明书的规定或经试验确定。

对于大桥或特大桥以及混凝土数量较多时，应设置混凝土拌和站，各种混凝土采用集中拌制、电子计量，这有利于混凝土的质量控制。

（2）人工拌制

人工拌制速度慢，劳动强度大，仅用于小量的辅助或修补工程。

3. 混凝土的运输

1）混凝土的运输能力应适应混凝土凝结速度和浇筑速度的需要，使浇筑工作不间断，并使混凝土运到浇筑地点时仍保持均匀性和规定的坍落度。当混凝土拌和物运距较近时，可采用无搅拌器的运输工具运输；当运距较远时，宜采用搅拌运输车运输。运输时间不宜超过表9.2的规定。

表9.2 混凝土拌和物运输时间限制

气温/℃	无搅拌设施运输/min	有搅拌设施运输/min
20~30	30	60
10~19	45	75
5~9	60	90

注：1）当运距较远时，可用搅拌运输车运干拌料到浇筑地点后再加水搅拌。

2）掺用外加剂或采用快硬水泥拌制混凝土时，应通过试验查明所配制混凝土的凝结时间后确定运输时间限制。

3）表列时间系指从加水搅拌至入模时间。

2）用无搅拌运输工具运送混凝土时，应采用不漏浆、不吸水、有顶盖且能直接将混凝土倾入浇筑位置的盛器。

3）采用泵送混凝土应符合下列规定：

① 混凝土的供应必须保证输送混凝土的泵能连续工作。

② 输送管线宜直，转弯宜缓，接头应严密；如管道向下倾斜，应防止混入空气、产生阻塞。

③ 泵送前应先用适量的、与混凝土内成分相同的水泥浆润滑输送管内壁。混凝土出现离析现象时，应立即用压力水或其他方法冲洗管内残留的混凝土，泵送间歇时间不宜超过 15min。

④ 在泵送过程中，受料斗内应具有足够的混凝土，以防止吸入空气、产生阻塞。

4. 混凝土的浇筑

浇筑前应会同监理工程师对模板、钢筋以及预埋件的位置进行检查。

（1）混凝土的浇筑速度

为了保证浇筑混凝土的整体性，防止在浇筑上层混凝土时破坏下层混凝土，浇筑层次的增加须有一定的速度，须使次一层的浇筑能在先浇筑的一层混凝土初凝以前完成。

（2）混凝土的浇筑顺序

在考虑主梁混凝土的浇筑顺序时，不应使模板和支架产生有害的下沉；为了使混凝土振捣密实，应采用相应的分层浇筑；当在斜面或曲面上浇筑混凝土时，一般应从低处开始。

下面以简支梁混凝土的浇筑（图 9.7）为例进行介绍。

1）水平分层浇筑。对于跨径不大的简支梁桥，可在钢筋全部扎好以后将梁与桥面板沿一跨全长内水平分层浇筑，在跨中合龙。分层的厚度视振捣器的能力而定，一般为 0.15～0.3m，当采用人工捣实时可采用 0.15～0.2m。为避免支架不均匀沉陷的影响，浇筑工作应尽量快速进行，以便在混凝土失去塑性以前完成。

2）斜层浇筑。跨径不大的简支梁桥混凝土的浇筑还可用斜层法从主梁两端对称向跨中进行，并在跨中合龙。

较大跨径的简支梁桥，可用水平分层或斜层法先浇筑纵横梁，然后沿桥的全宽浇筑桥面板混凝土。在桥面板与纵横梁间应设置工作缝。采用斜层浇筑时，混凝土的适宜倾斜角度与混凝土的稠度有关，一般可为 20°～25°。

3）单元浇筑法。当桥面较宽且混凝土数量较大时，可分成若干纵向单元分别浇筑。每个单元的纵横梁可沿其长度方向以水平分层法或斜层法浇筑，在纵梁间的横梁上设置工作缝，并在纵横梁浇筑完成后填缝连接。之后桥面板可沿桥全宽全面积一次浇筑完成，不设工作缝。桥面板与纵横梁间可设置水平工作缝。

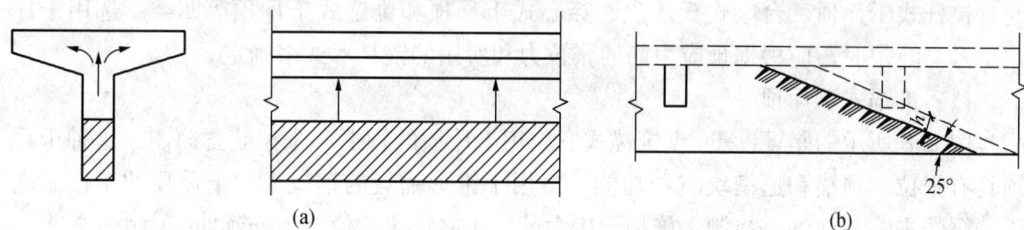

图 9.7　混凝土的浇筑方法

5. 混凝土的振捣

混凝土的振捣分人工振捣和机械振捣两种。人工振捣一般用于坍落度大、混凝土数量少或钢筋过密部位的振捣。大规模的混凝土浇筑必须用机械振捣。

机械振捣设备有插入式、附着式、平板式振捣器和振动台等。平板式振捣器用于大面积混凝土施工，如桥面、基础等。附着式振捣器可设在侧模板上，但附着式振捣器是借助振动模板来振捣混凝土，故对模板要求较高，但振捣效果不太好，常用于薄壁混凝土部分振捣，如梁肋上和空心板两侧部分。插入式振捣器常用的是软管式，只要构件断面有足够的地方插入振捣器，而钢筋又不太密时，采用插入振捣器的振捣效果比平板式和附着式都要好。振捣时应注意以下几点：

1）严禁利用钢筋骨架振动进行振捣。

2）每次振捣的时间要严格掌握，插入式振捣器一般只要 15～30s，平板式振捣器为 25～40s。

6. 养护及拆除模板

混凝土浇筑完毕后，应在收浆后尽快用草袋、麻袋或稻草等物予以覆盖和洒水养护。洒水持续时间随水泥品种的不同和是否掺用塑化剂而异，对于用硅酸盐水泥拌制的混凝土构件不少于 7 昼夜，对于用矿渣水泥、火山灰水泥或在施工中掺用塑化剂的不少于 14 昼夜。

混凝土构件经过养护后，达到了设计强度的 25％～50％时，即可拆除侧模；达到了设计吊装强度并不低于设计强度等级的 70％时，就可起吊主梁。

9.2　预应力混凝土简支梁的制造

按照施工工艺的要求，施加预应力需要有一些设备或配件，下面作一简单介绍。

9.2.1　预应力混凝土常用设备

1. 液压千斤顶

预应力张拉机构由预应力用液压千斤顶和供油的高压油泵组成。液压千斤顶常用的有拉杆式千斤顶、台座式千斤顶、穿心式千斤顶和锥锚式千斤顶等四类。选用千斤顶型号与吨位时，应根据预应力筋的张拉力和所用的锚具形式来确定。

（1）锥锚式千斤顶

图9.8所示的是TD-60型锥锚式三作用千斤顶的构造和张拉装置简图。这种千斤顶具有张拉、顶锚和退楔块三种功能，适用于锥形锚具的钢丝束。千斤顶的工作靠高压油泵的进油与回油来控制，施加预应力的大小靠油表读值及力筋延伸率大小来控制。

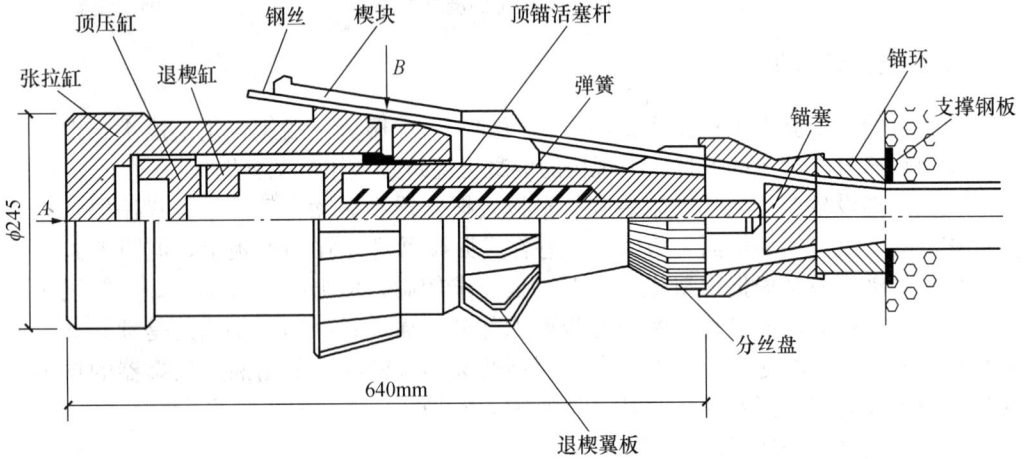

图9.8　TD-60型锥锚式三作用千斤顶张拉装置

（2）拉杆式千斤顶

拉杆式千斤顶构造简单，操作方便，适用于张拉常用螺杆式和镦头式锚、夹具的单根粗钢筋、钢筋束或碳素钢丝束。图9.9为常用的CJzY-60A型拉杆式千斤顶的构造示意图。张拉前先用连接器将预应力筋和张拉杆联结。

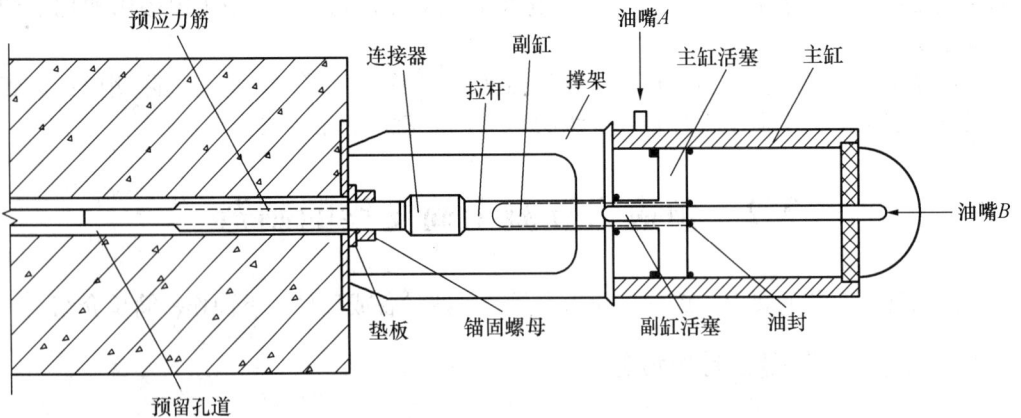

图9.9　CJzY-60A型千斤顶构造示意图

（3）穿心式千斤顶

这种千斤顶主要用于张拉带有夹片式锚、夹具的单根钢筋、钢绞线或钢筋束和钢绞线束。

图 9.10 所示为 CJzY-60 型穿心式千斤顶的构造简图。张拉前先将预应力筋穿过千斤顶，在其后端用锥销式工具锚将力筋锚住，然后借助高压油泵完成张拉工作。

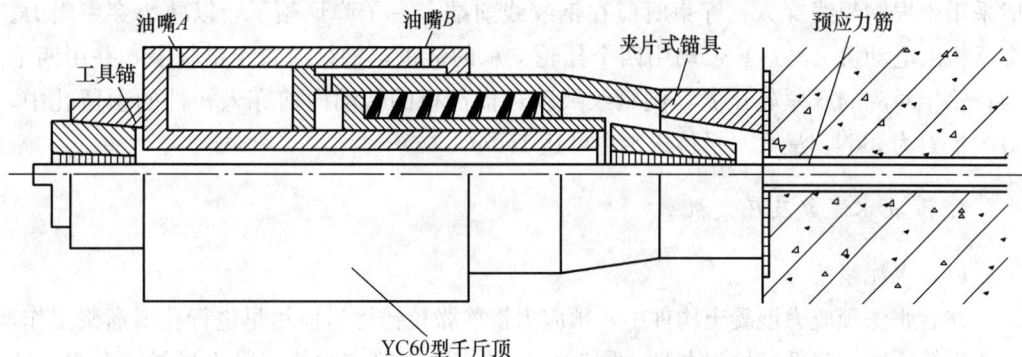

图 9.10　CJzY-60 型穿心式千斤顶构造

2. 制孔器

后张法构件的预留孔道是用制孔器形成的，目前国内桥梁构件预留孔道所用的制孔器主要有抽拔橡胶管与螺旋金属波纹管。

（1）抽拔橡胶管

在钢丝网胶管内事先穿入钢筋（称芯棒），再将胶管（连同芯棒一起）放入模板内，待浇筑混凝土达到一定强度后抽去芯棒，再拔出胶管，则形成预留孔道。这种制孔器可重复使用，比较经济，管道内压注的水泥浆与构件混凝土结合较好。其缺点是不易形成多向弯曲、形状复杂的管道，且需要控制好抽拔时间。

（2）螺旋金属波纹管（简称波纹管）

在浇筑混凝土之前，将波纹管按预应力钢筋设计位置绑扎于与箍筋焊连的钢筋托架上，再浇筑混凝土，结硬后即可形成穿束的孔道。金属波纹管是用薄钢带经卷管机压波后卷成，其重量轻，纵向弯曲性能好，径向刚度较大，连接方便，与混凝土粘结良好，与预应力钢筋的摩阻系数也小，是后张法预应力混凝土构件一种较理想的制孔器。

目前，在一些桥梁工程中已经开始采用塑料波纹管作为制孔器，这种波纹管由聚丙烯或高密度聚乙烯制成。使用时，波纹管外表面的螺旋肋与周围的混凝土具有较高的粘结力。这种塑料波纹管具有耐腐蚀性能好、孔道摩擦损失小以及有利于提高结构抗疲劳性能的优点。

3. 穿索机

在桥梁悬臂施工和尺寸较大的构件中，一般都采用后穿法穿束。对于大跨桥梁，有的预应力钢筋很长，人工穿束十分吃力，故需采用穿索（束）机。

穿索（束）机有两种类型，一是液压式，二是电动式，桥梁中多使用前者。它一般采用单根钢绞线穿入，穿束时应在钢绞线前端套一子弹形帽子，以减小穿束阻力。穿索机由电动机（马达）带动用四个托轮支承的链板，钢绞线置于链板上，并用四个与托轮相对应的压紧轮压紧，则钢绞线就可借链板的转动向前穿入构件的预留孔中。最大推力为 3kN，最大水平传送距离可达 150m。

4. 灌孔水泥浆及压浆机

（1）水泥浆

在后张法预应力混凝土构件中，预应力钢筋张拉锚固后应尽早进行孔道灌浆工作，以免钢筋锈蚀，降低结构耐久性，同时也使预应力钢筋与梁体混凝土尽早结合为一整体。灌浆用的水泥浆除应满足强度要求（无具体规定时应不低于 30MPa）外，还应具有较大的流动性和较小的干缩性，所用水泥宜采用硅酸盐水泥或普通水泥，水泥强度等级不宜低于 C40。为保证孔道内水泥浆密实，应严格控制水灰比，一般以 0.40～0.45 为宜，如加入适量的减水剂，则水灰比可减小到 0.35。另外，可在水泥浆中掺入适量膨胀剂，使水泥浆在硬化过程中膨胀。

（2）压浆机

压浆机是孔道灌浆的主要设备，它主要由灰浆搅拌桶、储浆桶和压送灰浆的灰浆泵以及供水系统组成。压浆机的最大工作压力可达 1.50MPa，可压送的最大水平距离为 150m，最大竖直高度为 40m。

5. 张拉台座

台座是先张法施加预应力的主要设备，它需要承受张拉预应力钢筋巨大的回缩力，设计时应保证它具有足够的强度、刚度和稳定性。批量生产时，有条件的尽量设计成长线式台座，以提高生产效率。

（1）墩式台座

墩式台座是靠自重和土压力来平衡张拉力所产生的倾覆力矩，并靠土壤的反力和摩擦力来抵抗水平位移。台座由台面、承力架、横梁和定位钢板等组成，如图 9.11 所示。

台面有整体式混凝土台面和装配式台面两种，它是制梁的底模。承力架承受全部的张拉力，横梁是将预应力筋张拉力传给承力架的构件，它们都须进行专门的设计计算。定位钢板用来固定预应力筋的位置，其厚度必须保证承受张拉力后具有足够的刚度。定位板上的圆孔位置则按构件中预应力筋的设计位置确定。

（2）槽式台座

当现场地质条件较差，台座又不是很长时，可以采用由台面、传力柱、横梁、横系梁等构件组成的槽式台座，如图 9.12 所示。其传力柱和横系梁一般用钢筋混凝土做成，其他部分与墩式台座相同。

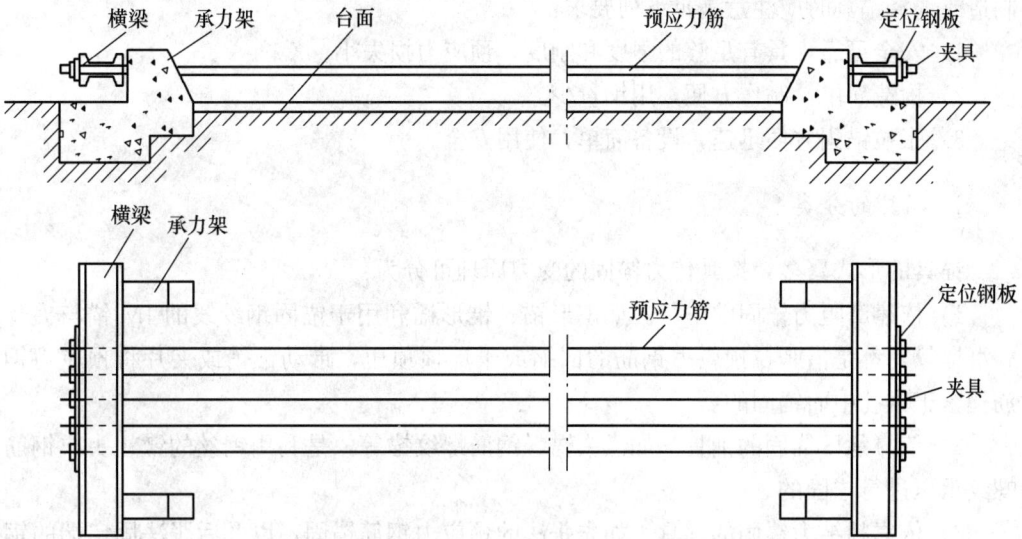

图 9.11　重力式台座构造示意图

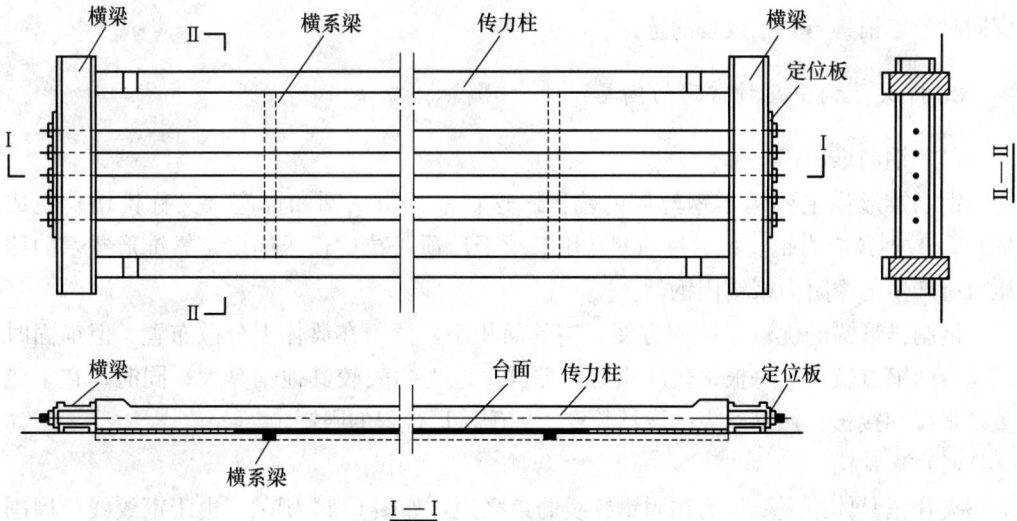

图 9.12　槽式台座

9.2.2　锚具夹具

在后张法中为了维持预应力钢筋中的应力，必须将张拉后的钢筋用锚具牢靠地锚固在梁体混凝土上。在先张法中也需采用临时的夹具将张拉好的钢筋锚固在加力台座上。锚、夹具是保证预应力混凝土安全施工和结构可靠工作的关键设备，因此在设计、制造或选择锚具时应注意满足下列要求：

1）安全可靠，具有足够的强度和刚度，预应力损失小。

2）构造简单，制作方便，用钢量少。

3）张拉锚固方便迅速，设备简单，使用安全。

1. 锚具的分类

锚具的形式繁多，按其传力锚固的受力原理可分为：

1）依靠摩阻力锚固的锚具。如楔形锚、锥形锚和用于锚固钢绞线的 JM 锚与夹片式群锚等，都是借张拉预应力钢筋的回缩或千斤顶顶压，带动锥销或夹片将预应力钢筋楔紧于锥孔中而锚固的。

2）依靠承压锚固的锚具。如镦头锚、钢筋螺纹锚等，是利用钢丝的镦粗头或钢筋螺纹承压进行锚固的。

3）依靠粘结力锚固的锚具。如先张法的预应力钢筋锚固，以及后张法固定端的钢绞线压花锚具等，都是利用预应力钢筋与混凝土之间的粘结力进行锚固的。

对于不同形式的锚具，往往需要配套使用专门的张拉设备。因此，在设计施工中，应同时考虑锚具与张拉设备的选择。

2. 桥梁结构中几种常用的锚具

（1）钢制锥形锚

钢制锥形锚主要用于钢丝束的锚固。这种锚具由锚圈和锚塞（又称锥销）组成（图 9.13），预应力钢丝束通过锚圈孔用双动千斤顶张拉后顶压锚塞，靠锥形锚塞的侧压力所产生的摩阻力来锚固钢丝。

钢制锥形锚的优点是锚固方便，锚具面积小，便于在梁体上分散布置。但锚固时钢丝的回缩量较大，每根钢丝的应力有差异，应力损失较其他锚具大。同时，它不能重复张拉和接长，使钢丝束的设计长度受到千斤顶行程的限制。

（2）夹片锚

夹片锚具体系主要作为锚固钢绞线筋束之用，如图 9.14 所示。由于钢绞线与周围接触的面积小，且强度高，硬度大，故对锚具的锚固性能要求很高。我国从 20 世纪 60 年代开始研究锚固钢绞线的夹片锚，先后开发了 JM 锚具、XM 锚具、QM 锚具和 OVM 锚具系列，这些锚具系列都经过严格检测，锚固性能均达到国际预应力混凝土协会（FIP）标准，并已广泛用于各种土建结构工程中，桥梁结构中较多采用 OVM 锚具。

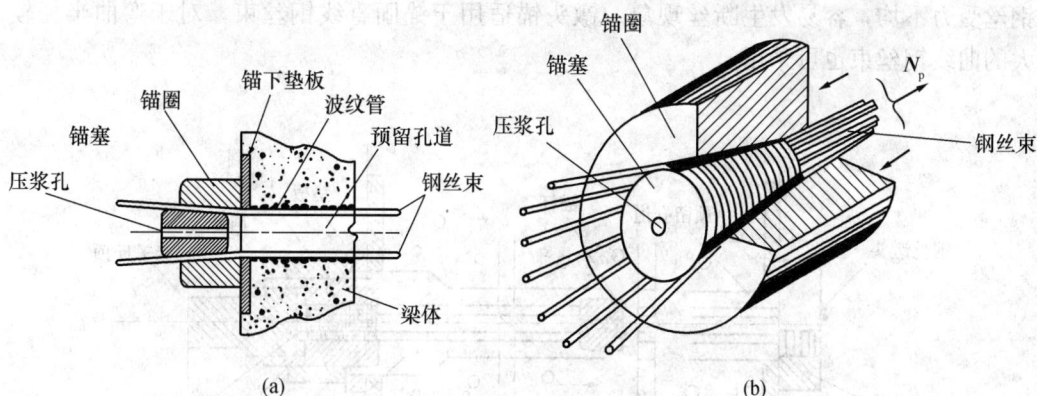

图 9.13 钢制锥形锚具

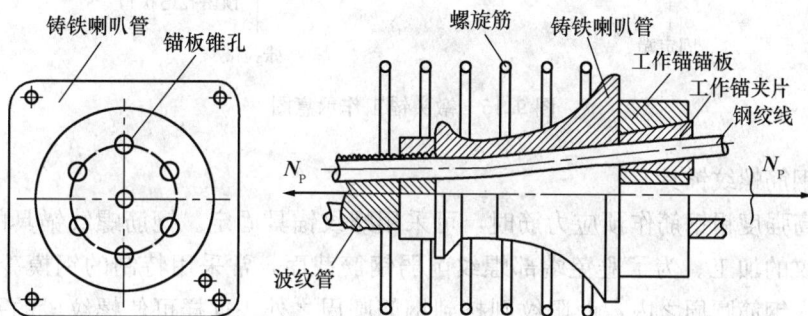

图 9.14 夹片锚具配套示意图

夹片锚由带锥孔的锚板和夹片组成（图 9.14）。张拉时每个锥孔穿进一根钢绞线，张拉后各自用夹片将孔中的钢绞线抱夹锚固，每个锥孔各自成为一个独立的锚固单元。每个夹片锚具由多个独立锚固单元组成，能锚固 1～55 根不等的钢绞线所组成的筋束，其最大锚固吨位可达 11 000kN，故夹片锚又称为大吨位钢绞线群锚体系。其特点是各根钢绞线独立工作，即使单根锥孔的钢绞线锚固失效，也不会影响全锚，只需对失效孔的钢绞线进行补拉。夹片锚具因锚板锥孔布置的需要，预留管道端部必须扩孔，即工作锚下的一段预留管道做成喇叭形，或配置专门的铸铁喇叭形锚垫板。

（3）镦头锚

镦头锚由带孔眼的锚杯和固定锚杯的锚圈（螺帽）组成（图 9.15），钢丝穿过锚杯上的孔眼，用镦头机将端头镦粗呈圆头形，与锚杯锚定。在钢丝编束时，先将钢丝的一端穿进锚杯孔管，并将端头镦粗；另一端钢丝束通过构件的预留管道，并穿进另一端的锚杯孔眼之后再镦粗。预留管道两端均设置扩孔段。张拉千斤顶通过连接件与锚杯连接，张拉后拧紧锚圈（螺帽），将锚杯连同钢丝锚固在构件的端部。

镦头锚构造简单，工作可靠，不会出现"滑丝"现象，预应力损失小。但是镦头锚对钢丝下料长度要求精度高，误差不得超过 1/300。钢丝下料长度不准，张拉时各根钢丝受力不均，容易发生断丝现象。镦头锚适用于锚固直线钢丝束，对于弯曲半径较大的曲线钢丝束也可采用。

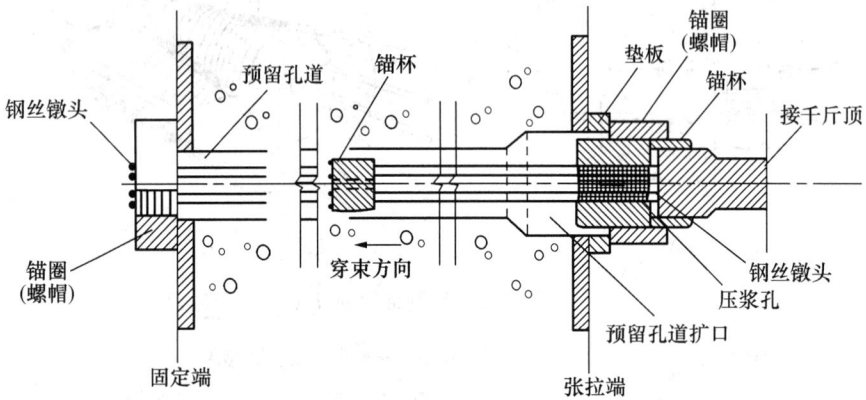

图 9.15　镦头锚工作示意图

（4）钢筋螺纹锚具

采用高强度粗钢筋作预应力筋时，可采用螺纹锚具固定。钢筋螺纹锚具的制造关键在于螺纹的加工。为了避免端部螺纹削弱钢筋截面，常采用特制的钢模冷轧成纹，使阴纹压入钢筋圆周之内，而阳纹则挤到钢筋圆周之外，这样可使螺纹段的平均直径与原钢筋直径相差无几，而且通过冷轧还可提高钢筋的强度。由于螺纹系冷轧而成，故又将这种螺纹锚具称为轧系锚。

9.3　混凝土梁桥施工方法

9.3.1　移动模架逐孔施工法

移动式模架逐孔施工法是近年来以现浇预应力混凝土桥梁施工的快速化和省力化为目的发展起来的，它的基本构思是：将机械化的支架和模板支撑（或悬吊）在长度稍大于两跨、前端作导梁用的承载梁上，然后在桥跨内进行现浇施工，待混凝土达到一定强度后脱模，并将整孔模架沿导梁前移至下一浇筑桥孔，如此重复推进和连续施工，直至全桥施工完毕。双线桥梁施工时，可同时采用两套移动模架交叉施工。本法也可用于弯桥，水平曲线和竖曲线等几何形状的变化也可调整。图 9.16 所示是上承式移动模架构造图的一种。此法适用于跨径为 20～50m 的多跨简支和连续梁桥的施工，平均的推进速度约为（每昼夜）3m/d。鉴于整套施工设备需要较大投资，故所建桥梁的孔数越多、桥越长、模架周转次数越多，则经济效益就越好。

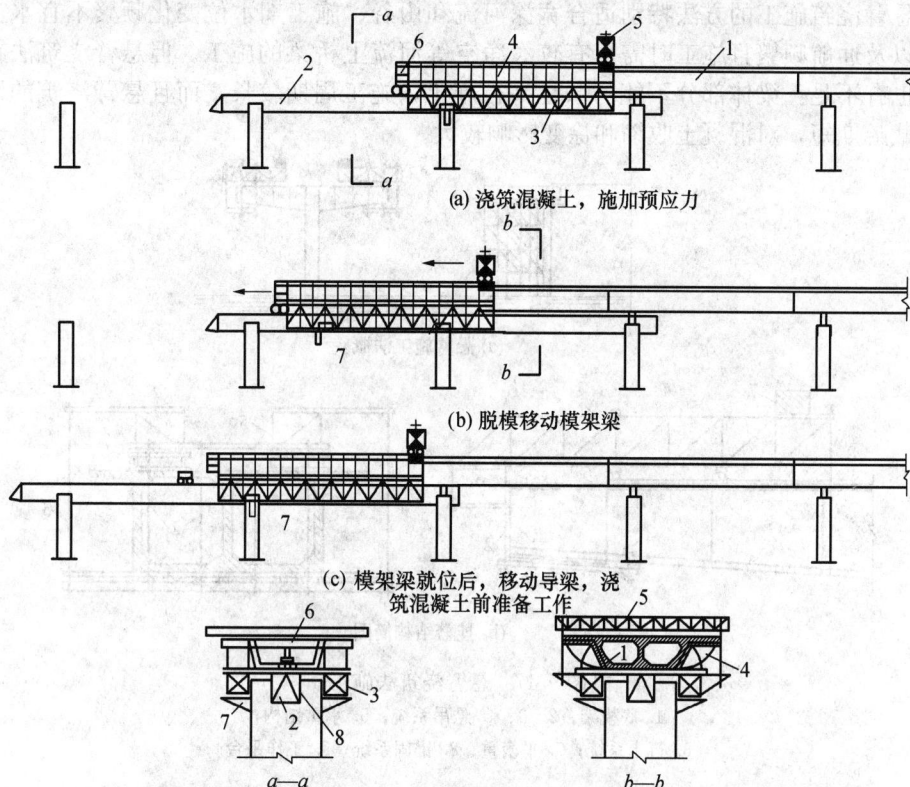

(a) 浇筑混凝土，施加预应力

(b) 脱模移动模架梁

(c) 模架梁就位后，移动导梁，浇筑混凝土前准备工作

a—a　　b—b

图 9.16　移动式模架运孔施工法

1. 完成的梁；2. 导梁；3. 承重梁；4. 模架；5. 后端横梁和悬吊台车；
6. 前端横梁和支承台车；7. 桥墩支承托架；8. 墩台留槽

9.3.2　节段施工法

1. 悬臂浇筑法

悬臂浇筑法一般采用移动式挂篮作为主要施工设备，以桥墩为中心，对称地向两岸利用挂篮浇筑梁节段的混凝土（图 9.17），待混凝土达到要求强度后便张拉预应力束，然后移动挂篮，进行下一节段的施工。悬臂浇筑的节段长度要根据主梁的截面变化情况和挂篮设备的承载能力来确定，一般可取 2～8m。每个节段可以全截面一次浇筑，也可以先浇筑梁底板和腹板，再安装顶板钢筋及预应力管道，最后浇筑顶板混凝土，但需注意由混凝土龄期差而产生的收缩、徐变次内力。悬臂浇筑施工和周期一般为 6～10 天，依节段混凝土的数量和结构复杂的程度而定。合龙段是悬臂施工的关键部位，为了控制合龙段的准确位置，除了需要预先设计好预拱度和进行严密的施工监控外，还要在合龙段中设置劲性钢筋定位，采用超早强水泥，选择最合适的梁的合龙温度（宜在低温）及合龙时间（夏季宜在晚上），以提高施工质量。

悬臂浇筑施工的方法特别适合宽深河流和山谷、施工期水位变化频繁不宜水上作业，以及通航频繁且施工时需留有较大净空等河流上桥梁的施工。但悬臂浇筑法在施工中也有不足：梁体部分不能与墩柱平行施工，施工周期较长，而且悬臂浇筑的混凝土加载龄期短，对混凝土收缩和徐变影响较大。

(a) 悬臂施工法概貌

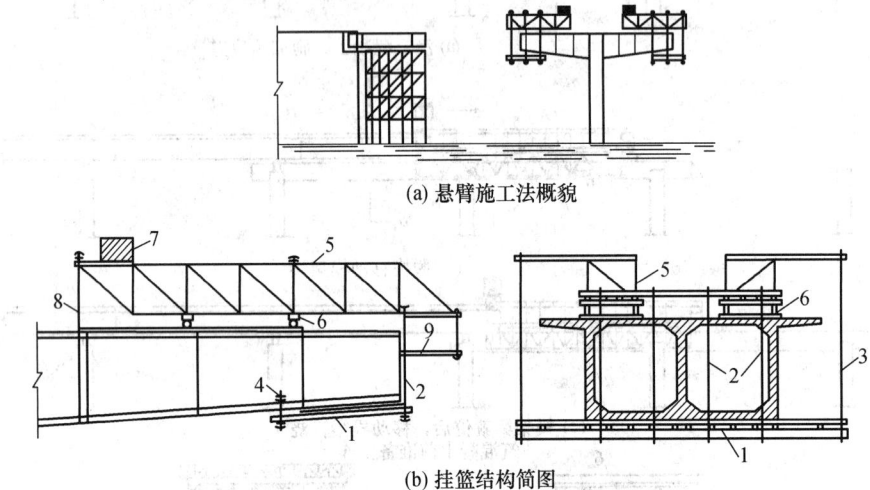

(b) 挂篮结构简图

图 9.17　悬臂浇筑法施工

1. 底模架；2、3、4. 悬吊系统；5. 承重结构；
6. 行走系统；7. 平衡重；8. 锚固系统；9. 工作平台

2. 悬臂拼装法

悬臂拼装法是将预制好的梁段用驳船运到桥墩的两侧，然后通过悬臂梁上（先建好的梁段）的一对起吊机械对称吊装梁段，待就位后再施加预应力，如此下去，逐渐接长。用作悬臂拼装的机具很多，有移动式吊车、桁架式吊车、缆式起重机、汽车吊和浮吊等。

悬臂拼装法的特点：

1）梁体的预制可以与桥梁下部构造的施工同时进行，缩短了建桥的工期。

2）预制梁段的混凝土龄期比悬浇成梁的要长，从而减少悬拼成梁后混凝土的收缩和徐变。

3）预制场地或工厂化的梁段预制生产利于整体施工的质量控制。悬拼适应于预制场地及运吊条件较好、特别是工程量大和工期较短的梁桥工程。

悬臂拼装法的不足：需要占用较大的预制场地。

3. 顶推施工法

顶推施工法是在桥台后面的引道上或在刚性好的临时支架上设置制梁场地，分段预制箱形梁段，每段约 $10\sim30m$，待有 $2\sim3$ 段后，在箱梁上、下翼板内施加能承受施工中变号内力的预应力，然后用水平液压千斤顶等顶推设备将支承在聚四氟乙烯塑料板与不锈钢板滑道上的箱梁向前推移，推出一段再接长一段，这样周期性地反复操作，直至到达最终位置，进而调整预应力（通常是卸除支点区段底部和跨中区段顶部的部分预应力筋，并且增加和张拉一部分支点区段顶部和跨中区段底部的预应力筋），以满足后加恒载和活载内力的需要，最后用多台千斤顶同时将梁顶起，拆除滑道板，安装正式支座，落梁就位，完成桥梁施工。预应力混凝土连续梁桥采用顶推法施工在世界各地颇为盛行。

图 9.18 为顶推法施工的基本程序。

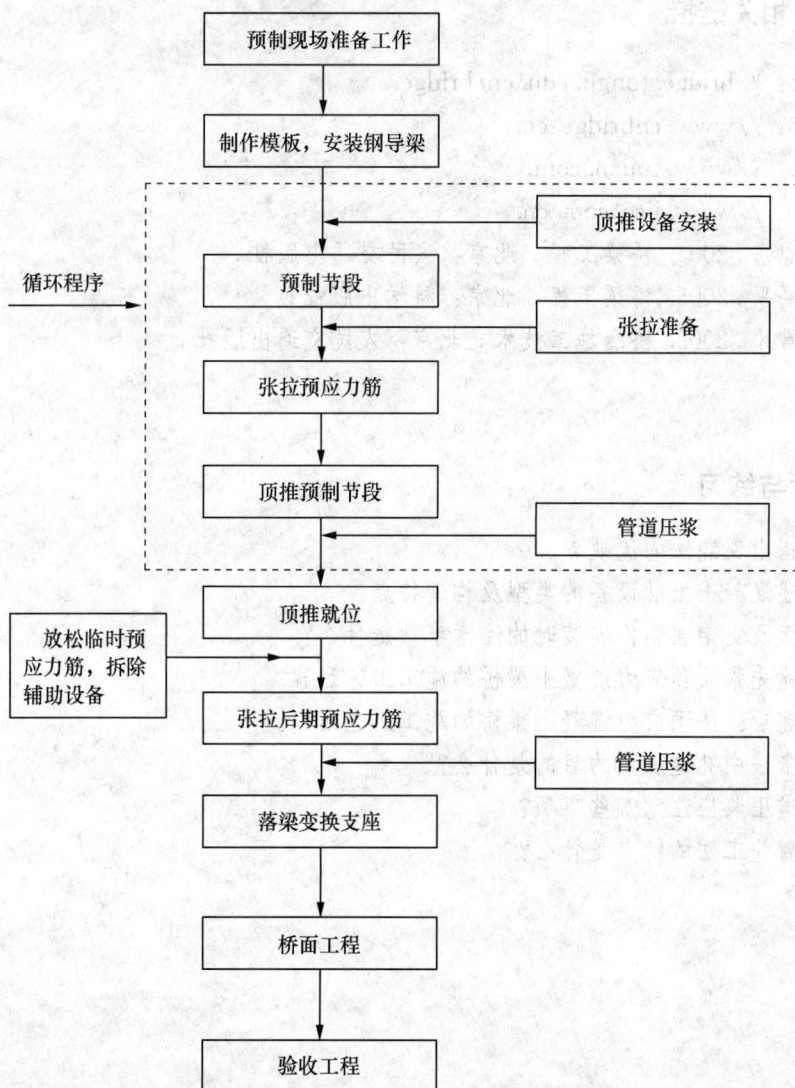

图 9.18　顶推法施工程序

小　结

　　混凝土梁桥的施工方法很多，不同的施工方法所需的机械设备、劳力不同，施工的组织、安排和工期也不一样。施工方法的选择应根据桥梁的设计、施工的现场、环境、设备、经验等因素决定。可以说，绝对相同的施工方法与施工组织是不存在的，因此必须结合具体实际，切忌生搬硬套。施工方法的选择是否合理将影响整个工程的造价，涉及施工质量和工期长短。

相关链接

1. http：//bridge. tongji. edu. cn/bridge.
2. http：//www. cnbridge. cn.
3. http：//www. tujian. com.
4. http：//www. iicc. com. cn.
5. 邵旭东 . 2005. 桥梁工程 . 北京：人民交通出版社 .
6. 刘夏平 . 2005. 桥梁工程 . 北京：科学出版社 .
7. 王常才 . 2002. 桥涵施工技术 . 北京：人民交通出版社 .

思考与练习

1. 试指出现浇法的优缺点。
2. 简述混凝土振动设备的类型及构造特点。
3. 模板及支架在制作安装时的注意事项是什么？
4. 简述先张法预应力混凝土梁桥的施工工艺过程。
5. 简述后张法预应力混凝土梁桥的施工工艺过程。
6. 后张法中孔道压浆的目的是什么？
7. 孔道压浆应注意哪些事项？
8. 悬臂施工法的特点是什么？

主要参考文献

胡兴福.2005.结构设计原理 [M].北京:机械工业出版社.

黄平明,毛瑞祥.1999.结构设计原理 [M].北京:人民交通出版社.

黄平明,梅葵花,王蒂.2006.结构设计原理 [M].北京:人民交通出版社.

刘夏平.2005.桥梁工程 [M].北京:科学出版社.

罗向荣.2009.结构设计原理 [M].北京:高等教育出版社.

邵旭东.2005.桥梁工程 [M].北京:人民交通出版社.

孙元桃.2005.结构设计原理 [M].第二版.北京:人民交通出版社.

王常才.2002.桥涵施工技术 [M].北京:人民交通出版社.

叶见曙.2005.结构设计原理 [M].第二版.北京:人民交通出版社.

张树仁,郑绍硅,黄侨,鲍卫刚.2004.钢筋混凝土及预应力混凝土桥梁结构设计原理 [M].北京:人民交通出版社.

赵志蒙.2007.结构设计原理计算示例 [M].北京:人民交通出版社.

中华人民共和国国家标准.1999.公路工程结构可靠度设计统一标准(GB/T 50283—1999)[S].北京:人民交通出版社.

中华人民共和国行业标准.2003.公路工程技术标准(JTG B01—2003)[S].北京:人民交通出版社.

中华人民共和国行业标准.2004.公路钢筋混凝土及预应力混凝土桥涵设计规范(JTG D62—2004)[S].北京:人民交通出版社.

中华人民共和国行业标准.2004.公路桥涵设计通用规范(JTG D60—2004)[S].北京:人民交通出版社.